The
Evolution
of
Beauty

美的进化

[美] 理查德·O.普鲁姆___著

任烨___译

刘阳___审校

中信出版集团 · 北京

图书在版编目（CIP）数据

美的进化/（美）理查德·O.普鲁姆著；任烨译. --
北京：中信出版社，2019.1(2021.3重印)
　书名原文：The Evolution of Beauty
　ISBN 978-7-5086-9478-8

　I.①美⋯　II.①理⋯　②任⋯　III.①博物学－普及
读物　IV.①N91-49

中国版本图书馆CIP数据核字（2018）第213602号

美的进化

著　　者：〔美〕理查德·O.普鲁姆
译　　者：任　烨
出版发行：中信出版集团股份有限公司
　　　　　（北京市朝阳区惠新东街甲4号富盛大厦2座　邮编　100029）
承 印 者：北京诚信伟业印刷有限公司

开　　本：787mm×1092mm　1/16　　　插　　页：8
印　　张：25.75　　　　　　　　　　　字　　数：360千字
版　　次：2019年1月第1版　　　　　　印　　次：2021年3月第4次印刷
京权图字：01-2018-2263
书　　号：ISBN 978-7-5086-9478-8
定　　价：88.00元

美 的 进 化

目 录

推荐序 1

看到"进化"一词，我们几乎会条件反射般地联想到达尔文。然而对于这位妇孺皆知的英国科学家，人们对他最为重要的科学贡献——进化的自然选择理论，又总是存在不同程度的误读或错解。

比如，对于"长颈鹿的脖子很长，按照达尔文的进化论，其原因是什么"这一问题的回答，至今仍有不少人认为是"为了吃高处的叶子，长颈鹿经常使用脖子，代代相传的结果"。

类似谬误为什么会形成，并且很难得以澄清或纠正呢？一定程度上，恐怕是人们对生物性状、遗传、突变、进化（evolution，近年来有不少学者主张翻译为"演化"）等基本科学概念的理解尚流于表面，或者习惯于望文生义所致。

科普工作依然任重道远，与出版本书的中信出版集团鹦鹉螺工作室一样，我所参与创办的《知识分子》和《赛先生》，同样以传递有洞见、有知识、有趣味的科学为使命，希望带给读者更开阔的科学视野。

如何实现这一使命？为读者送上富有启发的新思想和新观点是基本要求之一，枯燥的说教式知识传输，在今天不会被读者接受。因此，不论是出版机构还是新媒体，绞尽脑汁寻找并抓住好的选题至关重要。

提名 2018 年美国普利策图书奖的《美的进化》，就是这样一部能够刺激思考，同时呈现背景知识的科普作品。它挑战着我们的常识，即便在生物学领域，这本书的核心思想也跳脱出大多数学者所持的主流观点。

加拉帕戈斯群岛的地雀给达尔文提出进化论带来了重要启发。这本书的作者普鲁姆同样是在几十年对鸟类如痴如醉的观察中，想要为生物学找到新的方向，来研究动物的主观体验。而对于鸟类的研究经验，作者最终还是想用来深入理解人类自身。

"通过应用在探索鸟类进化史的过程中学到的有关配偶选择的知识，我们可以更全面地了解它在塑造人类物种的外表和性行为方面的作用。"

作者普鲁姆遵循着古老的博物学传统，试图将达尔文几乎被人遗忘的"配偶选择的审美进化理论"重新带回生物学主流，甚至决定将"美"视作一个科学概念。这恐怕是很有争议的。

科学能够不断给人类带来新的、更加深刻的理解，就在于不断自我突破。

饶毅

北京大学生命科学学院教授

《知识分子》主编

大家都熟悉孔雀求偶开屏的场景，当雄性孔雀将其长长的的尾上覆羽翘起并慢慢展开的时候，会形成一扇硕大而绚丽多彩的屏状羽饰。那些令人眼花缭乱的眼斑就像一双双"眼睛"注视着它心仪的雌性，向潜在的伴侣传递着"看，我很美！"的信号。这些"眼睛"能否俘获雌性的芳心呢？雄性孔雀之美令人惊叹，就连我们人类也羡慕不已。

雄性孔雀的尾屏只是自然界里很多美丽的雄性动物表型的一个代表，无论是极乐鸟华丽的尾羽、雄性园丁鸟搭建的精巧求偶场，还是神仙鱼夺目的多彩尾巴，都是雄性求偶时向雌性展示的性状。这些性状向雌性传递的信息是什么呢？这是进化生物学家长期关注的焦点，他们往往认为这些性状反映了雄性健康的体魄、优良的基因品质、取食或者照顾后代的能力。同样，这些性状也需要懂得欣赏它们的雌性去甄别和选择。进化生物学家经常从生物适应性的角度去解释，比如雄性性状给雌性带来的直接好处（繁殖和食物资源等）和间接利益（遗传和后代存活方面）等。"美即效用"的说法看起来很有道理：雄性具有非凡的外表，雌性拥有交配偏好的驱动力量，二者共同构成了配偶选择的核心理论。这就是现代自然选择理论，听起来非常符合"达尔文主义"。然而，自然选择能否真正解释我们在自然界中看到的一切？

大家都知道，达尔文在他的伟大著作《物种起源》中详尽地诠释了自然选择理论。而达尔文关于配偶选择的观点，在他之后的著作《人类的由来及性选择》中才表达出来。对于雄性孔雀华丽的尾上覆羽，达尔文提出了一个富有争议性的观点：雄性能够拥有美丽的性状，完全是为了"迎合"雌性对美的品位。这个观点的核心是雌性审美驱动着物种进化而非对生存的适应，这显然与"物竞天择，适者生存"的自然选择理论相悖，包括倡导共同奠基进化理论的华莱士在内的很多学者都对达尔文的性选择理论提出了强烈的批评，以至于这个理论在很长一段时间内都被视为主观"空想"。然而，《美的进化》一书作者、美国耶鲁大学教授理查德·普鲁姆试图用他的研究来捍卫达尔文的性选择理论。

2017年的6月，我和几位美国鸟类学者在婆罗洲丹浓谷热带雨林里观鸟数日。一个寂静的下午，我们正沿着树木茂密的林间小径前行。天气炎热，鸟况并不是很好。在行至一个拐弯处时，我们敏锐地察觉到旁边山坡林下的灌木丛里似乎有个"大家伙"在走动，便立即停住了脚步，俯下身子用望远镜搜寻。这时，一只华丽的雄性大眼斑雉出现在我们的视野中。它的翼羽上有约300枚金灿灿的眼状图案，美得令人晕眩。这种鸟几乎是所有前往丹浓谷的观鸟者的首要目标。虽然没有看到更加令人激动的大眼斑雉求偶行为，但这也足以让我们兴奋起来。大家的话题从大眼斑雉过渡到性选择——看起来，这也是一种像孔雀一样适合开展性选择研究的物种。接着，我们又谈到了《美的进化》这本书中的观点。彼时，这本书的英文版刚出版不久。

理查德·普鲁姆的运气就没有我们这么好了，虽然他也造访了丹浓谷，但他只是听到了大眼斑雉的鸣叫声。不过，这并不妨碍他用大眼斑雉的求偶表演和华丽的羽饰展开他于"审美品位"理论的解释。普鲁姆是享誉世界的鸟类学家，以研究鸟类的配偶选择和颜色的进化见长。他的研究对象主要是那些热带丛林深处令人眼花缭乱的鸟类，以及它们的交配行为。比如，各种娇鹟复杂的炫耀舞步，梅花翅娇鹟利用特化的次级飞羽快速摩擦发出声响，雄性华美极乐鸟"高级黑"的羽毛。普鲁姆详尽地描绘出鸟类美丽、复杂和炫目的求偶表演，这些性状都与雌性个体的配偶选择有关，但似乎与生存无关。普鲁姆认为诸多精巧的性状纯粹出于美学原因，即为了"雌性的审美情趣"。这种力量可以从适应性进化的限制中独立出来，驱动雄性观赏性特征的进化，使它们变得更加复杂和精致。

理查德的理论并不是独特的科学洞见，他试图复现的是"达尔文的危险想法"，拓展统计学家罗纳德·费希尔提出的"失控选择"理论。这本书出版以后，引发了很大的争议，因为普鲁姆动摇了长期以来形成并不断完善的现代自然选择理论。他力主把性选择从自然选择中剥离出来，建立起一套纯粹的、与自然选择和功能无关的审美理论，但他忽视了个体的性状的确会受到环境和个体质量的影响。进化生物学家汉密尔顿和祖克的理论表明，有关性状可以显示出求偶者对寄生虫和疾病的抵抗能力，的确关乎个体质量。在这本书里，理查德还运用他的审美理论，探讨了人类性征、求偶选择和性行为的进化，希望获得更多读者的认同。这些努力使得这本书备受争议，受到了很多进化生物学家的批评。

很显然，理查德拥有非常大的勇气，从达尔文最初的著作出发，以自己的研究成果去丰富和完善达尔文的观点，表达他不同于主流的性选择理论的见解。作为一名进化生物学者，我对他的很多观点都不敢苟同，但这并不妨碍我仔细欣赏这本书对很多动物尤其是鸟类行为和生活的精彩描述。在阅读方面，《美的进化》足以带给博物学爱好者引人入胜的体验，从阅读中体会到自然之美，思考关于自然和两性的哲学。这恐怕就是这本书入围2018年美国普利策图书奖，并获得提名的原因吧。为此，我更愿意认为，《美的进化》融合了理查德对自己的研究和自然的感悟，书中的观点固然引发很大争议，但同样启发思考，是一本非常适读的科普图书。

当然，我不能不提到的是，理查德10岁就开始观察和研究鸟类了，并立志把鸟类学作为自己毕生的事业。少年时，他观察和识别鸟类的经历也培养了他对自然现象细致入微的观察能力，所以他的研究极其专注于鸟类形态和行为方面的细节，并取得了很多开拓性的成就。理查德年轻时失聪，这在客观上促使他专注于研究鸟类羽毛的颜色，对美的追求和他的学术旅程并行。正如他在这本书的结尾写道："观鸟和科学是这个世界上探索自我的两种方式，是通过感知我们周围自然界的多样性和复杂性找到自我表达方式的和意义的平行途径。"

不管是出于生存的目的还是为了迎合异性的审美观，鸟类都是我们这个星球上最为美丽的生物类群之一。欣赏鸟类让更多的人领略到自然之美，研究鸟类为我们发现和了解地球上生命的规律创造了难得的机会。

刘阳

中山大学动物学副教授

中国动物学会动物行为学会鸟类学分会理事

引 言

　　我从10岁就开始观察和研究鸟类，而且从未想过把除此以外的任何事情作为自己毕生的事业。我很幸运，因为现在的我已经无法胜任其他任何工作了。

　　一切都是从眼镜开始的。4年级时，我戴上了人生中的第一副眼镜，不到6个月的时间，我就成了一名观鸟者。在戴眼镜之前，我花了很多时间来背诵《吉尼斯世界纪录大全》中的内容，还让兄弟姐妹就相关问题提问我。我对有关人类极致"成就"的纪录尤其感兴趣，比如最高和最重的人，还有现在被禁止的"与美食有关"的纪录，比如在5分钟内吃掉最多海螺的人。在戴眼镜之后，外面的世界变得清晰起来。很快，我就找到了真正让自己喜欢到欲罢不能的东西，那就是鸟类。

　　后来，有一本书对我的观鸟事业也起到了促进作用。我的家在佛蒙特州曼彻斯特中心，这个小镇坐落在塔可尼克山脉和绿山山脉之间的美丽山谷中。一天，我在当地的一家小书店里随意翻看时，看到了罗杰·托里·彼得森（Roger Tory Peterson）写的《鸟类野外观察指南》（*A Field Guide to the Birds*）。我被它封面上的红衣凤头鸟、黄昏雀和大西洋角嘴海雀深深吸引。这本书让我爱不释手，而且它还是口袋书。我一边翻着书，一边想象着为了看到所有这些鸟需要去的地方，当然，到那时我一定要带着这本书。我把书拿给妈妈看，然后很直接地说我想把它带回家。"好吧，"她回答说，"你确实快过生日了！"大约一个月后，在我 10 岁生日那天，我的确收到了一本鸟类观察指南，不过不是那一本，而是钱德勒·罗宾斯（Chandler Robbins）写的《北美鸟类》（*Birds of North America*），里面的彩页都有对应的文字和鸟类分布图。这是一本内容很棒的书，但它的装订实在太差了，在我小学毕业前，估计会弄坏不止一本。

带着家里笨重老旧的双筒望远镜，我开始在周边的村庄中搜寻鸟。不到一年的时间，我就用自己修剪草坪和送报纸挣来的钱买了一架新的博士伦定制的规格为 7×35 的望远镜。我过 11 岁生日的时候，收到的礼物是一盒记录鸟鸣声的录音带，于是我开始研究鸟类。最初的好奇心渐渐变成了痴迷，进而演变成强烈的热爱。在适合观鸟的好天气里，我会因为兴奋而心跳加速。直到现在，我有时还能体会到这种感觉。

许多人都无法理解鸟类到底有什么令人着迷的地方。那些在树林、湿地和田野里观鸟的人，究竟在干什么呢？理解爱鸟之情的关键是，要认识到观鸟实际上是一次狩猎。但与狩猎不同的是，你收获的战利品都在脑海里。毫无疑问，你的大脑是一个收藏战利品的好地方，因为不管你走到哪里，你都能随身带着它们，而不是把它们挂在墙上或者放在阁楼中。观鸟的经历会成为你生命的一部分，也会成为你整个人的一部分。由于观鸟者是人类，所以这些观鸟的记忆和其他大多数人类的记忆一样，会随着时间的推移而变得越来越美好：鸟的羽毛色彩会更加饱满，鸟鸣声会更加悦耳，那些难找的标志性特征也会更加生动清晰。

观鸟带来的兴奋感会让人想看到更多的鸟，包括最早到来和最晚离开的鸟及最大和最小的鸟，还想了解它们的习性。最重要的是，观鸟会让人想看到新的鸟，也就是你从未见过的鸟，同时保存好自己的观鸟记录。许多观鸟者都有一个"Life List"（鸟种记录），里面记录了他们一生中看过的所有鸟；他们补充进去的每一种新的鸟都被称为"lifer"（新鸟种）。

大多数孩子可能还没想过以后要做些什么，但我那时非常确定。12岁时，我就知道自己会一直观鸟。观鸟带我领略了《美国国家地理》杂志精美的插图展现的奇妙景象。很快，我就发现自己越来越渴望去更加偏远、奇特的栖息地和地域观鸟。1976年，我又一次在书店随意浏览，这次是和我的父亲一起，我无意中发现了新版《巴拿马鸟类图鉴》（*Guide to the Birds of Panama*），这本书的作者是罗伯特·里奇利（Robert Ridgely），售价为15美元，可我当时没有这么多钱。我父母在买这种有价值的东西时通常愿意均摊费用，所以我问父亲是否愿意和我一人付一半。他用怀疑的目光看着我，问道："不过，孩子，你打算什么时候去巴拿马呢？"我用青春期有些嘶哑的声音回答说："难道你没看到吗，爸爸，有了这本书，就代表我去了！"我猜我的话还是有说服力的，因为最后我把这本书带回家了，我对新热带区鸟类的终身迷恋也由此开始。

当然，观鸟的最终目标是了解世界上总计1万多种的鸟类。但我说的对鸟类的"了解"和对万有引力定律、珠穆朗玛峰的高度和体重1 070磅①的罗伯特·厄尔·休斯（Robert Earl Hughes）是世界上最重的人等的了解不同。观鸟是用一种更透彻、更深刻的方式去了解鸟类。

为了帮助你理解我的意思，不妨想象一下观鸟者看到鸟时的心情。不是任意一只鸟，而是某种特定的鸟，比如一只雄性橙胸林莺（*Setophaga fusca*）（图0–1）。我清楚地记得自己第一次看到雄性橙胸

①　1磅≈0.45千克。——编者注

林莺的场景，那是1973年5月的一个晴朗的早晨，在曼彻斯特中心，那只橙胸林莺就站在我家前院的一棵枝叶稀疏的白桦树上。从那时开始，从它们在缅因州北部阿拉加什河沿岸北方森林的繁殖地，到它们在厄瓜多尔安第斯山脉云雾森林中的越冬栖息地，我都多次见到了橙胸林莺，可以说我很了解这种鸟。

当然，所有观察过雄性橙胸林莺的人都能看到它全身清晰的黑色羽毛、亮橙色的颈前部和面部图案，以及白色的覆羽色带、腹部和尾部斑点，并因此形成令人惊叹和难忘的感官印象。但观鸟不仅仅是看到一只鸟，获得视觉体验，还要识别出鸟类所有的形态特性，并能准确地说出观察对象对应的名称或专有名词。

当一个观鸟者看到一只雄性橙胸林莺或者其他任何她能识别出种类的鸟时，她对于这只鸟身上醒目的黑色、橙色和白色的羽毛图案就会产生神经层面的体验，这种体验与单纯的感官认知不同。我们知道这一点是事实，因为功能性磁共振成像研究已经表明，观鸟者的大脑与未经训练的观察者的大脑不同，前者利用大脑中视觉皮层的人脸识别模块来识别和确定鸟的种类及其周身羽毛的情况。换句话说，当观鸟者识别出一只橙胸林莺时，她利用的正是人们在辨认熟悉面孔，比如詹妮弗·安妮斯顿（Jennifer Aniston）、亚伯拉罕·林肯（Abraham Lincoln）和你的邻居卢阿姨时用到的那一部分脑区。观鸟能训练你的大脑将一系列自然历史方面的认识，转化为对于可识别个体的认知。这就好比你走在满是陌生人的城市街道上和走在高中母校的走廊里，感觉是不一样的。观鸟者的经历和单纯地在树林中散步的关键区别，就在于大脑中的活动。

英语并不足以表达这种区别，因为英语只提供给我们一个动词"know"（了解）。然而，在很多其他语言中会使用两个不同的动词，其中一个的意思是了解某个事实或理解某个概念，另一个的意思则是通过亲身经历熟悉某个人或某个事物。比如，在西班牙语中，了解或理解某个事实用saber表示，通过亲身经历熟悉某个人或事物则用conocer表示；在法语中，分别用savoir和connaître表示；在德语中，分别用wissen和kennen表示。观鸟与单纯的观察之间有一个主要差别，那就是观鸟实际上是在这两种认知之间建立桥梁，即将亲身经历与事实及认识联系起来，在这个过程中，你要通过自己的亲身实践来积累有关自然界的知识。这就是对于观鸟者而言，为什么最重要的事始终是你是否在书本以外的现实生活中真的看到了鸟！知道一种鸟的存在却从未亲眼看到它们，就只能算了解但缺乏亲身经历的认知，这对观鸟者而言是远远不够的。

◎

上大学期间，我发现进化生物学中有很多我最感兴趣的鸟类外形的相关知识，包括鸟类惊人的多样性和无穷无尽的微妙差异。进化论解释了上万种鸟类是如何演变成它们今天的外形的。我发现自己对于鸟类的所有观察和认知，都在为一个更宏大的知识项目奠定基础，那就是毕生致力于鸟类进化的科学研究。

在40多年的观鸟生涯和30年对于鸟类进化的研究中，我有幸涉猎领域内各种各样的课题，获得了很多乐趣。在这个过程中，我有机会去各个大洲观鸟，看过世界上超过1/3的鸟类。不过我很确定，12岁的我会对现在的我非常失望，因为就看遍所有鸟类这个极其困难的任务而言，我的进展太慢了。我曾在南美洲的热带雨林中首次发现了侏儒鸟（侏儒鸟科）为了吸引异性而做出的奇特炫耀行为。我解剖过不同鸟类的鸣管，即一种非常小的鸟类发声器官，并利用这个解剖学特征重建物种间的进化关系。我对鸟类生物地理学（针对物种在全球分布情况的研究）、羽毛的发展演变和兽脚亚目恐龙中鸟类羽毛的起源进行了研究。我还调查过鸟类羽毛色彩的物理和化学性质，以及鸟类的四色视觉。

在研究这些课题的过程中出现了很多意外的转折，引领我走向一些我之前从未想到的研究课题，比如鸭子的极其暴力的交配方式。有时，不同的研究项目之间可能存在完全出人意料的关联。比如，分别对鸟类羽毛色彩和恐龙羽毛进化的研究，最终都发现1.5亿年前有一种长羽毛的恐龙——赫氏近鸟龙，其羽毛的色彩非常醒目。

在很长一段时间里，我都以为自己的研究只是兼收并蓄的"大杂烩"。但近几年，我逐渐意识到我的研究中有很大一部分其实是关于一个很大的问题——美的进化。我说的"美"并不是我们眼中的美，更确切地说，我感兴趣的其实是鸟类自身对美的认识。特别是，我非常想知道鸟类的社会决策和配偶选择是如何推动鸟类进化出如此多种多样的外形的。

在多种多样的群居环境中，鸟类会互相观察，并评估自己的观察结果，然后做出社会决策，这些都是真正意义上的选择。它们会选择与哪些鸟成群结伴，喂养哪一只幼鸟，以及是否要孵化某一窝鸟蛋。当然，鸟类做出的最重要的社会决策是与谁交配。

鸟类利用自身对特定羽毛、颜色、鸣叫和炫耀行为的偏好来选择它们的伴侣，从而推动了与性有关的装饰器官的进化，而且鸟类有很多这样的装饰器官。科学地讲，与性有关的美包含配偶身上所有看得见的理想特征。数百万年来，对于配偶的选择使鸟类身上与性有关的美的多样性激增。

装饰器官与身体其他部位的功能截然不同。它们的作用不只是体现在与物质世界的生态或生理的相互作用方面，更确切地说，性装饰器官的作用体现在与观察者的互动方面，也就是通过其他生物个体的感官知觉和认知评估，对那些被观察的生物体产生主观体验。所谓主观体验，指的是一系列的感觉和认知活动产生的不可见的内在心理特性。比如，看到红色，就仿佛闻到玫瑰花的香味，或者感觉到痛苦、饥饿，或者产生欲望。至关重要的一点是，性装饰器官的功能是激发观察者的欲望和依恋感。

我们对于动物欲望的主观体验了解多少呢？几乎可以肯定地说，主观体验是无法衡量和量化的。正如托马斯·内格尔（Thomas Nagel）在他的经典论文《成为一只蝙蝠是什么感觉？》中写的那样，主观体验包含给定生物体在进行某种感知或认知活动时"会产生什么感觉"，不管这种生物体是蝙蝠、比目鱼还是人。但如果你不是蝙蝠，你就永远无法获得通过声呐感知世界的三维"声学结构"的体验。尽管我们可以假设自己的主观体验与其他个体的主观体验在性质上相似，甚至可能与其他物种的主观体验相似，但我们永远无法证实这一点，因为我们无法真正地相互分享彼此内心的感受。即使对能够用语言表达想法和体会的人类而言，我们内在感官体验的真正内容和特性，其他人也无从知晓，而且无法用科学方法进行测量和概括。

因此，大多数科学家都不喜欢研究主观体验，甚至直接承认它们的存在。许多生物学家认为，既然我们无法衡量主观体验，那么这种现象就不能算作一个恰当的课题。但对我来说，主观体验的概念对于理解进化是至关重要的。我认为，我们需要一套包含动物主观体验的进化论，从而对自然界做出准确的科学解释。如果我们忽视它们，就要承担由此产生的认知风险，因为动物的主观体验对它们的进化过程有着关键性和决定性的影响。如果主观体验不能简化到可以测量的程度，我们该如何科学地研究它们呢？我认为，我们可以借鉴物理学的经验。早在20世纪初沃纳·海森堡（Werner Heisenberg）就证明，我们不可能同时知道一个电子的位置和动量。尽管海森堡不确定性原理认为电子不属于牛顿力学的适用范围，但物理学家并没有放弃或忽略与电子有关的问题。相反，他们想出了解决问题的新方法。同样地，生物学也需要找到新方法来研究动物的主观体验。我们无法测量或者了解这些体验的任何细节，但我们可以慢慢地了解它们，就像我们可以间接地了解电子的基本情况一样。比如，我们可以通过追踪装饰器官的进化和近缘生物对于性装饰器官的偏好，来探究主观体验的演变。

我把这种由生物个体的感官判断和认知选择驱动的进化过程，称为"审美进化"。对于审美进化的研究需要与性吸引力的两个方面相结合，即欲望的客体和欲望本身的形式，生物学家将它们分别称为"炫耀特征"和"择偶偏好"。我们可以通过研究什么样的配偶受欢迎来观察性欲望产生的结果。或者可能更有效的是，我们也可以通过研究这种欲望客体（指某个物种特有的装饰器官）的进化，以及这些装饰器官在多个物种间的进化方式，来研究性欲望的进化。

在了解配偶选择机制的过程中，我们会惊奇地发现欲望和欲望客体在共同进化。我在后文中会讲到，大多数与性有关的美都是共同进化的结果，换句话说，炫耀特征和择偶偏好的匹配并不是偶然的，而是在进化过程中彼此影响的结果。正是通过这种共同进化机制，自然界的美才有了如此惊人的多样性。因此，这本书实际上讲的是美和欲望的自然进化过程。

◎

审美进化与其他进化模式有何不同呢？为了找到这些区别，我们不妨比较一下由自然选择（查尔斯·达尔文发现的著名进化机制）主导的"标准"的适应性进化和由配偶选择主导的审美进化，后者是达尔文的另一项惊人的发现。在鸟类世界中，加拉帕戈斯地雀的喙是达尔文的适应性进化理论最广为人知的例证之一。大约15种不同的加拉帕戈斯地雀都由同一个祖先进化而来，它们之间的差异主要表现在喙的大小和形状上。某种喙的形状和大小在移动和啄开某些种类的植物种子时尤其有效；大的喙更善于处理较大、较坚硬的种子，小一点儿的喙则在处理较细小的种子时效率更高。由于加拉帕戈斯群岛的环境差异主要体现在地区和时期不同，可获得的植物种子的大小、硬度和丰富度不同，所以某些地雀会比其他同类更加适应某种环境。由于喙的大小和形状是遗传率高的性状，所以喙形状不同的加拉帕戈斯地雀在一代之内的生存率差异，会引发喙形状的世世代代的进化。这种被称为自然选择的进化机制，其结果就是适应，因为后代将拥有形状经过进化的喙，能在它们所处的环境中更好地发挥作用，帮助个体生存，提升繁殖能力（即个体的繁殖能力，以及在大量产卵、产更大的卵和生育大量的健康后代方面的能力和资源）。

相比之下，我们再来看看鸟类装饰器官的进化过程，比如画眉的鸣啭或蜂鸟的色彩斑斓的羽毛。这些特征的进化标准和喙形状进化涉及的自然选择有很大的区别。性装饰器官是在配偶选择的影响下进化的美学特征，其基础是主观评价。在配偶选择的过程中，性装饰器官在感知和评价其他个体中发挥作用。众多个体的择偶结果累积起来，就会左右性装饰器官的进化。换句话说，这些物种成员推动了自身的进化。

达尔文也意识到，自然选择推动的适应性进化和配偶选择推动的审美进化在自然界产生了截然不同的变异模式。比如，鸟喙啄开种子的方法数量是有限的，为了啄开种子，不同大小和形状的喙的数量也是有限的。所以，10多个不同鸟科的以种子为食的鸟独立而趋同地进化出形状相似且十分坚固的喙，以便完成这项体力活。但是，相较于啄开种子，吸引配偶任务的开放性要强得多，是一项更加不受拘束和充满活力的挑战。每个物种在两性沟通和相互吸引方面都进化出了自己的方式，达尔文把两性间的互动称为独立的"美的标准"。所以，全世界上万种鸟类都已经进化出对装饰器官独特的审美偏好来完成择偶，也就不足为奇了，由此产生了地球上几乎无法估量的生物之美的多样性。

◎

如今，我遇到了一个科学问题。尽管研究进化生物学对我来说确实是一种乐趣，但科学界的意见分歧和观点冲突始终不绝于耳。事实证明，我在审美进化方面的观点与进化生物学的主流思想背道而驰，而且这种分歧不只是存在于近几十年，事实上它们从达尔文时代就开始了，至今有将近一个半世纪的历史。大多数进化生物学家，不管是在过去还是现在，都认为性装饰器官和炫耀特征（他们通常会避免使用"美"这个词）进化的原因，是这些装饰器官提供了与潜在配偶的素质和状态有关的具体且真实的信息。根据这种"诚实信号"范式，雄性华美极乐鸟（*Lophorina superba*）（图0-2）胸部竖起的羽毛仿佛一张奇特的荧光蓝笑脸，就跟小鸟在线交友网站上的个人资料一样，可以为挑剔的雌性极乐鸟提供多种信息。比如，它的家人是谁？它的基因好吗？它是在良好的环境中长大的吗？它的饮食习惯好吗？它能照顾好自己吗？它有性传播疾病吗？对于配偶关系持久的鸟类来说，这种求偶时的炫耀行为可能传递出更多信息：它会竭力保护我们的领地免受其他同类侵犯吗？它会供养与保护我，成为子女的好父母，并且对我忠诚吗？

根据这种以配对为目的的装饰器官理论，美的全部意义在于实用。这种观点认为，个体的主观择偶偏好取决于潜在配偶的客观素质。美受人追捧的唯一原因是它在现实世界中带来的其他好处，比如生命力、健康和优秀的基因。根据这一观点，尽管与性有关的美可能确实是一种感官愉悦，但性选择却是另一种形式的自然选择，促使加拉帕戈斯地雀的喙进化和塑造极乐鸟求偶炫耀行为的进化动力之间没有根本性差别。美只是自然选择的附庸。

这与我对美及其形成过程的看法有很大的不同。虽然我很不愿意承认，但我觉得自然选择的适应过程有些枯燥。当然，作为一名进化生物学家，我很清楚它是自然界不可缺少且无所不在的力量，我不否认它的重要性。但自然选择的适应过程并不等同于进化本身，许多进化过程和进化历史仅凭自然选择是无法解释的。在这本书中，我要表达的观点是：与适应性进化理论能够解释的范畴相比，进化往往更古怪离奇、不可思议，因情况和个体而异的情况更多，可预测性和可概括性更差。

进化甚至有可能是"退化"，比如，性装饰器官非但没能发出任何有关配偶客观素质的信号，实际上还降低了求爱者和求爱对象的生存率和繁殖力。简言之，在追求自己主观偏好的过程中，个体可能会做出适应不良的配偶选择，导致生物体与其生存的环境更不匹配。许多进化生物学家都认为这是不可能发生的，但我不敢苟同，这本书就是我对其原因的解释。从更广泛的意义上说，我希望告诉读者，单靠自然选择是不可能解释我们在自然界中看到的性装饰器官的多样性、复杂性和极致性的。自然选择并不是大自然精巧设计的唯一源头。

在我看来，一个人喜欢提问的科学问题和令他满意的科学解释，都打上了深深的个人烙印。出于某种原因，我一直对进化过程中那些简单的适应性理论无法解释的问题备感兴趣。不知为何，我和鸟类毕生的缘分跟鸟类进化论联系在一起，使我产生了不同的观点。然而，在这本书中我会通过文献资料证明，审美进化论最初是由查尔斯·达尔文提出并倡导的，而且在当时饱受指责。事实上，达尔文关于配偶选择的美学理论在进化生物学领域已经被边缘化了，以至于几乎被遗忘了。当代的"新达尔文主义"很受欢迎，它认为性选择只是另一种形式的自然选择，但这根本不是达尔文主义。更确切地说，流传至今的适应主义者观点来自达尔文的一个高智商的追随者和后来的反对者阿尔弗雷德·拉塞尔·华莱士（Alfred Russel Wallace）。我认为，审美进化论通过展示动物主观的择偶决定如何在进化过程中起到关键而且往往是决定性的作用，能还原出达尔文真实的进化论。但是，我们真的可以把美视为一种动物会做出反应的素质吗？美的概念中充斥着人们的偏见、期望和误解，也许继续避免在学术情境中使用这一术语才是更明智的做法。为什么要用这样一个令人质疑而且具有诱导性的词呢？为什么不继续使用大多数生物学家偏爱的经过"净化"且与美学无关的语言呢？

关于这个问题，我想了很多。我已经决定把美视作一个科学概念，就像达尔文一样，我认为在日常语言中它准确地抓住了生物学上的吸引力的精髓。不管是黄褐森鸫（*Hylocichla mustelina*）、园丁鸟、蝴蝶，还是人类，通过识别它们认为美的求爱信号，我们自然就能充分理解作为有感觉力的动物个体，在做出社交和性选择时美到底意味着什么。我们不得不考虑达尔文进化论的其他可能性，即美不只是由适应性优势塑造的效用。从我们自己的亲身经历来看，自然界中的美和欲望可能是非理性的、不可预测的和动态的。

这本书旨在把美重新纳入科学，使达尔文的关于配偶选择的美学观念重获生机，同时将美提升为科学界关注的主流课题。

◎

达尔文的配偶选择观点还有一个有争议性的要素，我也会在这本书中予以捍卫。在提出配偶选择进化机制的过程中，达尔文猜测雌性偏好可能是生物多样性进化中的一股强大且独立的力量。他认为雌性要么有认知能力，要么有自主选择伴侣的机会，当然，这一革命性观点遭到了维多利亚时代科学家的嘲笑。但是，性自由选择权或者性自主权的观念应当被恢复。在这本书中，我们将完成一些早就应该完成的工作，研究性自主权的进化及其对非人类和人类的特征和行为的影响，这项工作已经延滞了140年。

在对水禽经常性的暴力性行为的研究中，我发现挑战雌性的性自主权的首要因素是，雄性通过性暴力实施性胁迫和社会控制。通过对鸭子和其他鸟类的调查，我们将探究在雄性性胁迫影响下的不同进化过程。我们将看到，配偶选择会明确地朝着提高雌性自由选择权的方向发展。简言之，我们将发现生育的自由选择权不只是现代女性参政论者和女权主义者主张的一种政治意识形态。自由选择权对于动物来说也同样重要。

从鸟类转向人类，我将探讨如何以性自主权为基础理解人类性行为进化过程中的许多独特特征，包括女性性高潮、无骨的人类阴茎，以及同性性欲和偏好的生物学根源。审美进化和两性冲突也可能在人类智力、语言、社会组织、物质文化的起源和美的多样性中扮演着关键角色。

总之，择偶的进化动力学研究对于我们了解自己非常重要。

◎

在我的整个职业生涯中，我对审美进化理论一直兴趣不减，而且这么多年来，我已经习惯了它在进化生物学领域的边缘地位。但我确切地记得那个瞬间，我真正意识到审美进化论面对的阻力是多么强大，而这也反映出它对主流的适应性进化论的威胁程度。那一刻，我意识到写作这本书的必要性。

这种顿悟产生于几年前我访问一所美国大学期间，午餐时我向一位进化生物学家介绍了我对性装饰器官进化的看法。我每说几句话，对方就会以一两个反对的理由打断我，我一一回应后再继续阐述我的观点。午餐即将结束时，我终于完整地解释了我对配偶选择进化论的看法，而他大声喊道："但那都是虚无主义！"不知为何，在我看来能够解释自然界中装饰器官多样性的有力且令人惊叹的观点，在我的那些研究进化论的同行眼中却只是一种毫无希望的世界观，一旦他接受这个观点，似乎就会失去生活的所有目的或意义。毕竟，如果配偶选择在装饰器官的进化过程中的作用只是让其更好看，而无法展示出配偶的素质，这岂不意味着宇宙是不合理的？这一刻，我意识到为什么有必要复兴达尔文进化论中的美学观点，并把它介绍给更多的读者。

我的科学观点直接来自我作为观鸟者和博物学家在自然界中的体验，以及我作为科研人员的工作经验。这项工作带给我巨大的智力愉悦和个人乐趣，在我的职业生涯中，几乎从未如此激动和兴奋地从事一项科学研究。只要想到鸟类之美的进化，我就会兴奋得起鸡皮疙瘩。但是，同样的世界观对于我的一些同行来说，并不能成为他们早上起床的理由。在这本书中，我会设法解释为什么我认为进化论中这个微妙而不太确定的观点，比起众所周知的适应性观点，能让我们更充分、准确和科学地了解自然。当透过性选择来看进化论时，我们会看到一个自由和选择的世界，这个令人兴奋的世界只有用美的观点才能解释。

第 1 章

达尔文的
真正危险的观点

毋庸置疑，自然选择主导的适应性进化理论是科学史上最成功和最有影响力的观点之一。它统一了整个生物学领域，并对很多其他学科产生了深远影响，包括人类学、心理学、经济学、社会学，甚至是人文学科。提出自然选择理论的非凡天才查尔斯·达尔文与他的著名观点同样闻名于世。

由于我与大多数同行意见相左，认为自然选择主导的适应性理论作用有限，你可能认为我想要"否定"达尔文，或者贬损在文化与科学领域围绕达尔文进化论产生的个人崇拜。恰恰相反。我要赞扬这些成果，还要重新阐述被遗漏、被曲解、被忽视和被遗忘近一个半世纪的达尔文思想，从而转变大众对它们的认知。我并非要像研究《塔木德》那样逐字剖析达尔文进化论；确切地说，我关注的是今天的科学，我相信达尔文的观点对于当代科学仍有未充分挖掘的价值。

在试图传播达尔文思想的丰富内涵时，我发现自己遇到了一个难题，那就是要让人们明白我们其实并不了解真正的达尔文，他是一位比我们公认的更伟大、更富创造力和洞察力的思想家。我确信，现在大多数认为自己是达尔文主义者（即所谓的新达尔文主义者）的人对达尔文的认识是完全错误的。真正的达尔文已被从现代科学名人录中除名了。

达尔文的第一部伟大著作《物种起源》(*On the Origin of Species by Means of Natural Selection*)的主题就是自然选择主导的进化,哲学家丹尼尔·丹尼特(Daniel Dennett)称其为"达尔文的危险观点"。在这里,我想说达尔文的"真正"危险的观点是配偶选择主导的审美进化观点,也就是他的第二部伟大著作《人类的由来及性选择》(*The Descent of Man, and Selection in Relation to Sex*)探讨的主题。

为什么达尔文有关配偶选择的观点如此危险呢?这种想法对于新达尔文主义者来说是无法接受的,因为这相当于承认自然选择对于进化的推动作用是有限的,也无法科学地解释整个生物界。在《人类的由来及性选择》一书中,达尔文提出自然选择不可能是进化的唯一推动力,因为它不能完全解释我们在生物界中看到的如此多样的装饰器官。

达尔文花了很长的时间才摆脱了这种进退两难的困境。他说过一句很有名的话:"每当我看到雄孔雀的尾屏,就觉得难受!"因为其过分华丽的图案看起来没有任何生存价值,和其他自然选择影响下的遗传特征也不一样,雄孔雀的尾巴似乎是在驳斥《物种起源》中的所有观点。达尔文最终得出了有另一种力量也在推动进化的结论,这对于拥护达尔文的正统适应主义的人来说是一次不可原谅的背叛。因此,达尔文的有关配偶选择的理论在很大程度上一直处于被压制、曲解、篡改和遗忘的状态。

配偶选择主导的审美进化论是一个如此危险的观点,以至于必须把它从达尔文主义中剥离出去,才能维护自然选择解释万物的能力。只有当达尔文的审美进化论重新成为生物学和文化的主流时,我们才算拥有了一门能够解释自然界中美的多样性的科学。

◎

查尔斯·达尔文是19世纪英国的一位乡绅，属于不断进行全球扩张的帝国里的精英阶层，过着舒适优越的生活。但达尔文并不是上流社会的游手好闲之人。他做事认真，性格沉稳、勤勉，还利用自己的特权（和大量的独立收入）坚持不懈地寻求真理和智慧。在兴趣的引领下，他最终发现了现代进化生物学的基本原理，并给了维多利亚时代等级森严的世界观致命一击，因为那个时候人类被视为至高无上的物种，与动物界的其他物种完全不同。查尔斯·达尔文不由自主地成为一个激进分子。即使在今天，不管对科学还是对文化而言，他的知识激进主义的创造性影响力都没有得到认可。

在人们的传统印象中，年轻的达尔文是一个表现平平、自由散漫的学生，他很喜欢在外面闲逛，去收集甲虫。他放弃了最初选择的医学专业，漫无目的地在各种兴趣之间摇摆，对所有事情都浅尝辄止，直到他有机会登上"贝格尔号"，开始那次著名的环球航行。据说这次旅行改变了达尔文，让他成为我们今天心目中的革命性科学家。

我认为可能性更大的一种情况是，年轻的达尔文是一个对知识如饥似渴，虽不善言语但很坚持自己想法的人，这与他后来的人生表现是一样的，这种思维能力让他对好的科学有一种本能的感觉。就在1859年《物种起源》出版之前，达尔文把举世闻名的哈佛大学教授路易斯·阿加西斯（Louis Agassiz）的长篇神创论杰作《分类论》（*Essay on Classification*）贬斥为"完全不切实际的垃圾"。我想，作为医科学生的达尔文可能对他学过的大部分生物学知识也会得出同样的结论，而且他说的没错。19世纪20年代的大多数医学知识的确是不切实际的垃圾，对人体的运行没有核心的机械理解，对疾病的成因也没有更广泛的科学观念。所谓的医学治疗，不过是各种毫无意义的安慰剂、强力毒品和危险的江湖医术。在那个时候，很难辨别出直到现在仍被认为可能对病人有好处的专业医疗方法。事实上，达尔文在他的自传中讲述了他在爱丁堡参加皇家医学会讲座的经历，"很多内容都是垃圾"。我猜测直到达尔文不远万里去往南半球的未知地带，他才找到了足以让他摆脱那个时代的死板教条的自由智力空间，允许他充分运用起他的深谋远虑、才华横溢和永远好奇的大脑。

在达尔文有了第一手资料后，他完成了《物种起源》中记述的两项伟大的生物学发现：自然选择主导的进化机制；所有生物体在历史上都源于一个共同的祖先，在一棵"伟大的生命之树"上相互关联的概念。关于是否应该在公立学校讲授这些观点的争论，在一些地方持续了很长时间，从中我们能感受到在一个半世纪以前，这些观点对于达尔文的读者来说是多么大的挑战。

达尔文在面对《物种起源》出版后遭受的猛烈攻击时，遇到了三个棘手的问题。第一个问题是，缺乏可行的遗传理论。由于不了解孟德尔的工作，达尔文虽历经艰难却未能建立起对于自然选择机制来说非常重要的遗传理论。第二个问题是，人类的起源、人类的本质和人类的多样性。在《物种起源》中谈及人类进化的时候，达尔文避重就轻，只得出了一个含糊的结论："光终将投射到人类的起源和历史上。"

第三个问题是，不切实际的美从何而来。如果自然选择是由可遗传变异的差别生存引起的，那令达尔文烦恼不已的雄孔雀尾屏为什么会如此华丽呢？这显然不利于雄孔雀的生存，甚至有可能成为阻碍，导致它们行动缓慢，更容易受到掠食者的攻击。达尔文特别喜欢雄孔雀尾屏上的眼状斑点图案。他认为人眼的完美可以通过随时间逐步改善的进化过程来解释。每一次进化都会在眼睛的感光、辨别光影、聚焦、成像和区分颜色等能力方面发生细微的改善，这些都有助于动物的生存。但是，雄孔雀尾屏上的眼状斑点图案的进化过程能起到什么作用呢？或者说，今天雄孔雀尾屏上"完美"的眼状斑点图案到底有什么意义呢？如果解释人眼的进化过程是一次学术挑战，那么解释眼状斑点图案的问题是一场学术噩梦。达尔文就经历了这样的噩梦，所以，1860年达尔文在给哈佛大学的植物学家阿萨·格雷（Asa Gray）的信中，写下了那句经常被人引用的话："每当我看到雄孔雀的尾屏时，就觉得难受！"

1871年，达尔文出版了《人类的由来及性选择》，大胆阐述了人类起源和美的进化问题。在这本书中，他提出了第二种独立的进化机制——性选择，来解释攻击器官和装饰器官、争斗和美的问题。如果自然选择的结果是由可遗传变异的差别生存决定的，性选择的结果就是由性成功的差异决定的，即由那些有助于求偶成功的遗传特征来决定。

在性选择方面，达尔文设想有两种截然不同且相互对抗的进化机制共同起作用。他把第一种机制称为争斗法则，指同性（通常是雄性）个体之间争夺对异性个体的性控制权。达尔文认为，对性控制权的争夺会促使雄性的体型朝着变大的方向进化，同时出现像牛羊角、鹿角和雉类跗跖上的距这样有攻击性的器官和身体控制机制。他把第二种机制称为美的品位，指的是某个性别的个体（通常是雌性）根据自己的先天偏好选择配偶的过程。达尔文认为，配偶选择促使自然界中产生了许多讨人喜欢、赏心悦目的特征。这些装饰性特征包括鸟类的鸣啭、鲜艳的羽色和炫耀行为，以及山魈的颜色鲜艳的面部、后腿及臀部等。在对蛛形纲动物、昆虫、鸟类和哺乳动物的习性进行详细调查的过程中，达尔文对许多不同物种身上的性选择证据进行了讨论，利用争斗法则和美的品位来解释自然界中攻击器官和装饰器官的进化过程。

在《人类的由来及性选择》中，达尔文终于明确地提出他在《物种起源》中避而不谈的有关人类进化起源的理论。《人类的由来及性选择》的开篇对人类和其他动物之间的连续性进行了深入讨论，循序渐进地瓦解了人类唯一论和例外论。由于这个主题有明显的文化敏感性，所以达尔文对这种进化连续性的论证以非常缓慢的节奏推进。直到最后一章"概述与结论"，他才提出了那个爆炸性结论："因此我们了解到，人类是一种多毛的四足动物的后代。"

在讨论了性选择在动物世界中的作用之后，达尔文接下来分析了它对人类进化的影响。从毛发减少的身体，到人类外貌背后的巨大的地理、种族和部落多样性，到高度的社会属性，到语言和音乐，达尔文用充分的论据证明，性选择在人类的形成过程中发挥了关键作用：

> 勇气、好斗、毅力、力量和体型，各种武器、音乐器官（发声器官和乐器），鲜艳的颜色、条纹和标记、装饰性的附属物，都是间接获得的……在爱和嫉妒的影响下，通过美的品位……和对选择权的运用来完成。

虽然在一本书里解决美的进化和人类起源这两个复杂且富有争议性的问题，是一次考验智慧的壮举，但人们普遍认为《人类的由来及性选择》是一部艰深甚至是有缺陷的著作。达尔文以枯燥无味的行文方式，循序渐进地建立起他的论点，还引用了很多学术权威的话支持他的观点，他可能认为自己能让任何一位理性的读者接受这本书的激进结论。但他的修辞策略失败了，《人类的由来及性选择》既遭到反对进化论的神创论者的批评，也受到了接受自然选择但坚决反对性选择的同行科学家的指责。直到今天,《人类的由来及性选择》对学术界的影响也未达到像《物种起源》那样的程度。

◎

达尔文的配偶选择理论的最著名和最具革命性的特点,就是明确提出了审美的概念。他认为自然界中美的进化是因为动物进化成为它们以为的美的样子。这个观点的激进之处在于,它把生物体尤其是雌性生物体,定位成物种进化的推动者。自然选择反映的是自然界的外部力量对生物体的作用,比如竞争、捕食、气候和地理条件,而性选择是一个潜在的独立自主的过程,由生物体自身(主要是雌性)主导。达尔文认为雌性生物有"美的品位"和"审美能力",而雄性生物总在试图"诱惑"它们的配偶:

> 对绝大多数动物来说……美的品位只限于判断异性是否有吸引力。在求爱的季节里,许多雄鸟发出的甜美叫声当然是受雌鸟欣赏的,后文中会给出这一事实的相关证据。如果雌鸟不欣赏雄鸟美丽的色彩、装饰器官和鸣叫声,那么后者为了展现魅力而承受的辛苦和不安都会被浪费。然而,这是不可能的……
>
> 总的来说,鸟类似乎是除人类以外的所有动物中最美的,它们的美的品位几乎和我们一样……(鸟类)通过种类繁多的鸣叫声和由其他器官发出的声音来吸引雌性。

从现代科学和文化的角度看,达尔文使用的美学语言可能看起来古怪、拟人化,甚至很愚蠢。这一点或许能解释为什么达尔文的配偶选择的美学观点,在今天会被当作进化论"阁楼上的疯女人",不再有

人提及。显然，达尔文并不像我们现在这样害怕拟人论。的确，由于
他积极致力于打破人类与其他生命形式之间的原本毫无争议的壁垒，
所以他使用美学语言就不仅仅是一种古怪的行为，或者维多利亚时代
的矫揉造作。这是他对进化过程本质的科学论证表现出来的整体特征。
达尔文明确提出了动物的感官和认知能力，以及这些能力的进化结果。
达尔文把人类和所有其他生物体置于同一棵伟大的生命之树的不同分
支上，用寻常的语言表达了惊人的科学主张：人和动物主观的感官体
验在科学上可以做比较。

达尔文的这个主张的第一层含义是，动物是根据它们的审美诉求
来选择配偶的。对很多维多利亚时代的读者，甚至是那些赞同进化论
的人来说，这个观点显然是荒谬的。动物似乎不可能做出好的审美判
断。即使它们能看出求爱者羽毛颜色的差别，或是听出鸣啭音调的不
同，但要说它们能从认知角度进行辨别，并表现出对其中某一种的偏
好，还是太荒唐了。

这些维多利亚时代的反对意见都已经被彻底否定了。现在，有大
量证据能够证明达尔文的有关动物能够进行感官评价和表现出择偶偏
好的假说，大众也普遍接受了他的观点。不管是从鸟类到鱼类，还是
从蚱蜢到飞蛾，很多的动物实验都表明它们有能力进行影响择偶行为
的感官评价。

虽然达尔文的有关动物认知选择的观点是现在大家公认的智慧，
但他的性选择审美理论的第二层含义在今天看来仍然是革命性的，和
他提出之初同样饱受争议。通过使用像"美""品位""诱惑""欣赏""爱
慕""爱"这样的词，达尔文暗示择偶偏好可能会进化为对于选择者来
说没有任何实用价值而只有审美价值的炫耀行为。简言之，达尔文认
为美的进化的主要原因在于，它让观察者感到愉悦。

达尔文对这个问题的看法随时间而有所发展。在《物种起源》中

最初谈到性选择时，达尔文写道："对许多动物而言，性选择通过确保让最有活力且适应性最强的雄性拥有数量最多的后代来帮助一般的自然选择。"

换句话说，在《物种起源》中，达尔文只是简单地将性选择视为自然选择的"仆人"，是确保最有活力、适应性最强的配偶生存繁殖的另一种方式。这种观点直到今天仍然长盛不衰。但是，达尔文在写作《人类的由来及性选择》的时候，他已经接受了一种更宽泛的概念，那就是性选择可能与潜在配偶本身是否更有活力或者适应性更强无关，而只与审美诉求有关。他在谈及大眼斑雉的华丽外表的例子时，明确指出："雄性大眼斑雉是一个非常有意思的例子，因为它充分证明了最精致的美可能只是一种性魅力，除此之外，别无他用。"

此外，在《人类的由来及性选择》中，达尔文认为性选择和自然选择是两种截然不同且常常独立运行的进化机制。因此，有关这两种互不相同但可能相互作用甚至相互矛盾的选择来源的观念，才是达尔文进化生物学的基本且关键的组成部分。但我们将看到，大多数现代进化生物学家都拒绝接受这一观点，而赞同性选择只是自然选择的一种变体的观点。

达尔文配偶选择理论的一个显著特点是协同进化。达尔文认为，特定的炫耀特征和选择配偶时使用的"美的标准"是一起进化的，它们相互影响和加强，大眼斑雉的例子再次验证了这一观点：

> 经过雌性审美偏好的一代又一代的选择，雄性大眼斑雉逐渐变得美丽，装饰性也更强。与此同时，雌性的审美能力通过练习或习惯也不断提升，就像我们自己的品位逐渐提升一样。

在这里，达尔文设想了一个进化过程：每个物种一边进行独特的认知性"审美标准"的进化,一边精心实现能满足这些标准的炫耀特征。根据这个假说,每种生物装饰器官的背后都是一种同样复杂的、协同进化的认知偏好,这种认知偏好驱动和塑造着装饰器官的进化,而装饰器官的进化反过来又塑造了认知偏好。按照现代科学标准,尽管达尔文对大眼斑雉的协同进化过程的描述相当模糊,但在本质上并不亚于他对自然选择机制的解释。虽然他对遗传学一无所知,今天人们却认为他的自然选择理论极具先见之明。

◎

在《人类的由来及性选择》一书达尔文关于配偶选择的论证中,还有一个革命性观点,那就是动物不仅受制于创造了自然选择的外部因素,比如生态竞争、食物、气候、地理等,更确切地说,动物可以通过性选择和社会选择在自身的进化过程中发挥独特且重要的作用。每当通过配偶选择来建立性偏好的时机成熟时,就会出现一种新的独特的审美进化现象。不管是一只虾或一只天鹅,还是一只飞蛾或一个人,生物个体都有可能在完全不受自然选择支配(有时甚至与自然选择相悖)的情况下,随心所欲地进化出无用的美。

在像企鹅和海鹦这样的物种中,配偶之间是相互选择的,而且雌雄个体都表现出相同的炫耀行为和经过协同进化的择偶偏好。在一雌多雄的物种中,比如瓣蹼鹬(Phalaropes,瓣蹼鹬属)和非洲水雉(lily-trodding jacanas,水雉科),成功的雌性可能有多个雄性配偶。这些雌性鸟类比雄性的体型更大,羽毛颜色也更鲜亮,求偶时喜欢做出炫耀行为,用叫声吸引雄性,雄性则需要承担选择配偶、筑巢和照顾幼鸟的工作。达尔文观察到,在很多装饰性很强的物种中,性选择对于进化的影响主要体现在雌性选择配偶的过程中,这就是这本书主要关注雌性的配偶选择行为的原因。如果雌性的审美偏好推动了进化，雌性的性欲就创造、定义和塑造了我们在自然界中看到的最极致的炫耀行为。说到底，雌性的性自主权就是自然之美的进化的主要原因。不管在达尔文时代，还是对今天的很多人来说，这都是一个非常令人不安的观念。

因为在进化生物学中，性自主权的概念还没有得到充分研究，所以在这里我们值得花点儿时间对它进行定义，并了解它的深远影响。无论在伦理学、政治哲学、社会学还是生物学中，自主权都是指个体在非强迫的情况下，独立做出合理决定的能力。所以，性自主权是指生物个体在非强迫的情况下，独立选择合理的交配对象的能力。达尔文性自主权概念中的个体要素包括感官知觉、与感官评价和配偶选择相关的认知能力、摆脱性胁迫的潜力等，这些都是今天进化生物学中常见的概念。然而，在达尔文之后，很少有进化生物学家能像他那样对个体要素之间的关系做到了如指掌。

在《人类的由来及性选择》中，达尔文提出了他的假说：雌性的性自主权（也就是美的品位）是生命史中一种独立的、变革性的进化力量。他还猜想雌性的性自主权有时会与雄性的独立的性控制力量相互匹配、相互制衡，甚至有可能被后者战胜。这种雄性的性控制力量就是争斗法则，即同性个体间为了争夺与异性的交配权而进行的争斗。在一些物种中，一种进化机制或另一种可能支配着性选择的结果，但在其他物种中，以鸭子为例，我们会看到雌性的选择以及雄性的竞争和胁迫都在发挥作用，从而导致两性冲突不断升级。尽管达尔文没有相关的知识框架去充分描述两性冲突的动态，但他很清楚在人类和其他动物中都存在着这种冲突。

总之，在机制创新和分析思考方面，《人类的由来及性选择》丝毫不亚于《物种起源》，但对达尔文时代的大多数人来说却很难接受。

◎

1871 年，达尔文的性选择理论一经公开，就迅速遭到了残酷的抨击。或者更确切地说，是其中的一部分理论受到了攻击。达尔文提出的雄性之间的竞争概念，即争斗法则很快就被广泛接受。显然，在达尔文身处的维多利亚时代，父权文化盛行，所以人们很容易接受雄性间争夺对雌性的性控制权的观点。比如，在《人类的由来及性选择》出版后不久，就出现了一条匿名评论，后来证实它来自生物学家圣乔治·米瓦特（St. George Mivart）：

> 在性选择的名义下，达尔文提出了两种截然不同的过程，其中一种就是雄性个体凭借力量或活力方面的优势成功获得配偶并击败对手。毫无疑问，这是一个真实的原因；不过，它更容易被人视作一种"自然选择"，而非"性选择"的一个分支。

在这几句话中，米瓦特使用了一种直到今天仍然有效的智力策略。他只选取了达尔文性选择理论中他认同的那一部分，也就是雄性之间的竞争，并宣称这只是自然选择的另一种形式，而非一种独立的机制，从而直接反驳了达尔文的观点。但至少米瓦特承认这种机制的存在，对达尔文性选择理论的另一个方面，他的态度则完全不同。

对于雌性的配偶选择机制，米瓦特发起了全面进攻："第二种过程是雌性基于雄性可能拥有的某种魅力，或者外表、色彩、气味和声音方面的美感，对特定的雄性自由行使所谓的偏好或者选择权。"

在提到"自由行使选择权"时，米瓦特认为这是达尔文理论在向维多利亚时代的读者暗示女性的性自主权。无论如何，对米瓦特而言，动物行使选择权的观点都是不可能成立的：

即使在达尔文先生精心挑选的实例中，也没有丝毫证据表明所有动物都有典型的反思能力……不可否认的一点是，纵观整个动物界，没有任何证据表明动物的智力在进步。

米瓦特断言，动物缺乏必要的感知能力、认知能力，以及根据炫耀特征进行性选择所需的自由意志。因此，它们在自身的进化过程中，是不可能成为主导者或者选择主体的。此外，在讨论雌孔雀在雄孔雀尾屏进化过程中的作用时，米瓦特认为雌性动物行使选择权的观点尤其荒谬："雌性邪恶的反复无常的性情（vicious feminine caprice）如此不稳定，以至于在这种选择行为下，动物的颜色和花纹不可能一成不变。"

对于米瓦特来说，雌性的性幻想是很容易改变的，也就是说，善变的雌性每一分钟喜欢的雄性类型都不同，所以像雄孔雀尾屏这样极其复杂的装饰器官绝不可能是由此进化来的。

我们需要仔细分析一下米瓦特的措辞，因为在过去的140年中，他用的一些单词的含义在日常英语中的用法已经发生了改变。今天"vicious"这个单词的意思是故意表现得暴力或残忍，但它原本的意思是不道德的、堕落的或邪恶的。同样地，今天"caprice"是指一种令人愉快和轻松的幻想，但在维多利亚时代它指的是"没有明显或充分的动机而表现出的反复无常的性情"。因此，对米瓦特来说，雌性的配偶选择和自主权不仅有变化无常的意味，还体现出道德的缺失和罪恶。

米瓦特也承认，炫耀行为可能在性唤起的过程中发挥作用："雄性的炫耀行为可能有助于对雌性和雄性的神经系统产生一定程度的刺激，从而使双方都产生愉悦感，而且这种感觉可能非常强烈。"

米瓦特所说的"刺激"带来"愉悦感"，读起来就像维多利亚时代的婚姻指南中为了获得令人满意的性生活而提出的建议。根据这个观点，雌性只需要充分的刺激就能产生恰当的性反应，并与雄性的性行为彼此协调。

但是，如果炫耀行为只是为了制造"一定程度的刺激"，雌性就不会有独立自主的性欲。更确切地说，雌性必须在适当的时候回应求爱者为了刺激其性欲而付出的努力。这种否认雌性有自主性欲的观念盛行了一个世纪之久，在弗洛伊德的人类性反应理论上达到高潮。根据这种对女性性快感的生理解释，男性永远不需要考虑"也许她不是那么喜欢你"的可能性。女性性反应的缺乏只意味着她的生理机能有问题，简单地说，就是性冷淡。我们会看到，通过配偶选择重新认识生物进化理论、西方的女性自主文化得到广泛认同，以及弗洛伊德的女性性欲观点的崩塌全都发生在20世纪70年代的女权运动前后，这也许并非偶然。

◎

米瓦特对《人类的由来及性选择》的评价，也掀起了另一种长久存在的学术思潮。他最先把达尔文描绘为一个背叛自己的伟大思想成果，也就是真正的达尔文主义的人："把'自然选择'法则置于从属地位，实际上相当于放弃了达尔文理论；因为这套理论的一个显著特征就是'自然选择'的完备性。"

在《人类的由来及性选择》刚刚出版了几个星期之后，米瓦特就对其发动了一种延续至今的攻击，即引用《物种起源》中的观点来反驳《人类的由来及性选择》。对于米瓦特来说，达尔文的标志性成就是创造了一种单一而"完备"的生物进化理论。但达尔文却以一种在很大程度上由主观审美体验（也就是雌性邪恶的反复无常的性情）驱动的机制削弱了自然选择理论，这已经超出了可接受的范围。今天的许多进化生物学家可能仍然同意这一看法。

米瓦特对性选择理论的攻击让其他很多人也行动起来。不过，对性选择理论最严酷也最有力的批评来自阿尔弗雷德·拉塞尔·华莱士。华莱士作为自然选择理论的共同发现者而闻名。1859年，华莱士从印度尼西亚的丛林给达尔文寄了一份手稿，希望达尔文能为他提供建议和帮助，但这份手稿中包含一个与达尔文的观点非常相似的理论。已经秘密研究自然选择理论长达几十年的达尔文害怕被这个年轻人抢先，所以他迅速发表了华莱士的文章和一篇总结自己理论的短文章。然后，达尔文又匆忙出版了《物种起源》。当华莱士回到英国时，达尔文和他的理论早已闻名于世。

没有证据表明华莱士曾因为这件事责怪达尔文，他也没有理由这样做。因为在过去的20多年里，达尔文一直在研究自然选择理论，而华莱士只是刚开始思考这个问题。但是，达尔文和华莱士从未在配偶选择问题上达成一致，所以华莱士就此对达尔文展开了无情的攻击。两个人在一系列出版物和私人信件中唇枪舌剑，直到1882年达尔文去世，两人也未曾改变各自的想法。达尔文在最后一篇公开发表的科学论文中写道："在这里请允许我冒昧地说一句，在尽了最大努力认真权衡反对性选择理论的各种论证后，我仍然坚信它的真实性。"

与总是礼貌低调地表达观点的达尔文不同，华莱士对性选择进化理论的攻击在达尔文去世后变得越发激烈，直到1913年他离开这个世界。最终，华莱士成功地让性选择问题在进化生物学中几乎始终处于被排斥和被遗忘的境地，这种情况一直持续到20世纪70年代。

华莱士花费了大量精力证明达尔文描述的两性"在装饰方面"的差异根本不在于装饰器官，达尔文的配偶选择理论也无法解释动物的多样性。像米瓦特一样，华莱士对动物利用感知和认知能力做出配偶选择的可能性表示怀疑，他认为人类是上帝特别创造出来的物种，凭借上帝的力量才拥有了动物缺少的认知能力。因此，达尔文的配偶选择观点违背了华莱士抱持的人类例外论。

然而，面对大量可作为配偶选择理论证据的复杂装饰器官和炫耀行为（尤其是鸟类的），华莱士一直无法彻底地驳斥性选择驱动进化的观点。当他不得不承认这种可能性时，华莱士却坚称性装饰器官进化的唯一原因是它们有适应性价值和实用价值。因此，在他 1878 年出版的《热带大自然及有关文章》（*Tropical Nature, and Other Essays*）一书中，有一篇题为"让性选择失效的自然选择"的文章。华莱士在文中写道："我们要想解释观察到的事实，唯一的方法就是假设动物的外表和装饰器官与健康、活力以及生存所需的一般身体条件密切相关。"

在这里，华莱士明确地表达了这样的观点：性炫耀特征是"如实"反映体质和健康状况的指标。这也是今天性选择理论的正统观点。但是，毕生攻击性选择理论的华莱士，怎么可能写出一个在所有现代生物教科书或当代几乎所有关于配偶选择的论文中都能看到的观点呢？答案是：今天有关配偶选择的主流观点和华莱士的立场一样，都是强烈反对达尔文主义的。

华莱士率先提出了现在非常受欢迎的"生物配对"假说，认为所有的美都提供了有关潜在配偶适应性素质的大量实用信息。这种进化观点已经十分普遍，甚至出现在 2013 年普林斯顿大学的毕业演讲中，时任美国联邦储备委员会主席的本·伯南克（Ben Bernanke）在演讲中告诫毕业生："记住，外在美只是让我们从进化论的角度确信对方不会有太多的肠道寄生虫。"

今天，大多数研究人员都认同华莱士的观点，即所谓的性选择只是自然选择的一种形式。但华莱士比他们更进一步，完全否定了"性选择"的存在。在《让性选择失效的自然选择》一文中，华莱士写道：

> 如果（正如我所说的）确实存在这样的关联（在装饰器官与健康、活力和生存所需的身体条件之间），缺少证据支持的有关外表或装饰器官的性选择就变得没有必要了，因为自然选择本身就会产生所有的结果，这才是大家公认的真实原因……性选择会变得毫无必要，因为它肯定不起作用。

当然，被华莱士评价为"没有必要"、"毫无必要"和"不起作用"的正是达尔文性选择理论中与主观体验和审美偏好有关的部分。今天，大多数进化生物学家仍然认同华莱士的看法。

像米瓦特一样，华莱士把达尔文有关审美的说法看作对他们共享的知识成果的威胁，所以他想尽办法修正他眼中的达尔文的错误。华莱士在1889年出版的《达尔文主义》（*Darwinism*）的引言中写道：

> 我之所以反对由雌性主导性选择的观点，是因为我坚持认为自然选择的效力更大。这才是真正的达尔文主义，因此，我认为我的书倡导的是纯粹的达尔文主义。

在这里，华莱士声称自己比达尔文更拥护达尔文主义！在与活着的达尔文就配偶选择的问题争论失败之后，华莱士在达尔文去世后的短短几年内，就开始按照自己的想法修改达尔文主义。

从华莱士写的这些文章中，我们看见了适应主义的诞生，它认为由自然选择驱动的适应是在进化过程中始终占据主导地位的强大力量。华莱士曾给予它引人注目的绝对性评价："自然选择永远在起作用，而且规模巨大"到会使任何其他进化机制失效。

华莱士把达尔文的内涵丰富、充满创造性和多样性的知识成果变成了庞大而空泛的理论。今天只要提到华莱士，几乎人人都能想到适应主义。值得注意的是，华莱士还创立了适应主义者的典型论证风格，那就是固执地坚持。

这是一个大问题。20世纪的进化生物学受到了华莱士的过度影响，我们继承的达尔文思想是经过其过滤的，为了实现意识形态的纯粹性，遭到了删减、篡改和曲解。达尔文思想真正的广度和创造性，特别是他的审美进化观点，全都被摒除了。阿尔弗雷德·拉塞尔·华莱士也许输掉了争夺发现自然选择成果的战争，但他却赢得了决定20世纪的进化生物学和达尔文主义如何发展的斗争。在100多年后的今天，我仍然为此感到气愤。

◎

在达尔文的《人类的由来及性选择》出版后的一个世纪里，性选择理论几乎完全黯然失色。尽管有几个人试图重提这一话题，但华莱士对配偶选择理论的诋毁太有成效了，以至于一代代的人都把自然选择理论当作性装饰器官和炫耀行为的唯一解释。

然而，在配偶选择理论经历的长达一个世纪的黑暗时期里，有一个人在这一领域却做出了重要贡献。在1915年的一篇论文和1930年的一本书中，罗纳德·费希尔（Ronald Fisher）在达尔文美学观点的基础上进行延伸，提出了一种配偶选择进化的遗传机制。但遗憾的是，费希尔有关性选择的观点在接下来的50年中几乎无人问津。

费希尔是一位天赋异禀的数学家，他通过基础工作，开发出为现代统计学奠定基础的基本工具和知识结构，对科学事业产生了巨大影响。不过，他的首要身份是生物学家，他在统计学方面的研究完全是为了更准确地理解自然界、农业、人类的遗传与进化原理。他对遗传与进化的兴趣一部分来自他对优生学（现在是一种被人唾弃的理论）

的热情推崇，这种社会运动主张利用社会、政治和法律规范来约束生殖，目的是从基因上改良人类物种，保持"种族纯洁性"。尽管费希尔的想法骇人听闻，但他在研究过程中却得出了一些了不起的科学结论。而且，这些结论最终与他的优生学观点发生了冲突。

费希尔用一句关键的论述永远地改变了关于性选择的讨论：解释性装饰器官的进化过程是很容易的，在其他所有条件都不变的情况下，炫耀特征应该朝着匹配主流择偶偏好的方向进化。一个更关键的科学问题是：择偶偏好为什么会进化？又是如何进化的？当代所有与性选择推动进化有关的论述，仍然以这个观点为基础。

实际上，费希尔提出了一种两阶段进化模式：第一阶段是择偶偏好的最初起源，第二阶段是特征和偏好协同进化的具体过程。第一阶段是不折不扣的华莱士思想，认为偏好最初的形成原因是特征能如实准确地反映健康状况、活力水平和生存能力。自然选择会确保以这些特征为基础的配偶选择，能客观地选出更好的配偶，同时以遗传学为基础进化出能选出更好配偶的择偶偏好。在择偶偏好出现之后，费希尔认为在第二阶段，配偶选择的结果会通过创造出一种新的、不可预测的、由审美驱动的进化力量，使炫耀特征与其最初反映的真实信息分离，这种进化力量就是特征本身的性吸引力。当特征与个体的素质不再有关联时，也不会降低对潜在伴侣的吸引力；它会继续进化，变得越发复杂，仅仅是因为受到了偏爱。

最后，根据费希尔的第二阶段模型，推动配偶选择随后进化的力量正是配偶选择本身。费希尔彻底推翻了华莱士的自然选择使性选择失效的观点，随意的审美选择（达尔文的观点）战胜了为了适应性优势而做出的选择（华莱士的观点），因为最初为了某种适应性的原因而受到偏爱的特征本身变成了吸引力的源泉。一旦特征有了吸引力，其魅力和受欢迎程度本身就成为进化目标。根据费希尔的说法，择偶偏好就像特洛伊木马。即使配偶选择最初的作用是改善携带适应性信息的特征，对于受偏爱特征的渴望最终也会削弱自然选择对进化结果的影响力。对美的渴望会持续存在，并削弱对真相的渴望。

为什么会这样？费希尔认为在某种性装饰器官和配偶选择时对这种装饰器官的偏好之间存在一个正反馈回路，这个回路通过二者之间的遗传协变（也就是相关联的遗传变异）逐步形成。为了理解这个回路的原理，我们不妨想象有一群鸟，它们的某个炫耀特征（比如尾巴的长度）和喜欢不同长度尾巴的择偶偏好都具有遗传变异性。喜欢长尾巴雄性的雌鸟会找到尾巴较长的配偶，同样地，喜欢短尾巴雄性的雌鸟会找到尾巴较短的配偶。配偶选择的行为意味着种群中控制特征和偏好的基因将不再毫无规律地变异。更确切地说，大多数个体将很快携带控制相关联的特征和偏好的基因，也就是长尾巴基因和对长尾巴的偏好，或者短尾巴基因和对短尾巴的偏好。同样地，那种携带短尾巴基因但喜欢长尾巴的鸟会越来越少，反之亦然。配偶选择的行为会把特征和偏好的遗传变异精炼为相关联的组合。对费希尔来说，这个结果只是一个数学事实，但它也是择偶偏好的意义所在。

在遗传协变的作用下，控制指定特征和对这种特征的偏好的基因会协同进化。当雌性根据特定的炫耀特征（比如长尾巴）选择配偶时，它们也在间接地选择特定的配偶选择基因，因为它们选择的配偶可能有同样偏爱长尾巴基因的母亲。

结果就形成了一个强大的正反馈回路，在这个回路中，配偶选择的结果左右着择偶偏好本身的进化过程。费希尔把这种自我强化的性选择机制称作"失控选择模式"（runaway process），对于具体炫耀特征的选择会带来择偶偏好的进化，择偶偏好的进化又会使炫耀特征进一步进化，以此类推。美的形式和对美的渴望会通过协同进化的过程相互影响。就这样，费希尔提出了一种能够清晰展示炫耀特征与择偶偏好共同进化的遗传机制，它与达尔文最初设想的大眼斑雉的进化过程一样（见图1–1）。

费希尔的协同进化机制也能解释择偶偏好对进化的潜在促进作用。如果雌性选择拥有某种性感特征的配偶，以长尾巴为例，它的儿子们将很有可能继承这种性感特征。如果种群中的其他雌性也喜欢长尾巴，那么它最终将拥有更多后代，因为它的儿子们更受雌性青睐。这种进化优势是配偶选择在遗传方面独有的间接成果。我们之所以说它间接，是因为它并不直接有利于选择者自身的生存或繁殖（即生育和抚养幼鸟的能力），甚至对幼鸟的生存也没有直接的益处。确切地说，这种优势体现在它的儿子们成功繁殖后代的结果上，因为它的基因将得到更广泛的传播（即拥有更多的孙辈）。

费希尔的失控理论与17世纪30年代的荷兰郁金香泡沫及20世纪20年代的金融市场投机泡沫类似，或许我们还可以举出一个离现在更近的例子，那就是2008年导致世界银行体系几乎完全崩溃的价值被过分高估的房地产市场。所有这些事件都告诉我们，如果事物的价值与其"实际"价值脱节，继续受到追捧且持续增值，会发生什么。导致投机市场泡沫产生的正是欲望本身。也就是说，某个事物值得拥有的原因是人人都想拥有，受人喜欢的原因是人人都喜欢。因此，费希尔的配偶选择理论是市场的"非理性繁荣"理论的遗传学版本（我们会在第2章中继续以这种经济现象做类比）。

费希尔断言择偶偏好不会一直进化下去，因为雌性选择的某个雄性并不一定比其他雄性个体好。事实上，被雌性选中的雄性有时生存能力或者健康状况可能较差。如果某种炫耀特征与其他任何反映配偶素质的外在量度（即总体遗传素质、抗病性、饮食质量或亲本投资能力）脱节，我们就说这种炫耀特征是随意的。随意并不意味着偶然、随机，或者无法解释，而只意味着炫耀特征不传递任何信息。它的存

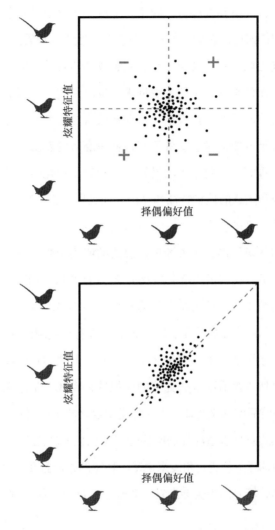

图1-1　某种炫耀特征（以尾巴长度为例）和对这种特征的偏好之间遗传协变的进化过程。（上图）一开始，种群中的个体（图中黑点）在这种特征方面的遗传变异情况（纵轴）和择偶偏好（横轴）是随机分布的。在择偶偏好的作用下，很多位于右上和左下象限，也就是尾巴长度和偏好相同（+）的个体会成为配偶。而位于其他象限，也就是尾巴长度与偏好不匹配（-）的个体则几乎无法成为配偶。（下图）结果就是控制特征和偏好的基因完成了协变进化（图中虚线）

在只是为了被观察和被评价。随意特征既不可靠也没有欺骗性，因为它们不携带任何可以做假的信息，只是为了吸引人或看上去很美。

这种进化机制犹如高级时装。衣服成功与否并不取决于实用性或客观品质，而是瞬息万变的主观诉求，也就是这个季节的流行款式决定的。费希尔的配偶选择模型会使那些没有任何功能性优势的特征得以进化，甚至可能会对求偶者不利，就像磨脚的新款鞋，或者无法蔽体的服装，等等。在费希尔的世界中，动物是进化时尚的奴隶，进化出过分华丽和随意的炫耀特征和品位，而这些全都"毫无意义"，因为它们只关乎可感知素质。

费希尔从未给出关于失控选择模式的明确的数学模型（后来的生物学家做到了，我们很快就会提及），有人推测这是因为费希尔是一位技能高超的数学家，认为结果显而易见，不需要多做解释。如果真是这样，费希尔就大错特错了，因为还有很多有待发现的地方。事实上，我认为费希尔可能知道还有很多工作要做。但他为什么没做呢？我猜想费希尔之所以没有继续研究他的失控选择模式，是因为他意识到这种进化机制背后的含义与他个人对优生学运动的支持相冲突。费希尔的失控选择模式意味着适应性的配偶选择（也就是从优生学角度"改良"物种所需的选择）从进化角度来说是不稳定的，而且几乎一定会被随意的配偶选择破坏，因为美会激发出非理性的欲望。他是对的！

◎

直到达尔文《人类的由来及性选择》出版大约100年的时候，性选择的概念才开始回归进化论的主流思想之列。为什么花了这么长的时间呢？尽管要验证我的想法需要进行大范围的历史学和社会学研究，但我仍然认为，进化生物学家最终重新开始考虑把配偶选择，特别是雌性配偶选择作为一种真正的进化现象，与美国和欧洲妇女发起争取平等权利、性自由和节育权的运动恰好发生在同一时期，这并非巧合。如果是进化生物学家的观点对这些积极的文化发展产生了影响，那就太好了，但遗憾的是，历史证明事实恰恰相反。

随着科学界对配偶选择问题重新予以关注，达尔文/费希尔的审美观点和新华莱士适应主义又开始了较量。1981—1982 年，也就是在费希尔发表性选择模型的 50 多年后，数学生物学家拉塞尔·兰德（Russell Lande）和马克·柯克帕特里克（Marc Kirkpatrick）独立证明了费希尔的观点，并做了进一步论述。在费希尔理论的启发下，兰德和柯克帕特里克运用不同的数学工具来探究配偶选择和炫耀特征之间的协同进化动力，结果得到了非常相似的答案。他们发现，特征和偏好协同进化的唯一原因是具有性吸引力的后代更有优势。而且，他们还证明，配偶选择的过程可以让控制特定特征和对这种特征的偏好的基因之间产生协变。

兰德–柯克帕特里克的性选择模型也从数学角度证实，炫耀特征是通过自然选择和性选择之间的平衡实现进化的。比如，某个雄性可能拥有最适合生存的尾巴长度（即在自然选择方面占优势），但如果它不够性感，一个雌性也吸引不到（即在性选择方面占劣势），它就无法将基因传给下一代。同样地，某个雄性也许有能够吸引雌性的完美的尾巴长度（即在性选择方面占优势），但如果它过分华丽，以至于无法生存足够长的时间来吸引雌性（即在自然选择方面占劣势），那么它也无法把基因传递下去。兰德和柯克帕特里克证实了达尔文和费希尔的直觉，那就是对于炫耀特征的自然选择和性选择这两种对立的力量会达成平衡。在平衡状态下，雄性可能和自然选择下的最优结果差很多，但这是与具有性自主权且挑剔的雌性打交道需要付出的代价。

不过，兰德和柯克帕特里克在对这种平衡状态的定义方面，远远超过了费希尔和达尔文。他们通过不同的数学框架，发现了自然选择和性选择之间的平衡点不止一个。更确切地说，对于特定的炫耀特征，在自然选择和性选择之间存在一条平衡线，也就是有无限多个可能的稳定平衡点。基本上，对于任何可感知的炫耀特征，都有几种可能的性选择与自然选择的组合在起作用，从而实现稳定的平衡。这就是"任意"特征的真正意义；实际上，任何可感知的特征都可以充当性装饰器官。当然，某种炫耀特征和自然选择的最优结果相差越远，在性选择方面的优势就会越大（见图1-2）。

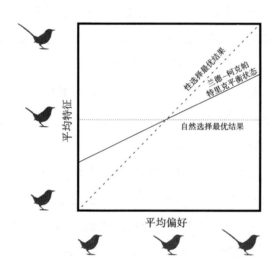

图1-2　一种炫耀特征（比如尾巴长度）与对这种特征的偏好的兰德-柯克帕特里克进化模型。种群的平均特征（纵轴）会朝着在自然选择中占优势的特征值（水平线）和在性选择中占优势的特征值（虚线）之间的平衡状态（实线）进化

　　性选择和自然选择是如何在炫耀特征上实现平衡的呢？换句话说，种群将会如何朝着平衡的方向进化呢？对于这个问题，兰德和柯克帕特里克也给出了周密的数学分析，从而充实了费希尔提出的非数学模型。为了进化到稳定的平衡状态，炫耀特征和择偶偏好必须协同进化。换句话说，雌性为了得到它们想要的雄性，必须通过性选择来改变雄性的炫耀特征。但是，由于特征和偏好在基因上相互关联，所以协同进化意味着雌性也必须改变自己的偏好。我们可以打个略微牵强的比方，这种进化过程有点儿像婚姻生活：夫妻中的一方经常试图改变另一方，而且往往能成功。但是，达成稳定结果的过程通常需要双方的改变：一方要改变行为，另一方要改变对这种行为的看法。

从理论上讲，审美协同进化有时会发生得非常迅速，以至于炫耀特征的进化速度赶不上种群日益激进的偏好。兰德认为，如果偏好和特征之间的基因关联性足够强，在理论上种群就有可能朝着远离平衡线的方向进化；也就是说，平衡线可能会变得不稳定。这被视为费希尔失控的终极表现，即配偶选择的结果会迅速改变，以至于不断变化的偏好永远无法得到满足，欲望也永远无法完全得到满足。

最后，兰德和柯克帕特里克的数学模型还解释了配偶选择驱动新物种进化的过程。当某一物种的亚种群被彼此隔离开时（比如，一座新山脉隆起，或者沙漠形成，或者河流改道），这些亚种群会受到不同因素的随机影响。每个亚种群最终会沿着各自独特的审美方向进化为平衡线上的不同点，美的标准也各不相同：有的尾巴较长，有的尾巴较短；有的鸣叫声高亢，有的鸣叫声低沉；有的腹部呈红色，有的腹部呈黄色；有的头部呈蓝色，有的头部没有羽毛，还有的头部既没有羽毛还呈蓝色。总之，可能性是无穷的。如果被隔离开的亚种群间的差异足够大，性选择的审美过程就可能会促使一个全新物种的诞生，这个过程被称为物种形成。根据这一理论，美学进化就像一个旋转的陀螺。配偶选择行为创造了一种内在的平衡，决定了一个种群内与性有关的美。但是，对陀螺的随机扰动，不管是像变异这样的内部因素，还是像地理障碍造成种群隔离这样的外部因素，都有可能促使陀螺进入一种新的平衡状态。

总体的结果是，配偶选择推动种群和物种的美的标准不断升级、不断多样化。实际上，任何事情都是有可能的，这本书提到的一些鸟类就充分证明了这一点，所以我有充分的理由把这些鸟称为"极致审美主义者"。

◎

拉塞尔·兰德和马克·柯克帕特里克直接受到了达尔文和费希尔几乎被遗忘的配偶选择审美机制的启发。然而，现代的适应主义，也就是配偶选择的新华莱士机制不得不从零开始，因为没有人记得华莱士真正的理论。不过，现代版的适应主义与华莱士的理论在逻辑上惊人地相似。也就是说，二者都坚持认为自然选择的作用更强。自然选择一定是正确的，而且是完备的，因为这是一种强大且从理性角度来说非常吸引人的观点。

20世纪七八十年代，适应性配偶选择的新华莱士观点的主要支持者是阿莫茨·扎哈维(Amotz Zahavi)，他是一位有超凡魅力和充沛活力的以色列鸟类学家，非常特立独行。1975年，扎哈维发表了他的"不利条件原理"(Handicap Principle)。这篇论文在科学界引起轰动，极大地刺激了关于配偶选择的研究，至今该文章被引用超过2 500次。扎哈维认为自己的观点是全新的，因为"华莱士……完全抛弃了择偶偏好推动性选择的理论"。然而，扎哈维的不利条件原理的完美直观的核心理念正是新华莱士主义，"我认为性选择是有效的，因为它提高了选择方对被选择方素质的甄别能力"。

尽管扎哈维准确地重新表述了华莱士的适应性配偶选择假说，但他并没有用华莱士的原话，而是用新近恢复使用的"性选择"代替"自然选择"进行阐述。不过，扎哈维也在华莱士的逻辑中加入了自己的独特理解。对扎哈维来说，任何性炫耀行为的本质就在于，它对信号发出方来说是一个代价很大的负担，即一个不利条件。装饰性不利条件的存在证明了信号发出者的优秀素质，因为它即使在这种情况下仍然有能力生存。扎哈维写道："性选择只在选择某种降低生物体存活率的特征时才有效……可以把不利条件当作一种考验。"

炫耀特征越复杂，代价越大，条件越不利，考验越严格，被选中的配偶素质就越好。雌性个体被拥有这样代价高昂的特征的配偶吸引，并不是因为这种特征的主观美，而是因为它发出了关于这个雄性能力的信号。这就是"不利条件原理"。

拥有不利条件下的雄性，在哪方面表现更好呢？在扎哈维看来，这样的雄性显然在任何能想象到的方面都更好。然而，扎哈维之后的科学家证明，诚实的求偶信号有两种基本的适应性好处：直接好处和间接好处。配偶选择的直接好处包括选择者自身在健康、生存或繁殖方面的优势，比如配偶能提供额外保护，拥有食物更多、筑巢地点更好的领地，远离性传播疾病（sexually transmitted diseases，简称STD），在喂养和保护后代方面投入更多精力，以及更低的择偶成本。配偶选择的间接好处是，选择者的后代继承了优良的基因，能更好地生存和繁殖。与费希尔理论中使后代拥有性吸引力的间接作用一样，优良基因的优势对选择者本身并没有帮助，而是使其后代的数量变得更多。然而，与费希尔理论中的间接作用不同的是，选择者的后代不仅更有魅力，实际上也具有更强的生存和繁殖能力，而不只是更易于得到配偶，并使其受孕。因此，优良基因和控制炫耀特征本身的基因是不同的，而且理论上它们都能为雄性和雌性后代提供遗传优势。

直接好处和优良基因都是配偶选择带来的适应性优势。华莱士率先提出，只在潜在配偶炫耀特征的明显变异与有利于选择者及其后代生存或繁殖的一些附加好处相关联时，这些优势才会显现出来。这种关联性来自促进交配/受精成功的性选择及促进生存和繁殖的自然选择之间的相互作用。扎哈维的不利条件原理重新阐述了炫耀特征和配偶素质之间的适应性关联产生和维持的过程。

扎哈维固执且热情地推广着不利条件原理，但他的想法有一个很大的缺陷。如果装饰器官在择偶方面的优势直接与生存的代价成正比，那么这两种力会相互抵消，从而导致代价高昂的装饰器官及与之相关的择偶偏好都无法进化。1986年，马克·柯克帕特里克发表了一篇标题大胆的论文《性选择的不利条件机制毫无作用》(*The Handicap Mechanism of Sexual Selection Does Not Work*)，并给出了这种进化困境的数学证明。

为了理解这个问题，我们不妨思考一下扎哈维的不利条件原理的一条推论，我把它叫作"斯马克原理"。斯马克果酱公司是以其创始人杰罗姆·门罗·斯马克（Jerome Monroe Smucker）的名字命名的，1897年，杰罗姆在美国俄亥俄州奥维尔开了一家鲜榨苹果汁店。有些人可能还记得它那朗朗上口的广告标语："With a name like Smucker's, it has to be good！"（选择斯马克，品质有保证！）这条标语的言外之意是，"斯马克"这个品牌名称简直太没有吸引力，太让人反感，也太不占优势了，在这种情况下公司仍能生存下来的事实足以证明它的果酱品质真的很好。所以，斯马克公司的广告标语就体现了不利条件原理。

我们再仔细地研究一下斯马克原理的含义。如果斯马克果酱突然要与另一种品牌名称更糟糕、更不占优势的果酱竞争，会怎么样呢？品牌名称更糟糕、更令人反感的果酱，品质会更好吗？如何证明品牌名称越糟糕、越不占优势的名字果酱品质越好？

幸好已经有人做过这个感官实验了，20世纪70年代的《周六夜现场》的一期节目就模仿斯马克公司的广告上演了一个虚拟广告：

简·科廷：所以说，选择弗拉克，品质有保证。

切维·切斯：嘿，等一下，我这里有一瓶"鼻毛"牌果酱。听到鼻毛这个名字，你一定能想象出它有多好。嗯！

丹·艾克罗伊德：稍等片刻，伙计们，不过你们知道有一种"死亡集中营"牌果酱吗？名字就叫死亡集中营，而且标签上有铁丝刺网图案。使用像"死亡集中营"这样的名字，果酱的味道一定好到不可思议！真是令人惊讶的好果酱！

随后，品牌名称变得越来越糟糕。约翰·贝鲁西推出了一种名叫"狗狗呕吐，猴子流脓"的果酱，然后切维·切斯又带来了一种名为"阵痛性直肠瘙痒"的新果酱。这场比赛以一种名字恶心到禁止播出的果酱而告终。简·科廷在节目结束之前宣布："太好了，真让人恶心！要是想买的话，就试试说出它的名字吧！"

"斯马克原理"揭示了扎哈维的不利条件原理的内在逻辑缺陷。柯克帕特里克从数学角度证明，如果某种信号在择偶方面的优势与其付出的代价直接相关，那么信号发出方将不会获得任何好处。确切地说，不利条件会由于自身付出的巨大代价而失效。幸运的是，这意味着我们可以放心了，因为绝不会存在一种名叫"阵痛性直肠瘙痒"的果酱。

斯马克原理进一步表明，扎哈维的不利条件原理与性炫耀的审美本质完全不相容。事实上，炫耀特征进化是因为它们有吸引力，而不是因为令人作呕的信息或者令人厌恶的诚实。如果性炫耀的唯一目的是展示在重压下的生存能力，那么性特征为什么还会有装饰性呢？为什么痤疮不性感呢？要知道，痤疮能真实地反映出青春期激素激增的情况，可以提供有关青春期和生育能力的真实信息。为什么生物体没有进化出真正的缺陷，比如部分缺失的某个身体部位？为什么生物个体没有咬掉四肢中的一个，以展示出它在身体残缺的情况下生存得有多好？为什么它没有咬掉四肢中的两个？或者，为什么不戳瞎一只眼睛呢？毫无疑问，其原因就在于，不利条件原理和配偶选择的基本审美本质无关，因此几乎与自然界毫不相关。

◎

1990年，牛津大学的艾伦·格拉芬（Alan Grafen）试图挽救失败的不利条件原理，这是一项风险很高的工作，因为新华莱士配偶选择模型已经岌岌可危。当然，格拉芬不得不承认柯克帕特里克对扎哈维最初提出的不利条件原理的证明结果。不过，格拉芬从数学角度证明，炫耀成本与配偶素质之间的非线性关系可以挽救这个理论。换句话说，只有素质较低的雄性比素质较高的雄性在成长或者表现性感特征的过程中付出了更高的代价，这种不利条件才有可能进化。格拉芬提出，如果不利条件就像一次考验，那么个体的素质越高，其面临的考验基本上就越简单。修正不利条件原理的唯一方法，就是终止不利条件。

格拉芬在找到挽救不利条件原理的方法之后提出了一个问题：我们该如何在两种看似合理的进化选项，也就是扎哈维的不利条件原理及兰德和柯克帕特里克详尽阐述的费希尔失控选择模式之间做出选择。

> 根据不利条件原理，……在性选择的发生率和形式背后是存在逻辑和理性的……这与费希尔的理论完全相反，费希尔认为信号的形式或多或少是随意的，而且一个物种是否经历过一场失控的选择或多或少是一个概率问题。

格拉芬强烈赞同华莱士传统理论中适应性的令人欣慰的"逻辑和

理性"，而不赞同达尔文主义中审美的令人不安的随意性。接着，格拉芬发起了进攻："在证据不充分的情况下就认为费希尔–兰德理论能解释性选择的过程，这在方法论上是非常邪恶的。"

我不知道在当代其他任何科学的争论中，还有没有一方被贴上邪恶标签的情况，就连饱受争议的冷核聚变理论也没有遭受过这样的诋毁！显然，这不是一次正常的科学争论。格拉芬惊人地复制了圣乔治·米瓦特的说教口吻，他夸张的反应恰恰表明他对关键问题的认识不足。达尔文的真正危险的观点，即审美进化对适应主义造成了很大的威胁，以至于必须被打上邪恶的烙印。在华莱士提出纯粹达尔文主义的将近100年后，格拉芬试图用同样的理论再次赢得争论。

格拉芬的论证引起了许多人的共鸣。尽管我认为令人心安并不是科学上的合理标准，但是很多人，包括一些科学家在内，都选择相信世界充满了"逻辑和理性"。所以，尽管格拉芬只是证明了不利条件原理成立的条件可能存在，但他对费希尔理论的猛烈攻击使大部分进化生物学家都认为，不利条件原理不仅成立，而且有可能一直成立。如果相信备择假设（alternative hypothesis）是"邪恶"的，就没有其他选择了。从那之后，适应性配偶选择理论一直是主流的科学话题。

在比较扎哈维和费希尔的思想风格时，格拉芬写道："费希尔的想法是聪明反被聪明误……扎哈维以事实为依据的不懈努力终将胜利。"聪明和事实的区别也使得费希尔择偶理论的拥护者被贬斥为不懂得欣赏自然世界的二流数学家，而支持不利条件原理的适应主义者则被视为属于社会中坚力量的博物学家。马特·里德利（Matt Ridley）在他1993年写的《红色皇后》（The Red Queen）这本书里，生动描述了二者之间的区别：

　　20世纪70年代，雌性选择的事实一得到大多数人的承认，费希尔理论和优良基因理论之间的分歧就出现了。那些理论家或数学家变成了费希尔主义者，他们面色苍白、性情古怪，一刻不离电脑。而胡子拉碴、浑身汗臭、穿着靴子的野外生物学家和博物学家则渐渐发现自己变成了优良基因主义者。

讽刺的是，我发现自己的研究过程不属于上述任何一种。我花了多年时间在多个大洲的热带森林中研究鸟类求偶时的炫耀行为。与其他野外生物学家一样，我一直"胡子拉碴、浑身汗臭、穿着靴子"（图1-3）。但从20世纪80年代中期开始，我也成了一个热情、充满好奇心的"费希尔主义者"。根据格拉芬和里德利的描述，像我这种情况是不存在的。达尔文也一样，因为他是一个把时间都花在野外的博物

图1-3 1987年，"胡子拉碴、浑身汗臭、穿着靴子"的作者在厄瓜多尔安第斯山脉附近海拔2 900米的野外，用双卷盘式磁带录音机和抛物面传声器记录鸟鸣声

学家。更奇怪的是，格拉芬的情况亦如此，因为他最初是一个数学家。令人遗憾的是，里德利的设想并没有考虑到所有的女性野外生物学家和博物学家。[对不起，珍·古道尔（Jane Goodall）和罗斯玛丽·格兰特（Rosemary Grant）！]当然，这种无稽之谈只是为了掩盖实际问题的复杂性，并用华而不实的空谈把适应主义者塑造成对自然和知识的理解更深刻的浪漫派，从而使自己处于有利地位。

审美进化的知识起源并非抽象数学，而是达尔文大胆地意识到动物的主观审美体验的进化结果，以及自然选择在解释自然界中美的现象方面的缺陷。在近150年后的今天，理解美的形成过程的最佳途径仍然是追随达尔文的脚步。

◎

达尔文的审美观点与华莱士的适应主义之间的争论，仍然是今天科学领域的关键问题。每当我们研究配偶选择时，都在利用这场争论塑造的知识工具，所以我们有必要了解一下这些工具的历史。

其中一种工具就是我们在定义进化生物学时用到的术语。比如，我们来看看"fitness"（适合度）这个词语的演变过程。对达尔文来说，fitness通常意味着身体素质，所以，达尔文主义中的fitness是指确保生存和繁殖能力所需的身体机能。然而，在20世纪初群体遗传学的发展过程中，fitness从数学角度被重新定义为个体基因对后代的差别作用。这个更广泛和一般的新定义把所有基因差别作用的起因（生存、繁殖力和交配/受精成功）都归纳为"适应性自然选择"分类下的一个单一变量。fitness被重新定义恰好是在配偶选择驱动的性选择理论被完全排挤出进化生物学领域时。自然选择的对象是确保生存和繁殖的特征，性选择的对象则是影响交配和受孕成功率的特征，这两种机制在达尔文主义中存在着天然、微妙的差别，重新定义fitness的作用就是弥平和消除这种差别。其结果是，这个在数学上简洁但在学术上容易发生混淆的概念已经改变了人们对进化机制的认知，甚至提出一种可能的、独立运行的非适应性选择机制都变得很困难。如果这种机制有助于提高fitness，那它就一定是适应性的进化机制，对吗？达尔文/费希尔的配偶选择驱动性选择的概念，基本上被排除在生物学语言范畴之外。所以，从语言角度说已经不可能有真正的达尔文主义了。

达尔文主义审美观点的知识复杂性被削弱，至少部分受到了概念一致是科学美德的信条的推动，即认为科学的根本目的是提出更少但却更有力、适用范围更广的单一理论、定律和框架。有时，科学上的统一确实卓有成效，但如果在这个过程中简化、消除或者忽略特定现象的独特的涌现性质，那么这种统一注定会失败。当某些复杂的事物只是通过解释被消除，而非被合理地解释清楚时，就会出现这样的知识缺失。

达尔文认为配偶选择驱动的进化是一个特殊的过程，有其独特的内在逻辑，并以此对抗关于简单和统一的强大的科学与知识偏见。当然，维多利亚时期的很多反对达尔文主义的人，直到近代才从信仰一神论转变为信仰唯物主义进化论。一神论可能让他们更易于接受一种强大的新的单一观念，于是他们用一个万能的观点（即自然选择）取代了一个万能的上帝。现代的适应主义者的确应当质疑，为什么他们觉得有必要用一个强大的单一理论或过程来解释自然万物。对于科学统一的欲望是潜伏在当代科学解释中的一神论"幽灵"吗？这是达尔文的真正危险的观点的另一层含义。

如果进化生物学准备接受真正的达尔文观点，就必须和他一样，承认自然选择和性选择是各自独立的进化机制。在这个框架下，适应性的配偶选择是一个通过性选择和自然选择的相互作用而产生的过程。

在这本书中，我将从头到尾使用这种语言。

为了更好地理解美的进化及其研究方法，我们接下来看一下鸟类的性生活。从达尔文认为"非常有意思"的大眼斑雉开始吧，没有比它更合适的选择了。

第 2 章

配偶选择
科学之争

在马来半岛、苏门答腊岛和婆罗洲的山地雨林中，居住着地球上最美丽的鸟类之一——大眼斑雉（*Argusianus orgus*），达尔文说它们提供了"充分的证据证明，最极致的美可能只是一种性魅力，别无他用"。

雌性大眼斑雉是一种体型庞大健壮的雉鸡，它的羽毛上布满复杂、精致的斑点图案，但颜色比较暗淡，多为巧克力棕色、红棕色、黑色和棕褐色。它的双腿是鲜红色的，面部羽毛较少，露出了下面蓝灰色的皮肤。乍看上去，雄性与雌性大眼斑雉的主要区别在于，雄性尾巴和翅膀的羽毛更长，一直延伸到它身后超过一码[①]的地方。从雄性大眼斑雉的喙尖到尾巴尖的长度约为6英尺[②]。但抛开长度不谈，雄性的羽毛看起来和雌性的利于隐藏的羽毛很相似，并不是特别吸引人。雄性大眼斑雉的真正魅力一直处于隐藏状态，只在向雌性求爱的关键时刻才会显露出来，地球上极少数的人在动物园之外的地方目睹过。

在野外看到大眼斑雉是非常困难的。它们十分警觉，一有风吹草动就会消失在森林里。20世纪初的鸟类学家和雉鸡迷威廉·毕比

---

① 1码 ≈ 0.9米。——编者注

② 1英尺 ≈ 0.3米。——编者注

（William Beebe）是第一批在野外看到大眼斑雉的炫耀行为的科学家之一。毕比是纽约动物学会的负责人，因为使用一种原始的深海潜水装置测量海洋深度而闻名于世。毕比看到的第一只大眼斑雉是雄性，在炎热的婆罗洲，它正沿着泥泞的河岸向下走，偶尔停下来饮用野猪打过滚儿的泥坑中积聚的雨水。毕比在1922年写作的《雉鸡专题研究》（Monograph of the Pheasants）中，欣喜若狂地描述了他第一次看到大眼斑雉的情景，言语间显露出他作为一名自豪的观鸟者和一位美国殖民时代的冒险家的成就感。"虽然只是短暂的一瞥，但我立刻产生了超过全世界其他白人同胞的巨大优越感，因为他们从未在野外见过大眼斑雉。"

大眼斑雉采取的是一雄多雌制，这是大多数奉行极致审美主义的鸟类的典型特征，也就是说，一只雄性大眼斑雉要和不同的雌性大眼斑雉交配并孕育后代。然而，这也引发了雄性之间抢夺配偶的竞争。一些有魅力的雄性会非常成功，其他雄性则不然，结果就是性选择完全由雌性偏爱的某个炫耀特征主导。雌性选好配偶之后，雄性在繁殖过程中的使命就完成了，在雌性及其后代的生活中，雄性不再发挥任何作用。雌性则要全权负责在地上用树叶筑巢，孵化它自己产下的两枚蛋，保护幼鸟，在森林里寻找水果和昆虫喂养幼鸟。雄性和雌性大眼斑雉都不爱飞行，即使遇到危险，它们通常也是跑着逃命。不过到了晚上，它们还是会飞到低矮的树木上休息。如果雌鸟正在孵蛋，那么它会一直待在巢里。

雄性大眼斑雉过着完全独立的单身生活。为了创造出一个足够宽敞洁净的舞台，让它展示非凡的求偶炫耀行为，它会清扫一个4~6码宽的区域，直至裸露出森林地面的泥土。它选择的地点通常是在森林中的山脊或小山顶上，它会一丝不苟地捡起这块地上所有的树叶、树根和树枝，把它们搬运到求偶场地外面。它就像现代的园丁一样（除了没戴护耳用具），把巨大的翼羽当作吹叶机，通过有节奏地拍打翼羽，将它的求偶场地里所有残留的杂物都清除干净。它还会将求偶场地上方的多叶植物的枝或藤蔓咬断。一旦它为交配准备好求偶场地，它就只需要一位雌性"上门"了（见图2-1）。

图2-1　一只正在维护炫耀场地的雄性大眼斑雉

为了吸引雌性，雄性大眼斑雉会于清晨、傍晚和月夜在求偶场地中大声鸣叫。大眼斑雉的尖叫声很响亮，也十分令人难忘："库奥–哇嗷"（kwao-waao）。在几种东南亚语言中，都是根据其叫声来命名这个物种的，比如，马来语中的"kuau"和苏门答腊印尼语中的"kuaow"。这种响亮、尖锐的叫声能传到很远的地方。由于这种鸟不常被人见到，所以通常人们只能通过其叫声来感知野生大眼斑雉。

几年前，我在婆罗洲北部的丹浓谷自然保护区的一个观测站工作了5天，大眼斑雉就生活在这里。一天傍晚，我们沿着河边一条四周树木茂密的小径漫步，忽然听到雄性大眼斑雉响亮的"库奥–哇嗷"

的叫声，与毕比的描述一模一样。它的叫声很大，以至于我以为它就在小径的下一个拐弯处，我激动地停下了脚步。不过我很快就意识到，那只大眼斑雉在河对岸很远的地方。即使它一直叫，等我们找到它，太阳早就落山了。即使我们很幸运地在它的求偶场地里找到它，它也一定会在我们走近时停止鸣叫，然后迅速消失在周围的森林里，除了那令人兴奋的叫声能证明它的存在。我只能想象一下毕比看到这种鸟时的感受了。

从黎明降临之前我们就在水蛭肆虐的森林中观鸟了，当晚我们回到观测站时，遇到了一位研究员的男朋友，他是来自法国的画家。他告诉我们，他是来这里"画森林"的。接着，他问我们是否认识他画中的一只鸟，是他上午晚些时候在营地附近散步时偶然遇到的。他非常冷静地描述了这只体长将近两码的飞禽，如何穿过离主营地只有300码的一条土路。在森林里跋涉了这么多天，我一直没有机会亲眼见到的大眼斑雉，他竟然毫不费力地就看到了，而且表现得一点儿也不激动，我几乎无法掩饰自己对他的好运气的嫉妒之情。我挠着身上被水蛭叮咬过的地方，产生了一种和毕比的"巨大优越感"完全相反的感觉，忍不住怨天尤人起来。

◎

在野外哪怕想看一眼大眼斑雉，也是一个巨大的挑战。所以，要想观察雄性大眼斑雉在求偶的过程中会用它庞大的翼羽和尾羽来做些什么，就需要做精心的准备，而且很可能会遭受长期的折磨。威廉·毕比试图从他在雄性大眼斑雉的求偶场地附近搭建的小帐篷，以及位于场地上方一棵树上的隐蔽吊舱观察大眼斑雉，但这两种尝试都失败了。最后，他不得不让助手们在一棵长着板根的大树后面挖了一个大坑，这棵树的旁边就是一只雄性大眼斑雉的求偶场地。毕比每天都坐在那个大坑里，借助树枝将自己隐藏起来，等了差不多一周时间，他终于观测到雄鸟为到访的雌鸟倾情奉献的一场求偶表演。毕比可能并不知道，他的这项观测任务已经完成得相当轻松了！50年后，鸟类学家 G. W. H. 戴维森（G. W. H. Davison）花了3年时间在马来西亚观察雄性大眼斑雉，历时191天才看到雄鸟的求偶表演。在长达700个小时的观察工作中，戴维森只见过一只雌性大眼斑雉（见图2-2）。戴维森在半年多的时间里每周工作40个小时，很少有人有这样的耐心做这件事。而且，大多数对大眼斑雉行为的观察结果都来自人工驯养的种群。

图2-2 雄性大眼斑雉的昂首阔步炫耀行为

当雌性大眼斑雉进入雄性的求偶场地时，会发生什么呢？雄性会先做一些初步的炫耀行为，包括仪式化地在地面上啄食，鲜红色的双腿迈着程式化的步伐。之后，雄性会在雌性周围绕着大圈跑来跑去，并将翅膀拱至一定的角度，露出上表面。然后，当雄鸟距离雌鸟只有一两英尺远的时候，它会毫无预兆地瞬间展开它那4英尺长的翼羽至扇状，呈现出复杂到令人难以想象的彩色图案。生物学家以令人费解的谨慎态度，把这种行为称作"正面运动"，也就是雄性面向雌性俯身，把精致的翼羽展开形成一个从它的头顶向前延伸的巨大半球面，从一侧部分包围着雌性（见图2-3）。1926年，荷兰的动物行为学先锋约翰·百灵斯·德哈恩（Johan Bierens de Haan）把这个锥形比作被狂风吹反的伞。

图2-3　雄性大眼斑雉的"正面运动"炫耀行为

在摆出这种非凡姿势的情况下，雄性把自己的头藏在一只翅膀下面，然后透过羽毛缝隙偷偷观察雌性，评估雌性对它的炫耀行为的反应。通过雄性弯曲的翼羽空隙，雌性能看到雄性的小黑眼睛周围深蓝色的面部皮肤。为了保持这种不寻常的姿势，雄性的站姿颇有运动员的风范，两只爪子一前一后，就像站在起跑架上的短跑运动员。在面向雌性俯身时，雄性会抬高臀部，竖起长长的尾羽，并有节奏地上下摇晃。这样一来，雌性就可以从翼羽构成的反锥形上方或者翼羽间的缝隙，不时地看到雄性的尾羽。锥形顶端的翼羽在雌性的头顶上方晃动，就像一个迷你的便携式圆形剧场。雄性会反复抖动翼羽构成的锥形，共计持续2~15秒，随后变回正常姿态，再次仪式化地在地面上啄食，然后做炫耀行为。

到目前为止，对于雄性夸张的炫耀行为的描述尽管能给人留下深刻的印象，但却忽略了雄性大眼斑雉正面运动中最值得注意的部分，即它翼羽上夸张的图案。雄性在摆出如同被风吹翻的伞的姿势时，会露出翼羽的上表面，而这个部分在翅膀收起和合拢的时候是看不到的。做正面运动的雄性大眼斑雉美到令人难以想象，尽管它的翼羽色彩为柔和的黑色、深棕色、红棕色、淡棕色、棕褐色、白色和灰色，但由这些颜色排列出的图案也许是地球上所有生物中装饰性最强、复杂度最高、设计最精巧的。从单根羽毛上不到一毫米大小的点到铺满4英尺宽的羽毛锥面的图案，雄性大眼斑雉的40根翼羽一起形成了一种复杂到令人震惊的涡纹效果，轻松击败雄孔雀的尾羽。据我所知，目前自然界还没有其他结构能与这种奇妙而复杂的设计相媲美。

大眼斑雉的每根羽毛都有着复杂的图案，有的像斑马、美洲豹或生活在热带珊瑚礁的蝴蝶鱼，有的像一群蝴蝶或一束兰花，其整体外观就像波斯地毯的设计一样丰富多彩。

大眼斑雉那些较短的初级翼羽附着在翼尖的相当于"手指"和"手部"的骨头上，构成锥面的下半部分。这些羽毛有深色的羽轴、浅灰色的羽尖，以及不同的褐色区域，上面分别排列着复杂的褐色圆点和带有白色斑点的红褐色圆点。不过，最著名的彩色图案是在大眼斑雉的次级翼羽上发现的，这些羽毛附着在前翼的后缘骨或尺骨上，它们构成了羽毛锥形的上半部分。每根次级翼羽的长度都超过3英尺，顶端约为6英寸①宽。每根羽毛的羽轴都是亮白色的，把羽毛分成彩色图案完全不同的两部分。内部羽片呈现出渐变的灰色，上面有一排略带黑色的圆点。外部羽片则是由弯曲的深棕色和浅棕色条纹（当大眼斑雉合拢翅膀休息时，能起到很好的伪装作用）逐渐过渡到波纹状的棕褐色和黑色条纹。在外部羽片靠近羽轴的位置有一串引人注目的金棕色球形图案，轮廓处呈黑色。这些球形图案通常被称为"眼斑"或"眼状斑点"，也是大眼斑雉这个物种名字的由来。1766年，卡尔·林奈（Carl Linnaeus）以希腊神话中目光无所不及的"百眼巨人"（Argus Panoptes）的名字来命名这种雉鸡。不过，大眼斑雉的"眼睛"数量是百眼巨人的三倍！

在每根次级翼羽上，都有12~20个可爱的金棕色球形图案从底部到顶部呈辐射状排列。我把这些图案称为"球形"，是因为它们展示出精妙的立体感，就像画家用画笔创作出的逼真的三维视错觉。球形图案中心的金棕褐色在下方黑色轮廓的映衬下，就像涂上了睫毛膏，呈现出一种投阴效果。而在另一侧，金黄色与亮白色的新月形斑点巧妙融合，看起来就像"镜面"高光一样。达尔文指出，每个球形图案的色差都是经过巧妙调整的，当雌鸟被包围在雄鸟翼羽构成的巨大锥形中时，它头顶和周围的次级翼羽会产生惊人的效果，金棕色的球形就像悬浮在空中的三维物体，被穿透树冠的一束光照亮一般。当雄鸟在炫耀的过程中把这些次级翼羽竖起来时，周围的光会通过无色素的白色高光部分发生反射，使羽毛显得更加灿烂夺目，并进一步强化了三维视错觉。

造成另一种视错觉的事实是，每根次级翼羽底端的金棕色球形大

---

① 1英寸 ≈ 2.54厘米。——编者注

约为半英寸宽，到了顶端逐渐增大到超过一英寸宽。因为更大的图案离雌性的眼睛更远，所以造成了一种强迫透视错觉。也就是说，从雌性的角度看，这些图案在尺寸上是一样的（见图2-4）。

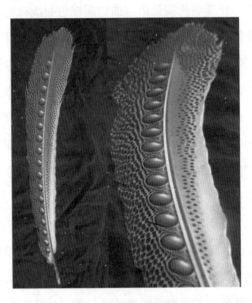

图2-4 （左侧）雄性大眼斑雉次级翼羽上的"金棕色球形图案"越靠近羽毛顶端，尺寸越大。（右侧）从某个角度看过去，强迫透视错觉使得球形图案看起来似乎一样大，这和雌性大眼斑雉看到的情况类似

资料来源：照片由迈克尔·杜利特尔（Michael Doolittle）拍摄。

总的来说，雄性的炫耀行为给雌性创造出一种复杂到令人难以置信的感官体验：一个由300个金棕色球形图案组成的闪闪发光的半球形瞬间出现在空中，背景是点缀着小斑点、圆点和涡纹的羽毛"挂毯"。金棕色球形图案从中心向外发出光芒，再加上不时露出的雄性的黑色眼睛和蓝色面部，整体效果绚烂夺目。

所有这些了不起的装饰器官是如何打动雌性大眼斑雉的呢？观察者对雌性反应的描述相同，那就是非常冷淡，甚至无动于衷。威廉·毕比写道："我认为毫无疑问的是，如此美妙的色彩、眼斑的精妙的球涡错觉，以及让球形图案转起来的有节奏的羽毛抖动，对若无其事的雌鸟完全不起作用。"

在排除雌性大眼斑雉有任何审美经验的可能性方面，毕比采取了一种有点儿奇怪的反向拟人法。既然人类都觉得雄性大眼斑雉的炫耀行为精美绝伦，难道雌鸟的反应不应该更加强烈和明显吗？难道它的感觉不应该和我们差不多吗？也许是因为毕比为了观察这种炫耀行为在森林里待了几个月，连续几个星期蜷缩在隐蔽处，当他终于看到雄性的炫耀行为时，他希望雌性大眼斑雉至少能表现出些许像他那样的激动之情。毕比的结论是，雌性并不兴奋，这让他不禁怀疑雄性的炫耀行为究竟有没有给雌性带来审美冲击。然而，性选择理论认为，每一种复杂的装饰器官都是与同样复杂的审美能力协同进化的结果。极致审美往往是由极高的审美失败率（也就是被潜在配偶拒绝）导致的。雄性大眼斑雉之所以有如此极致的装饰器官，恰恰是因为大多数雄性的求偶行动都失败了。因此，沉着平静、反应冷淡的雌性大眼斑雉实际上更符合我们的预期，比起因为看到罕见景象而激动的博物学家，它更像一位审美经验丰富、受过良好教育的鉴赏家，正在冷静客观地评估需要由它来品鉴的众多非凡作品之一。在我看过的那些求偶炫耀的视频里，雌性大眼斑雉的表现恰恰印证了我的描述，它一动不动地向正在做炫耀行为的雄性投去敏锐的目光，注意力高度集中。当雌性大眼斑雉看到雄性卖力的表演时，可能看似不动声色，但这种择偶决策是雌性大眼斑雉历经数百万年进化的结果，也促使雄性大眼斑雉在协同进化的过程中逐步练就了这种求偶炫耀行为。

长久以来，大眼斑雉华丽的羽毛和复杂的炫耀行为一直是我们努力探寻自然之美起源的重要证据，但这个证据却让思想家们得出了截然相反的结论。阿盖尔公爵（乔治·坎贝尔）在他于1867年发表的反进化论小册子《法律的统治》（*The Reign of Law*）中提到，大眼斑雉翼羽上的"球涡"图案是上帝创世的一个标志。达尔文反驳道,大眼斑雉证明配偶选择推动了美的进化,并且断言"雌性(大眼斑雉)的美的品位应该和人类不相上下,这无疑是一个了不起的事实"。

在配偶选择理论被埋没长达一个世纪的情况下,生物学家很难解释为什么会有像大眼斑雉这样的追求极致审美的物种。威廉·毕比认为达尔文的理论具有知识吸引力,因为"达尔文的思想是我们人类更愿意接受的",但终究缺乏说服力。由于毕比对雌性大眼斑雉的认知和审美能力的评价很低,所以他完全无法接受性选择观点:"尽管我们很想相信这个观点是对的,但还是无法认同。就我个人而言,我应当主动做出些许让步,承认这种讨人喜欢的审美理论的可能性,但我做不到。"

那么,毕比如何解释雄性大眼斑雉的进化过程呢?他解释不了,并且断言:"这是一个我们应该勇敢地说'我不知道'的问题。"讽刺的是,他花了数年时间追踪这种美到极致的生物和其他很多雉鸡的炫耀行为,却"无法认同"达尔文对这种美的解释。这是继华莱士击败达尔文的配偶选择理论之后的又一大知识缺失。

然而,今天所有的生物学家都认同配偶选择的基本概念。因此,大家一致认为雄性大眼斑雉的装饰性羽毛和行为是在雌性的性偏好和性欲的推动下进化的,这就是性选择。现在,我们都认为装饰器官的进化原因是个体有选择配偶的能力和自主权,而且是有其偏爱的装饰器官的配偶。在选择理想配偶的过程中,选择者从进化角度既改变了欲望的客体,也改变了欲望本身的形式。这就是美和欲望之间真正的协同进化之舞。

生物学家间的看法分歧在于,择偶偏好的进化是为了那些能持续提供真实实用的信息(优良的基因或直接的好处,比如健康状况、活力水平、认知能力或其他对选择者有帮助的属性)的装饰器官,还是根本没有什么目的，只是协同进化的随机结果（尽管这种看法令人难以置信）。事实上，大多数生物学家都认同前一种观点，但我不以为然。更确切地说，我认为适应性的配偶选择有可能发生，但概率极低，而由达尔文和费希尔设想的及由兰德和柯克帕特里克建模的配偶选择机制却很有可能无处不在。

然而，从达尔文的《人类的由来及性选择》开始，"美即效用"的论点已经成功地传播开来。本章的目的就是解释这种有缺陷的共识如何会长期存在，其中的很大一部分原因在于，支撑这一共识的是人们毫无科学依据的信任，即认为这个结论从根本上说是正确的。

◎

1997 年，我向生态学和进化生物学领域的一流科学期刊《美国博物学家》（*The American Naturalist*）递交了一份论文手稿。我在文章中论述了配偶选择的随意机制和提供真实信息的机制，然后根据我观察到的某些鸟类的求偶炫耀行为，试图确定是哪一种机制在推动进化。除此之外，我还花了部分篇幅来讨论一群侏儒鸟的有特定顺序的炫耀行为（我将在这本书的第 3、4、7 章中做进一步讨论）。通过对群体中多个种类的鸟的炫耀行为进行比较研究，我发现雄性白喉娇鹟（White-throated Manakins）进化出了一种奇特的用喙指向对方的姿势，取代了其祖先传下来的用尾巴指向对方的标准炫耀姿势。进化的过程就好比在行为序列中，用刀把旧姿势裁切掉，然后在同一位置粘贴上新姿势。我认为，这种变化之所以产生，不太可能是由于它提供了更多反映配偶素质的信息——真是这样的话，那么所有种类的侏儒鸟都会进化成这样——所以这更有可能是由于协同进化过程中随意的审美性择偶偏好。

　　在科学界，期刊编辑会把你的研究论文发给其他科学家进行匿名同行评议，这些人中往往有你学术上的竞争对手。编辑基于审稿人对论文的评价决定是否可以发表，以及指导作者对论文进行修改。匿名审稿人不赞成我的这篇论文中讨论侏儒鸟的部分。他们认为我无法证明这种新姿势就是通过随意的配偶选择进化而来，因为我没有明确地反驳他们能想到的各种适应性假设。比如，我没有验证用喙指向对方的雄性白喉娇鹟是否展现出更强的活力或抗病性。我回应道，这两种站着不动的姿势不太可能传递出任何关于其活力水平或遗传素质的附加信息，除非我们假设侏儒鸟祖先进化出用尾巴指向对方的姿势是为了展示它们的屁股是否感染了螨虫，那么用喙指向对方的姿势就一定是为了显示进化史上近期才出现的某个问题，比如喉部是否感染了螨虫。在我看来这是不太可能的，不过审稿人坚持认为我有责任提供能证明炫耀特征是随意的证据。当然，这导致我不可能"证明"自己的观点，为了发表论文，最终我不得不删除了这部分内容。

　　在这篇论文发表后的很长一段时间里，我对这件事一直无法释怀。我想知道，在我得出任何炫耀特征都是随意的（也就是除了有吸引力之外，不能反映任何素质信息）结论之前，需要检验多少种适应性假设，以及什么时候才能完成这项工作。就算我检验了审稿人能想到的每一种适应性解释，我也很难让所有人满意。因为为了让其他持怀疑态度的审稿人满意，我又必须检验其他假设。审稿人的想象力没有尽头，试图证明任何特征都是随意的这个过程也没有终点。于是，我陷入了困境。当下盛行的证据标准意味着我不可能得出任何特征的进化原因都是为了美的结论，实际上，要成为当代达尔文主义者是不可能的。

　　我意识到，导致我陷入困境的是艾伦·格拉芬的证据标准，因为他说："在证据不充分的情况下，如果你选择相信费希尔-兰德理论能解释性选择的过程，这在方法论上是非常邪恶的。"

当然，"充分证据"标准长期以来在科学界备受推崇，所以格拉芬并不是第一个采用这一标准的人。20世纪70年代，针对超心理学，卡尔·萨根（Carl Sagan）宣称："非凡的主张需要非凡的证据。"这个著名的"萨根标准"实际上可追溯到法国数学家皮埃尔·西蒙·拉普拉斯（Pierre-Simon Laplace），他写道："支持非凡主张的证据分量必须与该主张的奇异性成正比。"

因此，是否需要援引格拉芬的充分证据标准，取决于我们对达尔文–费希尔的配偶选择理论的奇异性的理解。但是，什么能决定一种假说的奇异性呢？我们是否应该让我们对世界可能的运转方式的直觉，来决定我们对真实情况的科学探究呢？格拉芬认为，扎哈维的不利条件原理表现出的令人安心的"逻辑和理性"，应该迫使我们摒弃随意的配偶选择理论的可怕奇异性。

当然，倾向于相信宇宙是理性、有序的存在，这是人类的本性。就连爱因斯坦也抛弃了他为之奠定坚实知识基础的量子力学，原因是它给物理世界带来了不确定性和不可预见性。爱因斯坦有过一句著名的反对量子力学的话："上帝不会掷骰子。"但是，尽管量子力学一如既往地奇异，但它最终还是取得了胜利，因为这个理论的预测能力强大到让人无法忽视。从那时起，我们对宇宙物理定律的理解便有了不可估量的进步。物理学不得不接受一个陌生的宇宙。

遗憾的是，在进化生物学领域很难消除人们对"理性和逻辑"的偏爱。在配偶选择方面，对理性和逻辑的渴望只给我们留下一种陈腐过时的科学理论，而且始终无法解释自然界中美的进化。当下适应主义者的"共识"竟然建立在如此薄弱的基础之上，要了解其错误的核心所在，我们就必须探究科学过程的基本要素。

◎

当检验某种科学假说时，我们必须比较一种猜想（即某个特定的机制创造了我们看到的这个世界）和另一种更普遍的认为没有什么特别机制存在的猜想（即不需要用具体或特别的解释来说明我们的观察结果）。在科学和统计学领域，这种"没有什么特别机制存在"的假设被称为零假设或者零模型。一个非常令人愉快且不会对我的论据有效性产生任何影响的巧合是，零假设的概念实际上是在1935年由提出失控选择模式的罗纳德·费希尔建立的："我们可以把这种假设称为'零假设'，应当注意的是，零假设永远无法被证明或者确定，但有可能在实验的过程中被推翻。"

因此，在断言某些特定的过程或利益机制正在发挥作用之前，我们必须先推翻认为没有什么特别机制存在的零假设。推翻零假设就可以得出一个肯定的结论，即的确有某种独特的机制在运行。但是，正如费希尔所言，零假设是知识不对称的。也就是说，我们可以找到推翻零假设的证据，但永远无法真正证明它。考虑到科学推理的逻辑结构，我们有可能提供充足的证据证明有某种特别的机制在发挥作用，但却不可能明确地证明没有什么特别的机制存在。

当然，零假设不仅仅是我们用来完成科学工作的临时性知识工具。有时候，它实际上是对现实的准确描述，即真的"没有什么特别的机制存在"！当零假设成为对世界的一种准确描述时，它的作用就是防止科学陷入毫无根据的幻想之境。实际上，零假设可以使科学免受疯狂的猜想和基于信仰的幻想的影响。

遗憾的是，包括专业科学家在内的人类倾向于认为一定存在某种特别机制，这种偏见背后有根本性的原因。在感官信息和认知细节的传递方面，人脑会因为探测到难以发现的模式而得到很多报酬。能够在不明显的情况下弄清楚到底发生了什么，也许是智力最基本的优势。比如："我看到湿地里有水牛刚刚留下的足迹。我注意到它们每天早晨都来这里喝水。所以，如果我明天早点儿来，躲在灌木丛后面，就能杀死一头水牛作为食物了！"但是，这种将世界解读为充满意义且受到理性的因果关系支配的认知能力，也会把我们引向错误的结论，让我们在实际上没有什么特别事情发生的时候，确信一定发生了什么特别的事情。鬼故事、奇迹、巫术、占星术、阴谋论、体育比赛连胜、幸运骰子或者家族诅咒，这些都是人类在毫无必要的情况下无止境地渴望理性和逻辑的例子。

很多人沉溺于他们非理性的欲望，妄图给这个混乱的世界找到有意义的解释，这些解释如此主流，以至于我们从不怀疑它们的正确性。比如，商业新闻行业不断地解释经济市场中发生的事情，而大多数时候根本没有什么特别情况。商业新闻频道无休止地播放有关全球金融市场"事件"的财经报道。它们自信地解释道，恒生指数上涨、英国富时指数下跌或道·琼斯指数没有变化，这是由于最近的失业报告、协商后的主权债务结算方案或季度利润报告。当然，这里的零假设是，市场活动是由人们做出的数百万个独立决定产生的聚集效应的结果，约翰·梅纳德·凯恩斯（John Maynard Keynes）曾明确指出，"深思熟虑总比盲目从众要好"。但是，描述市场波动缺乏共同的或可归纳的外部原因的零模型，从未出现在商业新闻中，这可能是因为商业新闻本身毕竟也是一桩生意。零假设描述的事实将不利于它们的净利润，观众们不太可能收看没什么爆料的新闻。"今天，华尔街发生了一些随机事件！详情请关注12点20分的新闻播报！"商业新闻记者认为，所有事件的背后都有某种理性和逻辑，他们的工作就是把这些当作真实的情况报道出来，即使它们是被捏造的。

零假设对科学来说至关重要，哪怕它们错得很离谱儿，因为只有在试图找到推翻它们的证据的过程中，才能获得更好的理解。比如，"香烟不会引起肺癌"是一个零假设。根据这一假设，肺癌有多种致病因，而吸烟与患肺癌的风险之间并无必然联系。也就是说，尽管有很多人吸烟，而且他们中确实有些人患有肺癌，但这其中并不存在因果关系。有趣的是，在20世纪50年代，罗纳德·费希尔积极、热情地向公众宣扬这种特别的、完全错误的零假设，它最终被证明是错的。还有一个近年来的零假设是："全球变暖并不是由大气中人类活动产生的温室气体造成的"。因此，科学家的工作就是收集能推翻这个零假设的证据，从而证明它是错误的。换句话说，科学的举证责任总是由那些想要证明发生了某个特定事件的人来承担，而不是那些认为没有特定事件发生的人。

经过多年与格拉芬的充分证明标准的斗争，我逐渐意识到进化生物学领域已经变得跟金融市场的新闻报道类似了。进化生物学家确信，有一种特殊的理性和逻辑——适应性配偶选择——随时随地在发挥作用。他们为什么如此深信不疑呢？当检验它的时候，你会发现它多半只是一种认为世界就应该如此的信念。别忘了，在反对达尔文的配偶选择理论时，华莱士声称"自然选择一直在起作用，而且规模巨大"是一个原则性问题。这个理由没怎么改变。

尽管兰德-柯克帕特里克的性选择机制在很多人看来一直很奇怪，但它不只是适应性配偶选择理论的一种替代假说，还是性炫耀特征和择偶偏好进化的一个恰当的零模型。它描述了在没有特别机制存在（即个体选择自己喜欢的配偶）的情况下，配偶选择如何推动进化。由于进化要求遗传变异的发生，所以兰德-柯克帕特里克模型假设控制特征和偏好的基因发生了变异。但它没有假设配偶在素质上有差异，或者任何炫耀特征都和这种素质相关联，又或者择偶偏好在自然选择下会更偏爱这些特征。它是零模型的原因也在于此。

如果兰德-柯克帕特里克机制是特征和偏好进化的恰当的零模型，它就无法被证明。格拉芬要求看到关于费希尔-兰德理论的"充分证据"，这种做法之所以有效，恰恰是因为他的这个要求是不可能实现的。彻底失败了！当我意识到自己永远无法让审稿人满意的时候，我也陷入了相同的困境。这就是为什么在《人类的由来及性选择》出版近150年之后，也就是格拉芬于1990年发表那篇论文的25年后，仍然没有被普遍接受的关于随意的配偶选择的教科书式案例。格拉芬的策略成功了。

当代的配偶选择科学是一个处于知识陷阱中的案例研究，一不小心可能就会变成一门不包含任何零假设或零模型的科学。在缺乏零模型的情况下，适应性配偶选择就会受到不科学的保护，无法被推翻，从而变成所有关于审美特征的进化和功能问题的既定答案。如果某种特征被证明与优良基因或直接好处相关联，适应性模型就会被视为正确的。如果没有发现这种关联性，这个结果则会被解读为没有付出足够的努力来探究适应性模型成立的原因。在这个框架下，每一位年轻的科学家或者研究生的终极研究目标是以一种出人意料的前所未有的新方式证明人人都知道的结论是对的。适应性配偶选择理论被大家接受的原因，就在于它提供了令人安心的理性和逻辑，所以关于这个理论的所有研究已经沦为一种基于信仰的经验主义程序，即不断形成证据来证实一个得到大家普遍认同的事实。而零模型的作用则是防止这种基于信仰的证实主义取代科学。

◎

"总有事情会发生"，这句话可能听起来可笑甚至轻率，但它却简明扼要地抓住了零模型的本质。在通过配偶选择推动进化的场景中，我们可以把这个零模型重新表述为"总有美会发生"。（别忘了，这个美是指动物感知到的美。）作为自然界中审美特征起源的零模型，"总有美会发生"为美的进化提供了一个令人振奋的新视角。我认为，这是一个就连达尔文也会理解并且接受的口号。

在此有必要再次强调的是，一个完整的配偶选择审美理论包括随意的零模型（总有美会发生）和适应性配偶选择模型（优良基因和直接好处的真实反映）这两种可能性。毕竟，一辆玛莎拉蒂汽车或者一块劳力士手表不仅在审美方面令人赏心悦目，在功能方面也非常实用，比如速度能与赛车相媲美或者走时始终精准。因此，关于特定炫耀特征进化的审美理论包含其他所有可能的解释。相较之下，适应性理论却不承认费希尔的随意配偶选择理论。

配偶选择科学应该如何摆脱困境呢？当看到一种特定的性装饰器官或者炫耀行为时，我们必须提出一个基本问题：这种特征进化的原因是它提供了关于优良基因或直接好处的真实信息，还是它仅具有性吸引力？只有先证明"总有美会发生"的零模型是错误的，这个科研计划才能取得进展。

配偶选择科学需要一场零模型革命。尽管那些为了探究其感兴趣的适应性理论而进入这个领域的研究人员会觉得这句话听起来不太舒服，但我们在进化生物学的其他领域已经有充分的证据证明，零模型革命不仅成功，而且在知识上收获颇丰，即使对适应主义者来说也是如此。在分子进化领域，20世纪七八十年代发生的一场零模型革命，使得DNA（脱氧核糖核酸）序列进化的中性理论被普遍接受。现在，如果有人想宣称某些DNA替换是适应性变化，那么他必须先推翻这些变化只是由种群的随机漂变产生的中性突变这一零假设。在群落生态学领域，发生在20世纪八九十年代的一次零模型革命，使得群落结构的零模型得到广泛应用。现在，如果有人想宣称生态群落是通过竞争形成的，那么他必须先推翻一种随机的描述群落组成的零模型。在这两个领域，即使是最狂热的自然选择论者最终也接受了零模型和中性模型，因为这两种模型提高了他们验证和支持适应性假说的能力。所以，进化科学接受性选择的零模型至关重要。

反对在进化生物学领域采用零模型和中性模型的人有时会抱怨，推荐使用的零模型太"复杂"了，以至于不能算作一个恰当的零模型。对他们来说，零模型应该更加简约。但是，这种观点误解了零模型的知识功能。比如，如果香烟会导致肺癌，大多数肺癌的因果解释其实就相当简单了。如果香烟不会致癌的零假设是真的，肺癌的实际致病因就会更加多样化、个性化和复杂化。所以，零模型未必是一种更简单的解释。确切地说，零模型是一种认为"不存在某种普遍的因果机制"的假说。在进化论中，关键的因果机制是自然选择，这就是为什么"总有美会发生"的假说是恰当的零模型。

◎

在了解如果放弃零模型会多么危险之后，我们可以回过头去考虑雄性大眼斑雉的问题了。首当其冲，我们需要理解必须由进化论解释的有关审美复杂性的所有问题。大眼斑雉的全部性装饰器官和行为包括：雄性领地和场地清扫行为，对场地的维护、鸣叫、多种炫耀行为的每个动作，面部皮肤颜色，以及每根羽毛的大小、形状、图案和色彩。大眼斑雉完整的炫耀行为就像一部歌剧或者百老汇音乐剧，尽管是在它自己的舞台上表演的独角戏，但包含了音乐、舞蹈、精美的服装、照明，还有错视画效果。

考虑这种审美复杂性的一种方法是，把每一个细节都想象成进化设计中的一项"决策"。要描述大眼斑雉的"全部特征"，总共需要做出多少项决策呢？从一根初级翼羽的顶端开始，我们看到其中宽的一端是灰色的，而不是棕色的，上面的大斑点是红褐色的，而不是白色、棕褐色或者黑色的。同一根羽毛从上到下，背景色变为棕褐色，但斑点的颜色没有变，只是尺寸变小了，相互间靠得更近了，最后聚合为一个逼真的蜂巢图案。每一个细节都有可能是不同的。事实上，世界上每一种鸟的每一个细节都是不同的。那些认为自然选择决定着各种炫耀特征的形成过程的进化生物学家，不仅需要说明装饰器官的存在，还需要解释这些特征在形成过程中的每一个具体细节的起源和延续。在大眼斑雉的例子中，独立审美特征的数量总计达到几百甚至几千个，其复杂程度几乎无法估量。

适应性配偶选择的规范化表述是，这些特征中的每一个都进化为特定的反映优良基因或直接好处的标志。换句话说，每个细节之所以进化成现在的样子，是因为它比其他所有可能的变异都能更好地提供关于配偶素质的信息。大多数研究配偶选择的人认为，他们的工作是要证明这个观点为什么正确，而不是验证它是否正确。如果没有零模型帮他们推翻适应主义理论，他们是做不了什么的。在任何特定的研究中，研究人员会评估雄性装饰器官的多个方面，并试图把它们与其可能反映的有关健康和遗传的信息联系起来，但在完整的炫耀行为中，最多只有一个或几个审美特征会显示出与配偶素质相关联的些许迹象。接下来，生物学家利用这个非常有限的数据子样本，得出有关诚实信号在整个性选择过程中所起作用的一般结论。然而，大部分数据都无法证实配偶选择的适应性理论。结果就是，尽管配偶选择的适应性解释占了上风，但绝大多数装饰器官的细节依然无法解释。

如果单靠研究那些符合研究人员预期的数据，那么我们永远无法对进化问题给出令人满意的解释。由于那些不能证明任何装饰性特征有适应性价值的研究被视为失败的研究（其失败之处在于没能找到数据证明适应性配偶选择理论是正确的），所以这些研究内容不会被发表出来。这样一来，我们就看不到这些数据，而它们是对真实世界及其演化方式的合理描述。事实上，它们和"总有美会发生"的模型完全一致。适应主义者的世界观让我们看不见现实的本质，这一定会影响我们对大眼斑雉的研究。

不幸的是，在野外研究大眼斑雉的配偶选择行为是非常困难的。回想一下，戴维森花了三年多的时间，对雄鸟进行了长达700个小时的观察，才看到一只雌鸟来访，而且没有看到它们的交配过程。或许如果有人能找到几十个大眼斑雉的巢穴，就可以通过对雏鸟进行DNA检测来确定它们的父亲是谁。但是，研究人员也得在多只雄鸟的求偶场地里放置很多台隐形摄像机，记录雌鸟的来访路线，以及求偶成功和失败的雄鸟之间的炫耀行为的差异。他们还需要抓住这些雄鸟，记录下有关它们的健康状况、生存条件和遗传变异的信息。总之，这将是一项繁重且成本高昂的工作。

撇开从野外获取这些数据的困难程度不谈，我们先考虑一下雌性大眼斑雉能否通过配偶选择获得两种适应性优势当中的任何一种。最基本的优势就是优良的基因，因为可遗传的基因变异会让雌性的后代都拥有生存和繁殖方面的优势。

尽管优良基因假说在思想史中有很好的发展，而且依然流行，但从实证方面看，它已经陷入了困境。许多研究都未能找到任何有关优良基因与雌性性偏好之间相关联的证据。比如，最近的"元分析"（对不同物种的大量独立研究中的多个数据集进行的大型统计研究）确实找到了支持费希尔的随意配偶选择理论的重要证据，但却没有找到关于受偏爱的雄性能提供优良基因的观点的证据。这些结论以科学文献为基础，其中可能存在对于"积极"结果（即支持优良基因假说的结果）的发表偏倚。正如前文所说，"消极"结果往往会被视为失败的科学研究，并被扔进垃圾堆。因此，元分析可能只在一小部分数据中未能找到支持优良基因的证据，还有大量的数据仍然隐藏在看不见的"海面之下的地方"，这些未公开的、私人持有的海量数据很可能是完全消极的。一个越发明显的事实上，优良基因假说是一个很有趣的观点，因为它在自然界中找不到太多证据。

雄性大眼斑雉可能以直接好处的形式，为选择他们作为配偶的雌性带来另一种适应性优势，这有利于提升雌性的生存和繁殖能力。对于采取一雄一雌制的鸟类来说，配偶长期居住在一起，共同抚养后代，其直接好处可能包括：保护资源丰富的领地，在后代抚育方面相互帮助，抵御掠食者，以及为成功的家庭生活做出其他贡献等。但是，雄性大眼斑雉不会帮助雌性抚育后代或进行繁殖投资，而只是提供精子。雌性大眼斑雉在与雄性交配后会马上离开，独自孵化和养育后代，所以它们与雄性的交流仅限于为了择偶与不同的雄性见面和做出选择之后短暂的交配。因此，雌性大眼斑雉要从雄性身上获得直接好处，只有两种可能的方式。其中一种可能的方式是，受到雌性偏爱的可能是那些有炫耀信号的雄性，这可以使雌性在选择配偶时效率更高，最大限度地减少与雄性见面的时间成本和被捕食的风险。然而，雌性评估雄性的炫耀行为的过程完全谈不上有效率，雌性必须走很远的距离（可能是数英里[①]）才能见到不同的雄性，它还必须近距离地观察每只雄鸟，才能看到完整的炫耀行为。另一种可能的方式是，雄性的炫耀行为可以提供关于它们是否感染性传播疾病的真实信息。不过，这似乎也不太可能。在择偶时避免性传播疾病，会导致与一雄多雌繁育体系相悖的强自然选择。一雄多雌制会极大地助长性疾病的传播，而不会对协同进化的极致审美特征和偏好的选择有任何促进作用。

---

① 1英里 ≈ 1.609千米。——编者注

总之，即使没有从野外获取更多数据，我们也有充分的理由认为大眼斑雉是"总有美会发生"的进化机制的一个范例。

◎

适应性配偶选择的另一个知识缺陷在于大眼斑雉炫耀行为的纯粹复杂性。根据不利条件原理，任何炫耀行为表现出的真诚都是由这种行为强加给个体的成本来保证的。这些成本包括炫耀行为的开发成本和生存成本，但它们也为从适应性角度解释大眼斑雉炫耀演出中多样化的装饰器官带来了另一个难题。根据适应性理论，每一种装饰器官都必须成为提供素质信息的一个独立渠道，才能负担上述附加成本。如果某个代价高昂的装饰细节没有提供某个独立的素质信息，它要么永远不会进化，要么被自然选择当作累赘而淘汰。因此，不利条件原理在多样化的炫耀特征的审美复杂性的进化过程中，实际上设置了很多约束条件。但是，审美复杂性不只是存在于大眼斑雉身上，而是存在于整个自然界当中。

当然，解释多样化的、独立的装饰性特征对于"总有美会发生"进化机制来说，没有任何挑战性。事实上，正是这种机制预测了它们的存在。在无拘无束的情况下，配偶选择很可能导致所有装饰器官和炫耀行为的复杂性的进化都失去控制。

一些支持诚实信号观点的理论学家提出，可以把所有复杂的装饰性特征当作适应性的多模式炫耀。根据这个观点，大眼斑雉的全部审美特征就像一把瑞士军刀，每一种特征分别对应不同的刀片，它们都经过了适应性方面的优化，能够在真诚、有效地吸引配偶的一般任务中分别完成传递信息的任务。每种炫耀特征都以一种特定的感觉形态通过不同的渠道传递个体的素质信息。多模式炫耀的概念试图将审美复杂性削弱为一组可支配的、个性化的合理效用，但这也无法避免多重冗余成本问题。

然而，在我们做进一步讨论之前，应该问一个问题："这种情况有可能出现吗？"雌性要评估多少个传递配偶素质信息的独立渠道呢？无从知得，据我所知，之前没有人问过这个问题。不过，我认为可以从几个方面思考这个问题。如果你想准确地评估一个人的健康状况和遗传素质，你会怎么做呢？这在某种程度上就是医生在给病人做定期检查时想做的事。根据每年的体检结果，你能预测出一个人未来的健康状况吗？好吧，美国家庭医师学会最近表示，除了常规的体重和血压监测之外，没有证据证明定期体检具备医疗有效性。除了评估体重和血压之外，医生的观察往往无法得到与未来健康状况相关的足够信息，所以年度体检才显得如此划算。当然，医生的检查还包括询问许多具体的问题和使用一些侵入性方法（比如验血），这些在雌性大眼斑雉评估潜在配偶的时候并不适用，因为它们没有血压计、听诊器和心电图机。但是，即使用上所有的设备和先进的医学知识，对人体定期的详细检查和口头访谈也无法提供足够的有关人类未来健康状况的有用信息，以便让体检变得更有价值。

事实上，即使利用先进的知识和科学的工具，要准确地评估动物的遗传素质并预测其未来的健康状况，也是非常困难的。难道雌性大眼斑雉能比人类医生更好地评估它们的潜在配偶的健康状况吗？

不过，如果我们比一般的家庭医生更强一些，比如我们可以对每位病人的整个基因组进行测序。那么我们能从病人的基因组中获知与潜在健康风险相关的哪些信息呢？我们可以了解到他们患上由单一基因引起的罕见病的可能性，比如囊性纤维性变和黑蒙性家族痴呆症等。但出人意料的是，对于一些死亡率极高的复杂疾病（比如心脏病、中风、癌症、阿尔茨海默病、精神疾病或药物成瘾症）的患病风险，我们却知之甚少。事实上，从21世纪初开始，基因组医学的首创性研究就由于基因组数据无法提供许多有关任何复杂疾病的预测信息而受阻。比如，要找到几十种与心脏病显著相关的遗传变异是很容易的。但是，除了某些种群特有的罕见遗传变异之外，当所有这些基因的作用叠加在一起时，却只会带来不到10%的心脏病遗传风险。因此，即使掌握了完整的基因组信息，预测遗传素质和未来的健康状况从根本上说也是很困难的。这就是为什么2013年美国食品药品监督管理局禁止像23andMe这类私人基因测试公司在没有特殊许可的情况下向客户出售有关其患遗传疾病风险的信息。目前，单一基因和疾病之间的大部分统计关联都非常模糊和脆弱，所以将这些信息告诉客户基本上是一种误导。

　　所以，我们必须再次提出这个问题：与掌握完整基因组信息的科学家相比，一只雌性大眼斑雉有可能得出更有效的有关潜在配偶遗传适应性的结论吗？当然，从理论上讲，雌性大眼斑雉是有可能做到这一点的，但这是一个实证问题，应该进行实际调查，而非盲目相信。人类基因组医学没能找到可靠的手段来预测复杂的健康状况，这与"优良基因假说"有很大的关系，也让我们更有理由怀疑根据每一种装饰特征来评估配偶的适应性价值的前景。

◎

　　一种臭名昭著的诚实信号机制的思想崩塌，为配偶选择科学中的社会现象带来了有趣的见解。丹麦进化生物学家安德斯·穆勒（Anders Møller）在1990年和1992年发表的论文中提出，身体的对称性能显示出个体的遗传素质，而且双方对称的炫耀行为会通过追求遗传素质更高的配偶的适应性择偶过程得到进化。穆勒的数据表明，雌性家燕偏爱外侧尾羽最长和最对称的雄性。很快，便有很多人跳出来赞成多种生物体都以对称性为基础来选择配偶的说法。

讽刺的是，就像非理性的费希尔失控选择模式一样，认为对称性能真实反映遗传素质的观点变得越来越流行，而这只是因为它非常受欢迎。一位因这一观点而兴奋不已的科学家试图在自己的研究中复制这一结果，但却苦恼地发现他做不到。2010年出版的一期《纽约客》（New Yorker）杂志上有一篇文章引用了这位科学家的话，"不幸的是，我得不出相同的结论。不过最糟糕的是，在提交证明该观点无效的研究结果后，我的论文很难发表。因为期刊编辑只想要能证实这一观点的数据。这个观点太令人兴奋了，以致不能被推翻，至少在那个时候不能被推翻。"适应主义者的证实偏见（confirmation bias）又一次出现了。

但在20世纪90年代末期，这个观点的支持率突然开始下降，批评文章越来越多。到了1999年，对多个数据集进行的元分析结果显示，已经没有人支持这一观点了。

当然，科学家不愿意承认他们像其他人一样人云亦云。因此，有关动物界配偶选择的当代评论很少提及这段令人尴尬的插曲。然而，对诚实对称性观点的狂热是体现科学界随大溜现象的一个最好的例子，《纽约客》的那篇文章主要通过这个例子从社会学角度分析了科学失败的原因。不幸的是，对称性观点仍然存在于人类性吸引力的适应性理论、神经生物学和认知科学中。你可能会认为，再过几十年，那些进化心理学家终会知道这个观点是错的。但是，"诚实对称性"已经变成了一个僵尸观点，它的吸引力太大了，以至于虽然一再被推翻，却还是一次次地死灰复燃。

在任何情况下，对称性假设在解释复杂装饰器官（比如大眼斑雉的翼羽和尾羽上的图案）的进化方面的作用都是极其有限的。即使这个观点成立，以完全对称的信号为目标的自然选择，也无法解释大眼斑雉的羽毛和炫耀行为中大量其他特殊且复杂的细节。

◎

　　新近出现的一种适应性配偶选择假说，完全抛开了华莱士对达尔文的批判。有人提出，复杂的求偶炫耀行为之所以进化，是雄性为了向其未来的配偶展示它们的活力、精力和表演技能。相应地，雌性喜欢雄性复杂的炫耀行为，因为这样可以让雄性的心跳加快，精力耗散，或者到达生理能力的极限。最棒的舞蹈来自强壮、适合做配偶的雄性。不幸的是，这种流行的观点无法解释复杂的炫耀行为（比如大眼斑雉的炫耀行为）的某些具体细节。与雄性大眼斑雉现有的这种精力消耗较少的炫耀行为相比，我们能想象出很多种会给雄性带来更大生理挑战的炫耀行为。那么，为什么没有进化出对雄性的生理能力的更极端的考验呢？

　　当然，我承认许多物种的雄性确实有一些对生理能力要求很高的炫耀行为。但因此付出的生理代价，并不能真实反映个体素质。炫耀特征的进化是要在自然选择和性选择之间取得平衡，而这种平衡可能与最健康的身体状况或最强大的生存能力相去甚远。当美发生的时候，代价也随之产生。

　　问题就在于，生理挑战是极端审美表现的附带结果，还是炫耀行为的全部意义。打个比方，人们喜欢芭蕾舞演员精彩绝伦的跳跃、足尖旋转等动作，是因为这样的表演可以把他们推至生理能力和身体结构的极限，还是表演者在为观众呈现精彩表演的过程中遇到了这些生理挑战？我们看重这些特技动作是因为它们带给我们的审美感受，还是因为许多芭蕾舞演员为了完成这些动作而不得不承受脚部和腿部受伤造成的疼痛和虚弱？

　　我们没有理由认为，对芭蕾舞或其他任何艺术形式的爱源自表演者为之付出的艰辛和努力。同样地，我们也没有理由认为，雌性大眼斑䳍或其他任何物种的雌性选择某个雄性，是因为后者在求偶炫耀的过程中忍受了很多痛苦。表演的艺术性始终都是最重要的，生理需求则是次要的。如果不这样认为，就会混淆进化的因果关系。最后，就像大眼斑䳍一样，我们能想到很多代价更高但不受喜欢的表演。打个比方，20世纪的无调性音乐，不管对贝尔格（Alban Berg）还是布列兹（Pierre Boulez）来说，演奏起来都颇有难度，但这并没有让观众喜欢上它。

◎

关于达尔文与华莱士的配偶选择问题之争，有一种有趣的理解方式就是把美的价值比作钱的价值。在旧的金本位制度下，一美元之所以有价值，是因为每一美元都可以兑换一小块黄金。一美元的价值是外在的；美元有价值，是因为它们代表了其他有价值的东西，即黄金。然而，到了20世纪中期，经济学家和政府意识到钱的价值只是一种"社会发明"。今天，一美元的价值是内在的；美元有价值，是因为人们普遍认同美元有价值，和黄金无关。

适应主义者对美的看法和金本位制度类似。也就是说，美本身没有价值；美有价值，是因为它代表了其他的外在价值，要么是优良基因，要么是直接好处。相比之下，达尔文/费希尔对美的看法就像现代货币制度。美有价值，是因为动物已经进化到认同美有价值的程度。美的价值是内在的，而且可以为了美本身而进化。就像钱一样，美也是一种"社会发明"，兰德-柯克帕特里克的零模型就是对这一过程的数学描述。

坚决主张恢复金本位制度的人被称为"金甲虫"，他们始终认为放弃金本位制度是一种鲁莽、不道德和非理性的行为。新华莱士主义者就像进化论方面的"金甲虫"，他们确信每一种性装饰器官背后都一定有一罐进化论的"金子"值，要么是优良基因，要么是直接好处，而且他们捍卫这个观点只是为了理性和逻辑。与主张恢复金本位制度的"金甲虫"一样，新华莱士主义者很快就给其他观点贴上了"邪恶"的标签。

我们也可以通过类比来解释，为什么"总有美会发生"机制是性选择推动进化的一个零模型。想象一下，下一次当你看到美丽的彩虹时，会突然出现一个穿绿色衣服的小精灵，他信誓旦旦地告诉你在彩虹的尽头有一罐金子。问问你自己，"零假设是什么"？显然，零假设就是彩虹的价值是内在的，而且彩虹的尽头没有金子。除非你在彩虹的尽头找到了金子，才能推翻这个零假设，否则你就必须坚持这个零假设。同样地，适应性配偶选择理论认为每一种性装饰器官都会带来一罐进化的金子，即优良基因和直接好处。那么，零假设是什么呢？显然，零假设就是没有优良基因或直接好处，除非你能证明确实有。举证责任由那些相信适应性配偶选择理论的人来承担。一些装饰器官确实可以反映个体素质，但我认为其他大多数都没有这种作用。我们既不应该相信小精灵，也不应该相信那些新华莱士主义者！

配偶选择科学与被称为"沉闷科学"的经济学之间，还有其他相似之处，这两个学科都对"市场泡沫"的本质和重要性进行了积极的讨论。在20世纪最后几十年，出现了一种新的美国式资本主义，其特征是日益复杂的投资和风险管理数学模型，以及限制金融机构的高风险行为的监管机制被逐步废除。其结果本应是让全球经济迎来前所未有的增长与繁荣的新时代，相反地，却导致了2008年全球金融危机。显然，初衷是阻止这种不稳定局面的经济模型却出现了根本性的错误。经济学家怎么会错得如此离谱儿呢？

这次失败的核心是，先入为主地对宣扬理性的有效市场假说深信不疑。这个假说宣称，在能够充分获取准确信息的情况下，自由市场始终会使资产的价值处于真实、准确的状态。根据有效市场假说，经济泡沫是不可能出现的。这句话听起来很熟悉吧？正如经济学家保罗·克鲁格曼（Paul Krugman）所说："对有效市场假说的信赖，让许多（即使不是大多数）经济学家对历史上最大的金融泡沫视而不见。"

我认为，大多数进化生物学家同样对随意配偶选择的事实视而不见。

有一天，为了探讨配偶选择科学与经济周期之间的相似之处，我和我在耶鲁大学的同事、邻居罗伯特·席勒（Robert Shiller，诺贝尔经济学奖获得者）共进午餐。席勒是一位著名的研究住房市场的专家，也是行为经济学的倡导者之一。由于在2005年《纽约时报》的一篇报道中预测房地产价格在下一代可能会下降40%，他被称为"泡沫先生"。事实上，他的预言只用了三年就成真了。

席勒于2000年出版的经典著作《非理性繁荣》（*Irrational Exuberance*），探究了人类心理在很多经济市场的波动中扮演的角色。他写道，如果价格上涨不断提升投资者的信心，使他们对未来获利的预期不断攀升，就会产生投机性金融市场泡沫。由此形成一个正反馈循环：资产价格的上涨带来更大的信心、更高的期望、更多的投资，以及更高的价格。这些经济反馈循环和"总有美会发生"的机制都需要一些相同的基本动力。性炫耀行为和资产价格都可以脱离外在价值来源，而只由受欢迎程度来驱动。

我问席勒，对宏观经济学与进化生物学的知识框架之间可能存在相似之处的观点，他的看法如何。他答道，支持有效市场假说的理论学家和支持适应主义的进化生物学家提出的论点非常相似，这让他备感震惊。他说的一番话与我的观点不谋而合：

对许多经济学家来说，一定价格资产的存在本身就表明它的价格一定能准确反映它的价值。类似地，在某种环境中一棵树或一只鸟的存在本身就表明它已经完美地解决了生存问题，因为它还没有被其他生态竞争者取代。这两种观点都在用一种能加强自身的方式来解读这个世界。

这种逻辑会导致知识学科陷入实证研究的窠臼，即更专注于证实自己的世界观，而不是构建对于世界的准确认知。

2009 年，席勒和乔治·阿克洛夫（George Akerlof）合著了一本行为经济学的书籍，书名是"动物精神"（animal spirit），它本来是约翰·梅纳德·凯恩斯创造的一个词，用来指影响人们经济决策的心理动机。在这本书中他们指出，对"动物精神"的研究在经济学领域遭遇重重阻碍，恰恰是因为这些非理性的影响因素本就被视为不科学的，而且不属于定量科学学科的研究范畴。讽刺的是，我认为进化生物学领域也在进行一场旨在消除动物的"动物精神"的思想运动！适应性配偶选择理论提出，性欲始终受到找到外形更佳的配偶这一终极理性需求的严格控制。在一个奇怪的拟人化的自然界中，动物的激情看上去比我们人类更理性。

在我和席勒共进午餐的几个星期后，几个经济学家发表了关于网络知名度动态的一项随机对照实验的结果。研究人员通过在一家主要新闻网站上的故事评论区随机引入"赞成"或"反对"的评价机制，证明知名度可以只由知名度本身来驱动（研究人员称之为积极的羊群效应），从而完全独立于实际的内容质量。换句话说，在网络上疯狂传播往往只是一件总会发生的事情。当我再次遇到席勒时，我提到了这项新研究，还说它通过实验生动地展示了反馈循环在驱动随意的知名度泡沫中扮演的角色。"你打算把它写进你的书里吗？"他问道，"因为我也在考虑把这项研究写进我的书里！"谁会想到一位鸟类学家和一位经济学家会争相提及同一项研究呢？

◎

我们将会在这本书中见到的大眼斑雉和其他很多鸟，都从极致审美的角度对传统的适应性进化理论发起了挑战。尽管新华莱士适应性配偶选择理论在目前可能更受欢迎，但如果没有达尔文广泛的审美视角，我们就无法解释自然界中两性之美的所有复杂性、多样性和进化辐射。只有"总有美会发生"的假说才能真正解释为什么性装饰器官会有如此丰富的多样性。

然而，我并不怀疑真实、有效地反映配偶素质的信号也会进化。的确存在择偶偏好受自然选择左右的情况。此外，还有可能出现信号的诚实度在进化过程中变得如此强大，以至于无法被审美欲望的非理性表达侵蚀的情况。但如果我们始终认为这种观点是正确的，就永远无法真正理解自然界的多样性。我们必须利用一种非适应性的零模型来保持适应性配偶选择理论的可证伪性。否则，它就不再是科学了。

虽然我对适应性配偶选择理论持怀疑态度，但我并不觉得这个观点一无是处，而是具有一定的作用。换句话说，我认为绝大多数的两性间信号只能被解释为"总有美会发生"机制产生的随意进化结果，而适应性配偶选择理论也许只能解释一小部分两性间的信号，就好像只能遮住部分身体的衣服一样。我们怎么知道我的这个看法是否准确呢？进化生物学家想要继续前进的唯一方式，就是将"总有美会发生"看法的机制作为配偶选择推动进化的零模型，看看科学会将我们引向何处。

第 3 章

**侏儒鸟的
求偶舞蹈**

在数百万年的时间里，鸟类的种群内部和种群之间的美是如何变化的，为什么会发生这些变化？是什么决定了某个特定物种的审美？简言之，什么是鸟类之美的进化史？

这些问题似乎不可能有答案，但实际上我们有很多科学工具，在这里需要简单地介绍一下。要理解美的进化，其中一项挑战就是动物炫耀行为和择偶偏好的复杂性。幸运的是，我们不需要发明一种时下流行的新的"系统科学"来研究这套复杂的审美体系，因为博物学（即对生活在自然环境中的生物体进行的观察和描述）恰好提供了我们需要的工具。博物学是达尔文科学方法的一个重要组成部分，至今在很大程度上仍然是进化生物学的基石。

一旦我们收集到单个物种的信息，就需要用其他的科学方法对这些信息进行比较和分析，并揭示其背后复杂的但却往往层次分明的进化史。帮助我们完成这项任务的科学学科被称为谱系发生学（phylogenetics）。谱系发生是关于生物体之间的进化关系的历史，被达尔文称为"伟大的生命之树"。

达尔文提出，生命之树的发现应该成为进化生物学的一个重要分支。不幸的是，在20世纪的大部分时间里，进化生物学基本上失去了对谱系发生的研究兴趣。不过，近几十年来，科学家已经开发出强大的重建和分析谱系发生的新方法，再次引起了大家的兴趣。所以，我们已经掌握了研究美的进化的两种关键的知识工具：博物学和谱系发生学。现在，就是解决美和审美进化问题的最佳时机。

这两种知识工具将帮助我们用一种新方式理解辐射进化——物种间的多样化——的过程。在进化生物学中，适应辐射是指一个共同的祖先通过自然选择进化为生态或解剖结构各不相同的多个物种的过程。加拉帕戈斯群岛上的达尔文雀族（加拉帕戈斯地雀亚科）惊人的多样性就是适应辐射的典型例子。不过在这一章中，我们要研究另外一类鸟——新热带界侏儒鸟，以便了解一种不同的进化过程：审美辐射。审美辐射是一个共同的祖先通过一些审美选择机制，特别是配偶选择，向多样化和精致化方向发展的过程。审美辐射并不会阻止适应性配偶选择的发生，但也包括仅以性吸引力为目的的随意配偶选择，以及往往令人印象深刻的所有协同进化的结果。

◎

对美的研究要求我们走出实验室和博物馆，到野外去。幸运的是，我青年时期的观鸟经历为我在野外对鸟类进行博物学研究打下了良好的基础。我在哈佛大学读本科的时候，就发现了美的进化研究的第二个关键性知识工具——谱系发生学。从 1979 年秋天开始，我正式投身到对鸟类学的研究当中，当时我参加了小雷蒙德·A. 佩因特博士（Raymond A.Paynter Jr.）开设的南美鸟类生物地理学研究新生研习班。佩因特博士是比较动物学博物馆鸟类区的负责人，他让我体验到了自然历史博物馆的知识魅力。在那座巨大又古老的砖石建筑的五层，有几个鸟类区的专属房间，里面陈列着成千上万的科研用鸟类标本。在上大学期间，比较动物学博物馆是我的知识家园。为了帮助佩因特完成一些书目整理和管理方面的工作，我常和那些鸟类标本待在一起，通身都是樟脑球的气味。

佩因特博士在学术上极其保守和谨慎，对谱系发生学这一革命性的新领域并不感兴趣。但我很快发现，生物地理学和分类学讨论组每周都会在楼下的罗默图书馆对这个领域的最新概念和方法进行热烈的讨论。回想起来，我在哈佛大学的这段时间是谱系发生学的黄金时代。许多研究生从罗默图书馆这个"革命性小团体"组织的会议中得到启发，在进入社会之后为这一领域做出了重要贡献，希望能帮助谱系发生回归进化生物学的主流。

20世纪80年代初，罗默图书馆每周一次的讨论也对我的研究工作产生了深远影响。我对于谱系发生学的分析方法非常着迷，渴望能重建鸟类谱系图。为了完成大学四年级的毕业设计，我对巨嘴鸟（toucans）和拟啄木鸟（barbets）进行了谱系发生学和生物地理学方面的研究。在存放鸟类标本的507房间，一副耸立的灭绝恐鸟（Moa）的骨架被放在一个大展台上，我就在展台上的一张书桌前工作，这张书桌是我自己做的。我很兴奋地在这副骨架上观察到了巨嘴鸟的羽毛和骨骼特征，并构建起我的第一个谱系发生学理论。我可以很自豪地说，从那以后，我就一直在跟世界一流的科研用鸟类标本打交道。只不过我的身上不再有樟脑球的气味了。

随着毕业时间的临近，我开始四处打听，希望找到一个能把我的观鸟技能及热情与我对鸟类谱系发生的兴趣相结合的研究项目。在进入研究生院之前，我非常想去一趟南美洲，亲眼看到更多我在比较动物学博物馆见过的鸟类。（那时的热带鸟类野外观察指南非常少，所以在亲眼看到这些鸟类之前，观察博物馆内的标本实际上是了解它们的最佳方式。）哈佛大学的研究生乔纳森·科丁顿（Jonathan Coddington）

利用蜘蛛的谱系发生来检验有关圆网蜘蛛行为进化的假说，受他的启发，我也想用类似的方法研究鸟类行为的进化。

大约在那个时候，我遇到了一位哈佛大学的研究生库尔特·弗里斯特鲁普（Kurt Fristrup），他研究过拥有艳丽橙色羽毛的圭亚那动冠伞鸟（*Rupicola rupicola*）的行为，这种鸟是地球上最令人惊叹的鸟类之一。弗里斯特鲁普向我建议道："你为什么不去苏里南绘制侏儒鸟的求偶场地呢？"回想起来，这是我得到的最重要的专业建议之一。

◎

在苏里南的一片热带雨林中，阳光斑驳地洒下来，在离地面25英尺高的地方，有一只灵巧、羽毛有光泽的黑色小鸟栖息在一根小树枝上，它的头部呈现耀眼的金黄色，眼睛周围是亮白色，腿上部是红宝石色，这是一只雄性金头娇鹟（Golden-headed Manakin，拉丁名为 *Ceratopipra erythrocephala*）。它体重约10克，比两个25美分的硬币还要轻一点儿。它的脖子和尾巴都很短，显得身材紧凑，但在它近乎矮胖的外表之下潜藏着一种紧张的情绪。它发出了响亮而柔和的鸣啭，音调由高到低，好似"噗呦呦呦"。它紧张地观察着四周，对周围的情况非常敏感。不一会儿，栖息在邻近树上的另一只雄鸟用同样的鸣啭回应它，接着附近的第三只雄鸟也发出了鸣啭。第一只雄鸟马上进行了回应，显然，它关注的焦点是它所处的社会环境。这片森林里总共有5只雄鸟，尽管它们的身体都被树叶挡住了，相互看不见对方，但能听到彼此的叫声。

在听到"邻居"的叫声后，第一只雄鸟挺直身体，浅色的喙指向上方，摆出一种犹如雕像般的姿势，并发出一阵充满活力、节奏不规则的刺耳叫声"噗呦——噗啊啊啊——噗啼"，然后它突然离开这根树枝，飞到25码外的另一根树枝上。几秒钟后，它又迅速朝着原来的树枝飞去，在飞行过程中发出至少7次"叽呦"的叫声，而且声音越来越大。它的飞行轨迹隐约呈S型曲线，一开始的飞行高度比树枝低，后来又比树枝高。它从上方落到树枝上的时候，还发出尖锐的"嗞嗞嗞咳咳咳"的声音。刚一落下，雄鸟就会低下头，使身体与树枝保持平行，然后抬起臀部，伸展腿部，露出鲜红色的部分，与黑色的腹部形成鲜明的对比，就像穿着一条性感的彩色短裤。接着，它沿着树枝小步幅地快速向后滑动，就像穿着旱冰鞋优雅地进行"月球漫步"（见图3-1）。在月球漫步进行到一半时，它扇动着自己圆形的黑色翅膀，并让翅膀短暂地垂直于自己的背部。在树枝上向后滑动了12英寸后，雄鸟突然放低臀部，并将尾巴展开成扇形，再次垂直地扇动翅膀，最后恢复到正常的姿势。

图3-1 雄性金头娇鹟向后滑步的炫耀行为

过了一会儿，第二只雄性金头娇鹟飞过来，落在大约5码外的另一根树枝上。第一只雄鸟马上飞到它的身边，它们以一种令人印象深刻的直立姿势安静地待在一起，背对着彼此。这两只雄鸟之间虽然存在紧张的竞争关系，但也能相互包容，它们之间的关系非常深厚。

这个短暂的场景发生在金头娇鹟求偶场这个离奇的社交世界中，求偶场是雄鸟开展炫耀行为的场地的统称。求偶的雄鸟需要捍卫领地，但除了精子以外，雌鸟从这里得不到任何其他繁殖后代所需的资源，比如食物、巢址、筑巢材料或其他物质。雄性金头娇鹟捍卫着自己5~10码宽的领地，2~5个这样的领地聚集成求偶场。从本质上讲，求偶场是雄鸟为了吸引雌鸟与自己交配而开展炫耀行为的地方。在整个繁殖期，雌鸟会到访一个或更多的求偶场，观察并评估雄鸟的炫耀行为，然后选择其中一只雄鸟作为配偶。

求偶场繁殖是一雄多雌制（即一只雄鸟有很多个潜在配偶）的一种形式，它源于雌鸟的配偶选择。在求偶场繁殖体系中，雌鸟可以选择自己想要的任何配偶，而且它们往往会同时喜欢上一小部分雄鸟。所以，只有较少的雄鸟能与较多的雌鸟进行交配。交配成功率的偏差很像现代社会中收入分配的偏差。交配成功率最高的雄鸟完成了一半或者更多的交配，而其他雄鸟则整整一年都得不到交配的机会，有的雄鸟甚至一生都没有机会交配。

交配之后，雌性侏儒鸟会先筑巢，然后产下两个蛋，再孵化它们，并照顾幼鸟。整个过程都由雌鸟独立完成，雄鸟不会提供任何帮助，后者对于繁殖的贡献仅限于提供精子。因为雌鸟完成了所有工作，所以它们不指望雄鸟做任何事，恰恰是这种独立性使得它们拥有了几乎全部的性自主权。这种配偶选择的自由使极致审美偏好得以进化，因为雌鸟只选择行为和形态特征符合其高标准的少数雄鸟，其余的雄鸟则在交配比赛中成为失败者。因此，雄性侏儒鸟的审美极致是极致审美主义失败的进化结果，而极致审美主义失败是配偶选择驱动强的性选择的结果。

雌性侏儒鸟在求偶场选择配偶的传统已有约1 500万年的历史了。在这段时间里，它们偏爱的特征已经进化成约54种侏儒鸟身上多样性惊人的特征和行为，这些侏儒鸟分布在从墨西哥南部到阿根廷北部的地区。侏儒鸟求偶场是自然界中最具创造力和极致的审美进化实验室之一。对我来说，求偶场是研究"总有美会发生"机制的最佳地点。

◎

在科丁顿对蜘蛛进行的革命性研究和弗里斯特鲁普的重要建议的启发下，我于1982年秋天动身前往苏里南，它是一个位于南美洲东北部的小国家，受到加勒比文化的熏陶，曾经是荷兰的殖民地。为了寻找侏儒鸟，我在这里停留了5个月的时间。我在苏里南的布朗斯堡自然公园工作，这里有一座高1 500英尺的被热带雨林覆盖的山，山顶有高地，从苏里南首都帕拉马里博南部出发，沿着红色的土路，只需几个小时的车程就能到达这里。几天之内，我就看到了第一只金头娇鹟，还发现了白须娇鹟（White-bearded Manakin，拉丁名为 *Manacus Manacu*）。一天早晨，当我沿着公园的主干道穿过生长时间不长的次生林时，听到灌木丛中传来一声清脆的"噼啪"声，就像小型玩具气枪或玩具爆竹发出的声音。在路边茂密的灌木丛中，我发现了一只羽毛颜色显眼的白须娇鹟。这只雄鸟的头顶、背部、翅膀和尾巴都是黑色的，颈部是一圈亮白色的羽毛，犹如衣领一般。这只雄鸟停留的位置离地面只有一码高，它发出一声响亮的"喊噗"声，很快就得到了几码外的另一只雄鸟的回应。

　　与金头娇鹟不同，白须娇鹟的炫耀领地是在森林的地面上或者离地面很近的地方，每块领地都很小，只有不到几码宽，而且多个领地紧密地聚集在一起。我耐心地等了几分钟后，雄鸟突然掀起了一阵炫耀行为的热潮。第一只雄鸟飞入一个场地（约一码宽的裸露土地），然后在场地边缘附近的小树苗之间快速地跳来跳去。每次飞行都不时地伴有清脆的"噼啪"声，那是翼羽发出的声音。当雄鸟落下的时候，身体开始发生变化。它颈前部的白色羽毛原本很光滑，现在却被抖开了，向前形成了一圈蓬松的超出喙尖的白色胡须（见图3-2）。很快，几只雄鸟同时发出"噼啪"声和叫声。当它们落在小树苗上时，会不时地突然发出一连串急促的"噼啪"声，由于节奏太快，声音变得有些模糊不清，听起来就像喝倒彩一般。炫耀行为的热潮戛然而止，求偶场迅速安静下来，只能偶尔听到"喊噗"声。

图3-2　一只雄性白须娇鹟落在炫耀场地的树苗上，并把颈前部的羽毛竖起来

与优雅地飞到栖木上展开炫耀行为的金头娇鹟不同，白须娇鹟的炫耀行为是吵闹混乱的，雄鸟挤在一起，拼命地跳来跳去。雄性白须娇鹟就像健美运动员，肌肉的发达程度只适合进行短距离的飞行和弹跳。

在对这两种侏儒鸟截然不同的炫耀特征进行比较时，会遇到它们审美进化中的核心难题，那就是它们的进化结果怎么会相差这么大？当我们认识到约54种侏儒鸟中的每一种都进化出了各自独特的羽毛装饰、炫耀行为和声音信号，也就是形成了54种各不相同的审美标准时，这个谜团的真正意义才显现出来。因为几乎所有种类的雄性侏儒鸟都是在求偶场展开炫耀行为，所以我们可以确认它们是从一个共同的祖先进化来的，我们还可以利用校准时间的分子谱系发生推断出，侏儒鸟的祖先生活在约1 500万年前。那么，为什么雌性侏儒鸟会进化出如此多样化的择偶偏好（也就是美的达尔文标准）呢？这种审美辐射是如何发生的？要找到这些问题的答案，我们需要先通过生命之树来探究一下美的历史。

◎

侏儒鸟是展现美的进化的一个很好的例子，其原因和家庭生活有关。在世界上的10 000多种鸟类中，有95%以上的鸟都是由两位细心、勤劳的父母抚养长大的，但侏儒鸟并不在此列。英国鸟类学家戴维·斯诺（David Snow）是最早研究侏儒鸟的人，他在1976年出版的精彩著作《适应网络》（The Web of Adaptation）中首次对侏儒鸟独特的繁殖系统给出了进化方面的解释。这本书记录了他和他的妻子在特立尼达、圭亚那和哥斯达黎加研究侏儒鸟和伞鸟求偶行为的奇异经历。（我读高中期间怀着兴奋的心情读完了这本书，至今仍对它记忆犹新。

这也是当库尔特·弗里斯特鲁普建议我去苏里南研究侏儒鸟时，我会积极回应的原因之一。）斯诺猜测，如果某个动物像侏儒鸟那样主要以水果为食，其家庭生活就会发生改变，并对其社会进化产生一连串的影响。

想象一下你以吃昆虫为生。你可能认为这种生活并不容易，事实确实如此。昆虫会让自己很难被找到，要么浑身是刺，难以对付，要么味道很差，甚至有毒。靠吃昆虫为生是很艰难的，原因很简单，那就是昆虫不想被吃掉。这也是为什么养活一个主要以昆虫为食的家庭，几乎总需要两只鸟协作完成。

相比之下，主要以水果为食就容易多了，仿佛生活在到处是牛奶与蜂蜜的梦境，因为水果愿意被吃掉。水果是植物创造的高热量、有营养的诱饵，吸引动物吞食、运输它们，并把它们的种子播撒在远离亲本植株的地方。水果是植物引诱行动敏捷的生物体帮助它们传播种子的方式，所以总是很显眼、非常好找、很容易处理，而且产量丰富。像侏儒鸟这样主要以水果为食的动物在进食之后，会在飞过森林时通过反刍和排便的方式帮助植物播种。

既然以水果为食的鸟类过着如此安逸的生活，那么为什么不能由雌鸟和雄鸟一起抚养更多的雏鸟呢？斯诺指出，大量的雏鸟意味着频繁的活动，很容易引来捕食者，从而增加了失去所有雏鸟的风险。斯诺认为，如果限制窝卵数（即每一次繁殖的产卵数）为两枚，雌鸟就完全可以凭借自己的力量，安全、成功地养活全家。有了充足的食物，雌性可以独立筑巢、产卵、孵化和喂养雏鸟，直至它们羽毛丰满，还降低了它们在巢中被敌人捕食的风险。

斯诺推测，当侏儒鸟逐渐进化至以水果为食的时候，就意味着雄鸟"不再需要参与亲代抚育"，并由此进化出求偶场中的炫耀行为。雌鸟的择偶偏好促使雄鸟的炫耀行为在审美上呈现出惊人的复杂性和多样性。当然，斯诺对具体过程的描述并不完整，因为他还不了解性选择。我们现在已经知道，机会不受约束的配偶选择会推动选择性择偶偏好的产生，也就是说，选择的一方会变得挑剔。

这本书将重点讨论在求偶场展开炫耀行为的鸟类，因为求偶场繁育体系创造了自然界最强大的性选择力，产生了一种审美上极致但往往很迷人的两性交流形式。

◎

在布朗斯堡看到的金头娇鹟和白须娇鹟的求偶场让我异常兴奋，于是我采纳了库尔特·弗里斯特鲁普的建议，开始尝试绘制求偶场内的雄鸟领地。然而，相比雄性领地间的空间关系，我对它们的炫耀行为更好奇。而且，戴维·斯诺和艾伦·莱尔（Alan Lill）已经发表了大量的有关这两种分布广泛的常见侏儒鸟的文章。所以，我想把注意力集中在那些还没有得到充分研究的侏儒鸟身上。

我此行的真正目标是找到几乎不为人所知的白喉娇鹟（White-throated Manakin，拉丁名为 *Corapipo gutturalis*）和白额娇鹟（White-fronted Manakin，拉丁名为 *Lepidothrix serena*），有报道称它们都曾在布朗斯堡出现过。雄性白喉娇鹟全身的大部分羽毛都是有光泽的深蓝色，颈前部的羽毛是漂亮的雪白色，一直延伸到胸部，呈有尖角的 V 字形（图0-8）。人们对这种鸟知之甚少，以致在弗朗索瓦·哈弗舍密特（François Haverschmidt）于1968年出版的《苏里南鸟类》中也没有提到它，但有观鸟者说在布朗斯堡发现了这种鸟。相比之下，雄性白额娇鹟全身的大部分羽毛都是天鹅绒般的黑色，尾羽是宝蓝色，前额的羽毛是雪白色，腹部的羽毛是如香蕉一般的黄色，黑色的胸部还有一个橙黄色斑点（图0-9），我们几乎不了解这个野生物种。

　　从生活在热带雨林的数百个物种中寻找一种特定的鸟类，是一件非常困难的事。那时还没有对白额娇鹟和白喉娇鹟的叫声进行科学的描述，也没有可用的录音。找到这些鸟的唯一方法，就是一路上不停地观察所有的鸟，直到找到它们为止。这意味着每天都要留心那些没听过的鸟鸣声，然后循着叫声确定是哪种鸟类，并把这种鸟鸣声记下来，从而不断排除不是我要找的那两种侏儒鸟的鸣叫声。当然，这个过程非常令人兴奋，因为几乎所有鸟类都是我没见过的。一路下来，我发现了一些大名鼎鼎的新热带鸟类，比如丽鹰雕（Ornate Hawk-Eagle，拉丁名为 *Spizaetus ornatus*）、赤叉尾蜂鸟（Crimson Topaz，拉丁名为 *Topaza pella*）、杂色蚁鸫（Variegated Antpitta，拉丁名为 *Grallaria varia*）、尖喙鸟（Sharpbill，拉丁名为 *Oxyruncus cristatus*）、白喉绿霸鹟（White-throated Peewee，拉丁名为 *Contopus albogularis*）、黑头红锡嘴雀（Red-and-black Grosbeak，拉丁名为 *Periporphyrus erythromelas*）和蓝背唐纳雀（Blue-backed Tanager，拉丁名为 *Cyanicterus cyanicterus*）。但是，布朗斯堡的清单上有 300 多种鸟类。所以，如果我想找到那两种侏儒鸟，就必须全力以赴。

　　在第一周快结束时，我在布朗斯堡平坦的山顶上第一次发现了有领地的雄性白额侏儒鸟，它就在小路旁。这种鸟的叫声竟然是所有侏儒鸟中令人印象最不深刻的一种，只是简单的一声"呜噗"，听起来就像警笛声一样低沉，而且没完没了，令人讨厌。在我当天的观察笔记中，我把白额娇鹟的叫声描述为"不时发出的像放屁声一样的短暂颤音"。白额娇鹟的炫耀特征相当简单，在侏儒鸟多样化的审美特征中应该也是最普通的一种。雄鸟炫耀行为主要包括在离地面约两英尺的地方来来回回地飞行，也就是在约一码宽的领地周围笔直的小树苗之间反复穿梭。

　　这些炫耀飞行有两种类型。一种是在树苗之间进行"直线"飞行，雄鸟在半空中掉头，这样一来，当它落在树枝上时，是面朝里的，而返回的时候是向着场地飞的。这样的直线飞行会持续长达20秒，其间雄鸟有时会在一棵小树苗上短暂地停留，大胆地展示它天蓝色的尾巴和白色的前额。另一种是"大黄蜂"式的炫耀飞行，雄鸟在两棵树苗之间飞来飞去，一触到树枝，就迅速地飞起来，在空中盘旋，身体几乎呈直立形态，翅膀发出急促的"噼啪"声。这给人留下相当怪异的视觉印象，就好像在齐膝高的地方，有一个彩球在树苗之间来回飞舞。

在连续几天的观察过程中，我看到了两只疑似雌鸟的来访。我之所以说"疑似"，是因为所有雄性侏儒幼鸟都有像成年雌鸟一样的绿色羽毛。而且，这两次我都没有观察到交配过程，这可能间接证实了来访者的性别。马克·特里（Marc Théry）后来在法属圭亚那发现了同一种鸟。他观察到雌鸟会跟随雄鸟在场地周围来回飞行几次，最后落在场地边缘一根水平的小树枝上。然后，雄鸟会飞起来，与雌鸟进行交配。

◎

在对白额娇鹟的观察开始后，我每隔一天的早晨就会去它们的求偶场，顺便在公园其他地方寻找别的侏儒鸟。很快，我就发现了一只雄性白冠娇鹟（White-crowned Manakin，拉丁名为 *Dixiphia pipra*），它全身的大部分羽毛是炭黑色，头顶为亮白色，眼部为鲜红色，我连续观察了它好几天。我花了稍长一点儿的时间才找到小霸娇鹟（Tinytyrant Manakin，拉丁名为 *Tyranneutes virescens*），这是一种非常小而且极难辨认的橄榄绿色的鸟，它有一个常被隐藏起来的中心为黄色的小条纹冠。其全身重量只有7克，大约相当于 $1\frac{2}{3}$ 茶匙的盐。雄鸟会站在离地面3~5码高的细枝上，断断续续地发出柔和的细小颤音。我第一次遇到正在鸣叫的雄鸟时，尽管它就在我眼前，但完全不显眼，以至于我花了10分钟才找到它。

我很喜欢观察这些鸟，不过早在20世纪60年代早期戴维·斯诺就对白冠娇鹟和小霸娇鹟的炫耀行为进行了描述，所以我下定决心要找到神秘的白喉娇鹟。

我们只能从英国鸟类学期刊《朱鹭》(*Ibis*) 于1949年发表的一篇短文章中了解白喉娇鹟的求偶行为，这篇文章记录了坊间流传的T. A. W. 戴维斯的一次观察经过。一天早晨，在英属圭亚那附近，戴维斯看到一群雄鸟和"雌鸟"在一起。（戴维斯没有考虑这些绿色的"雌鸟"是不是雄性幼鸟。）戴维斯观察到雄鸟的一些惊人的炫耀行为，甚至看到一对雄鸟和雌鸟在倒下的长满青苔的原木上交配。雄鸟的炫耀行为包括：喙指向上方以露出白色的颈前部；张开翅膀，"缓慢且起伏地爬"过原木。从未有人看到任何其他种类的侏儒鸟有这样的炫耀行为，所以我更想亲眼看一看。

1982年10月中旬的一天，我沿着艾琳瓦尔小径（得名于美丽的艾琳瀑布）走下山坡，准备去低海拔的森林中观鸟。在这个鸟类众多的热带森林里，早晨总是显得很热闹。突然，我听到头顶上方传来"嗖"的一声。起初，我以为那是一只蜂鸟俯冲而过，但当我抬起头时，却惊奇地看到一只雄性白喉娇鹟落在小路上方的一根树枝上。这时，我才意识到，我刚刚跨过了一根横在小路中间的原木，很可能打断了他正在进行的炫耀行为。于是我离开小路，暂时躲在树叶后面。很快，这只雄鸟就快速扇动着翅膀飞回小径中间的原木上，它跳跃着，不时发出噪声和"吱吱"声。不一会儿，有两只成年雄鸟和两只雄性幼鸟闻声赶来，雄性幼鸟全身的大部分都长着像雌鸟一样的绿色羽毛，面部好似戴着黑色的佐罗式面具。在几分钟的时间里，我看到的白喉娇鹟的炫耀行为比1949年戴维斯看到的还多，而且我知道自己遇到了一个很好的科研机会。在接下来的几个月里，我花了几十天的时间观察白喉娇鹟，并彻底迷上了求偶场行为研究。

尽管侏儒鸟的炫耀特征通常都很引人注目，但雄性白喉娇鹟炫耀行为的复杂程度完全超乎我的想象，其中包含一系列极其丰富的行为元素。它的叫声又高又尖，有时是冗长的"嘶呦——嘶咦——咦——咦——咦"，有时则是简短的"嘶呦、嘶咦"。它总是在离地面2~6码高的栖木上平静地站着，一分钟最多鸣叫几次。在它的炫耀行为中，飞向原木的过程是一项在听觉和视觉上都令人震撼的绝技。雄鸟会从5~10码外的栖木出发，向着原木飞来，在飞行的过程中会连续发出3~5声由弱到强的"嘶咦"声。在原木上方大约一英尺的空中，飞行的雄鸟会突然停止前进。它用力扇动翅膀，发出响亮的"砰"的一声，然后落到原木上。刚一落下，它又马上飞到空中，边飞边调转方向，发出短促的"啼咳、耶"的叫声，听起来有些沙哑和古怪，然后它落在原木上离第一次降落的位置大约1.5英尺的地方。它一落下就摆出一个半蹲的姿势，鸟喙笔直地伸向空中，露出颈前部呈V字形的雪白色羽毛。我还观察到另一种飞向原木的"飞蛾式飞行"，也就是一只雄鸟夸张地拍打着翅膀，缓慢且起伏地飞到原木上，而且始终保持着身体垂直的状态。

一旦落在原木上，浑身闪着蓝黑色光泽的雄鸟就会开始其他的炫耀行为。有时，它会俯下身，把喙贴在原木上，翅膀向身后略张，并保持这个姿势在原木上来回移动。在"抖翅膀"的炫耀行为中，它的身体保持水平姿势，迅速地交替张开和收起两侧的翅膀，露出平时隐藏的亮白色斑点。当一侧的翅膀张开时，雄鸟会慢吞吞地抬起同一侧的脚，沿着原木向后爬。这就是戴维斯所说的"缓慢且起伏地爬行"。

一只雄鸟会在约20码宽的领地内的几根原木上展开炫耀行为。偶

尔会有路过的 2~6 只不同年龄的雄鸟，吵吵闹闹地和领地的主人一起
展开炫耀行为。这群雄鸟中既包括可能有自己的领地而临时在外闲逛，
参与集体炫耀行为的成年雄鸟，也包括处于不同成长阶段的雄性幼鸟，
很显然它们是没有领地的。这种集体炫耀行为并不协调，反而更像一种
竞争行为。雄鸟们争相在同一根原木上进行炫耀，轮流做出快速飞向原
木的炫耀行为，而且常常把其他同类从原木上挤下去（见图 3-3）。在争
夺原木控制权的过程中，雄鸟们会采取从原木上方低空掠过的方式相
互"攻击"，在飞到最低点的时候，摩擦翅膀对着在原木上的雄鸟发出
"砰"的一声。结果就是一阵令人兴奋的"砰砰"声和快速进行原木炫
耀行为的雄鸟发出的叫声：砰、啼咳、耶、砰、砰、啼咳、耶、砰！

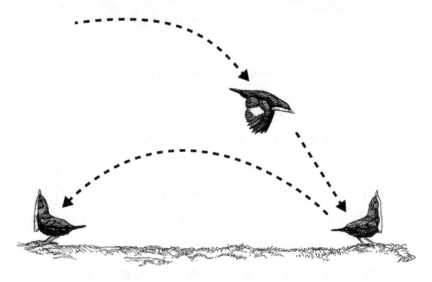

图 3-3 雄性白喉娇鹟的原木炫耀行为

　　在观察白喉娇鹟的原木炫耀行为的几个月的时间里，我只看到了
两只雌性访客。有一两只浑身长满绿色羽毛的雌鸟站在一根原木上，
专注地观察着一只正在进行一系列飞向原木和抖翅膀的炫耀行为的雄
鸟。有趣的是，当为来访的雌鸟表演抖翅膀时，雄鸟转过身，倒退着

向雌鸟爬过去（见图3-4）。即使在将喙向上指以露出自己亮白色的颈前部时，雄鸟也是转过身，背对着雌鸟。它高举着喙，目光偶尔紧张地越过肩背部，偷偷观察来访的雌鸟对它的炫耀行为的反应。我没看到交配过程，不过，20世纪40年代在英属圭亚那见过白喉娇鹟的 T. A. W. 戴维斯和多年后在法属圭亚那看到这种鸟的马克·特里都用文字记录，在一系列的炫耀行为过后，交配会在原木上进行。

图3-4　雄性白喉娇鹟的喙向上指（左图）和抖翅膀（右图）的炫耀行为

1982年11月，一位不同寻常、才华出众的观鸟者来到布朗斯堡，他就是汤姆·戴维斯（Tom Davis）。汤姆身形瘦长，身高6英尺8英寸，是一个电话公司的工程师。他住在皇后区伍德黑文，是纽约市的一位大名鼎鼎的观鸟者。汤姆有着非常高超的辨识鸟类的技巧，而且痴迷于在野外录制鸟鸣声。汤姆花了好几个假期的时间到布朗斯堡观鸟，已经成为苏里南鸟类研究的杰出专家。汤姆告诉我，1981年当他坐在长椅上俯瞰着他在其中观鸟多年的丛林密布的山谷时，他发现了白喉娇鹟在树冠之上开展的惊人的炫耀行为。

在我们一起去野外的第一天，汤姆就把我带到了一个观察点。他说在这里能看到这种新奇的炫耀飞行，因为它往往发生在比森林里最高的树还要高出50~100英尺的地方。在等待了大约30分钟之后，我看到一只雄鸟飞上天空，发出一连串有力的"嘶咿咿……嘶咿咿

咿……嘶咿咿"的叫声，比我在观察原木炫耀行为时听到的类似的鸣叫声更加响亮、强烈和有力。上升中的雄鸟全身的羽毛都比较蓬松，样子很奇特，看上去就像一个黑白混杂的棉球。雄鸟到达最高点后，会突然垂直地落回森林。1981 年，汤姆还观察到一种不可思议的景象：一些树冠之上的炫耀飞行是以响亮的"砰"的一声作为结尾，而且是在雄鸟消失在森林中之后发生的。

在接下来的几个星期里，我渐渐地把完整的炫耀行为按顺序拼凑起来。有一天，在观察原木炫耀行为的时候，我听到从头顶上传来一阵特别强烈的"嘶咿咿"的叫声，那是一只雄鸟正在进行树冠炫耀飞行。我看到这只雄鸟突然向下俯冲，穿过树冠中间的一个洞，朝着原木飞来，然后完成了一整套原木炫耀动作。直到那时，我才意识到早该抬起头来观察了！几天之内，我多次观察到雄鸟在完成树冠炫耀飞行后，穿过树冠垂直下落到原木上的情景。

我确信自己永远无法独立地发现这些炫耀飞行，因为我把所有时间都花在研究森林里的那些原木炫耀行为上。所以，汤姆·戴维斯观察到的不可思议的现象，在这个过程中显得非常关键。这种格外夸张的行为有什么具体作用吗？是雄鸟为了向几百亩①森林中的所有雌鸟炫耀吗？这仍然是一个谜。

◎

我在苏里南进行的长时间的鸟类研究，是一次颠覆性的个人经历和知识体验。我走出大学校园，来到异国的一个遥远偏僻的角落，而且乐在其中。待在那儿的 5 个月里，我利用自己的观鸟技巧观察到了

---

① 1 亩≈666.67 平方米。——编者注

数百种鸟类。对先前不为人所知的求偶场行为，我完成了独一无二的科学观察，这些重要成果帮助我轻松地完成了第一篇科学论文，几年后甚至发表在权威的鸟类学期刊《海雀》（*Auk*）和《朱鹭》上。我还因此在有关侏儒鸟行为进化的博士项目方面，取得了不错的进展。

1983年，我找到机会再次来到南美洲，为一位普林斯顿大学的研究生妮娜·皮尔庞特（Nina Pierpont）担任野外实习助理。妮娜要在科查卡树生物站研究砍林鸟生态学，这里是位于秘鲁东南部亚马孙河流域的一个偏远的野外实验站。事实证明，我在科查卡树的研究对我未来的生活至关重要，因为在那里我遇到了安·约翰逊（Ann Johnson），她是鲍登学院的学生，为普林斯顿大学的本科生珍妮·普莱斯（Jenny Price）担任助理，研究白翅喇叭声鹤（White-winged Trumpeters，拉丁名为 *Psophia leucoptera*）的社会行为。同年夏天，安和我成为恋人，并从那时相伴至今。安现在是自然和科学电视纪录片的制片人和摄影师，我们有三个儿子。

1984年秋天，我进入密歇根大学进化生物学研究生院。由于受到在苏里南观察到的侏儒鸟复杂多样的炫耀行为的启发，我决定在论文中对整个侏儒鸟种群的行为进化进行全面的比较分析。我想利用侏儒鸟的谱系发生，也就是系谱，来研究侏儒鸟求偶场炫耀行为的进化过程。这是一个新兴的将谱系发生学与动物行为学（即对动物行为的研究）相结合的科研领域，因此形成了一个生机勃勃的新学科——谱系发生行为学，其目的是通过物种的历史来研究其行为进化。这是我研究审美辐射的第一步，尽管当时我并没有意识到这一点。

在我进入研究生院的第一年，我的办公室同事丽贝卡·欧文（Rebecca Irwin）向我推荐了罗纳德·费希尔的经典著作，以及拉塞尔·兰德和马克·柯克帕特里克的有关配偶选择的革命性的新论文。这是我第一次接触配偶选择科学，也是第一次体会到达尔文审美主义和适应主义世界观之间深刻的思想冲突。但即便如此，我也能感觉到开放而随意的费希尔假说与诚实信号理论相比，更像大自然真实的运转方式。

我迫切地想回到南美洲，继续在野外研究侏儒鸟。虽然我不知道该去哪里，但我对去安第斯山脉的想法很感兴趣，因为在那里一定可以观察到大量的鸟类。所以，1985年，在我进入研究生院的第一个夏天，我建议安和我一起去厄瓜多尔的安第斯山脉进行实地研究，目的是找到几乎没人见过的金翅娇鹟（Golden-winged Manakin，拉丁名为 *Masius chrysopterus*）的尚不为人知的求偶场炫耀行为。除此之外，我找不到更好的进行这项研究的理由。我当然没有告诉我的导师或者资助机构我是特意选择了这种鸟，因为它很漂亮，而且栖居在安第斯山脉。在鸟类众多的安第斯山脉寻找这种鸟一定很有趣，也一定会有很多收获。不过，我发表的有关侏儒鸟炫耀行为的文章发挥了一定的作用，让我成功地得到了一些小额资助来完成这个高风险项目。就连当地的露营用品经销商——安娜堡市的比瓦克公司——也同意在我们购买野外工作需要的露营装备上给予我们一定的补贴，这帮助我们节约了不少资金。

◎

不管以什么标准衡量，金翅娇鹟都是一种非常华丽的鸟（图0–10）。雄鸟的羽毛大多数是天鹅绒般的黑色，头顶和头部稍靠前的部分呈亮黄色，在喙上方形成了毛茸茸的羽冠，就像20世纪50年代小流氓的发型一样。生活在安第斯山脉东坡的金翅娇鹟头顶后部呈亮红色，而生活在安第斯山脉西坡的金翅娇鹟头顶后部则呈红棕色。在雄鸟头顶的左右两侧，突变出两个覆盖着黑色羽毛的小尖角。不过，雄鸟羽毛真正惊人的特征通常都被它小心翼翼地隐藏起来。当它落在栖木上时，翅膀和尾巴看起来完全是黑色的。但在飞行过程中，它会展现出每根翼羽内侧鲜艳的金黄色羽瓣，和它头顶的颜色一样。我们还发现，展现金光闪闪的翅膀是雄鸟求偶炫耀行为的主要特征，能产生一种令人意想不到和叹为观止的视觉效果。

当安和我到达厄瓜多尔时，我们对这种鸟的所有了解都来自在博物馆里存放了 50 年的标本。截至 1985 年，在康奈尔鸟类学实验室和大英图书馆野生动物声源库的藏品中，都还没有金翅娇鹟的录音，所以我们无从知晓这种鸟的叫声。我们也不了解它的繁殖期，因为关于这个物种，还有太多不为人知的信息。

我们从明多开始寻找金翅娇鹟，这是一座位于厄瓜多尔首都基多以西的海拔 1 600 米的小镇，坐落在安第斯山脉西部的山坡上。明多后来成为一个热闹的生态旅游地，但在 1985 年这里还是一个冷清之地，只有几条泥泞的街道和街道两旁的几十间房屋。然而，明多周边的森林中有各种各样的鸟类。我们兴奋地发现几只金翅娇鹟混在一群颜色鲜艳的唐加拉雀中寻找水果。但是，我们找不到任何拥有领地的雄鸟，也没有找到与它们的叫声或炫耀行为有关的证据。当好奇的当地人问我们是否找到了想找的那种鸟时，我们只能解释说"来的时间不对，现在可能不是合适的季节"。当然，我们并不知道合适的季节到底是什么时候。

我们在明多待了一个月，一无所获。后来一位移居国外的美国鸟类学家和花鸟画大师保罗·格林菲尔德（Paul Greenfield）给了我们一个很棒的建议，他后来和罗伯特·里奇利合著了经典的《厄瓜多尔的鸟类》（Birds of Ecuador）一书。保罗当时一直在沿着平行于哥伦比亚国境线的一条铁路观鸟，这条铁路从安第斯山脉北部的伊瓦拉镇通往太平洋沿岸的圣洛伦索。他在一个名叫埃普拉塞尔（El Placer，这个词在西班牙语中的意思是"快乐"）的小村庄周围的云雾林中看到过多只金翅娇鹟。他的建议是，如果我们去一个地形、海拔和天气条件都不同的新地方，就有可能碰到处于繁殖期的金翅娇鹟，以及我们一直在寻找的进行炫耀表演的雄鸟。

于是，我们乘坐只有一节车厢的火车去了埃普拉塞尔，这种火车就像安装了火车车轮的市内巴士一样，每天往返内陆与海岸一趟。埃普拉塞尔这个"村庄"实际上只有大约10座有铁皮屋顶的粗制木板房，负责维护那段铁轨的工人和他们的家人一起住在这里。除了这些房子，埃普拉塞尔只有一所空荡荡的学校，一间兼作小商店的铁路公司办公室，还有几条通向周边森林的泥泞小路。

埃普拉塞尔一定是地球上降雨量最多的地方之一。我们待在那儿的6周时间里，一直都是阵雨或毛毛雨天气。即使在海拔仅有五六百米的地方，森林中也非常凉爽，而且长满了苔藓。这片森林是从几十年前修建铁路以来长出的次生云雾林。到达那里的第一天早晨，我们就发现了一个美丽的鸟类群落，其中也有金翅娇鹟。

在布满青苔的密林中，我们看到了第一只金翅娇鹟，当时它正平静地站在离地面6英尺高的树枝上。在光线极暗的情况下，它天鹅绒般的黑色羽毛就像蓬松的海绵一样，金色的头顶清晰可见。它发出了一阵简短低沉且像蛙鸣声一样嘶哑的"嗒嗯"声，每分钟大约三次。它的叫声实在太普通了，以至于我们很容易就会把它当作青蛙或者昆虫偶尔发出的叫声。在两次炫耀表演的间隙，雄鸟看起来就像从事枯燥工作的懒散工人正在等着下班一样。所以，这只雄鸟的平静和懒散的状态是非常好的提示信息，告诉我们这里是它的领地。很快，我们就听到了另一只雄鸟的叫声，并在小路对面20米外的地方发现了它，从而证实了我的预感。这里显然是一个聚集了多只雄鸟的求偶场，在明多长达几个星期毫无结果的观察之后，我们终于有了重大发现。

考虑到野生鸟类行为的不可预测性，你永远不可能知道自己第一次观察到的场景，对你接下来几个月的后续研究会产生什么影响。所以，你必须坚持下去，把第一次观察当作你拥有的唯一机会。我们马上用磁带录音机录下了这两只金翅娇鹟的叫声，又在笔记本上记下它们的炫耀行为和叫声的特点、相互回应的速度，以及它们鸣叫时所处的位置。

过了大约一个小时，我从第一只雄鸟的领地听到了一种非常熟悉的声音。开头是一阵音调由高到低的尖锐鸣啭，结尾是加速反复的切分节奏，听起来就像"嘶咿咿咿咿——嘶咿——嘶咿——喏嘚"。这让我马上想起了苏里南的白喉娇鹟在进行原木炫耀时发出的叫声。两者实在太相似了，以至于让我困惑不已。我们距离白喉娇鹟在南美洲东北部的活动范围有数千英里之遥，怎么会这样呢？很快，我就发现这个问题的答案有些出人意料，甚至可以说令人难以想象，但当时我并未意识到这一点。

我继续观察第一只雄性金翅娇鹟在其领地中的活动，在接下来的几分钟里我看到了非常惊人的情景，完全称得上是一次科学发现。这只雄鸟和邻近的雄鸟以"喏嘚"声相互回应，但随后它离开了栖木，飞进森林深处。过了一会儿，我听到空中传来音调由高到低的连续的"嘶咿咿咿咿咿"声，而且离我越来越近。之后，我看到一只雄性金翅娇鹟迅速落在我面前的一个裸露的巨大板状树根上。它刚一落下，又马上到空中，边飞边调转方向，卖力地展示着它翅膀上闪耀的金色羽毛。接着它又落到树根上，面向第一次落下的位置。当它第二次落下时，立即摆出一个尾部指向天空的姿势，喙抵在树根表面，周身的羽毛都很平整，尾部在空中成45~60度的角度。

就像大脑能迅速地把某个图像中的视错觉转化为以前难以察觉的新图景一样，我的脑海中很快就浮现出一系列丰富详尽的科学结论。金翅娇鹟在进行原木炫耀时发出的叫声和白喉娇鹟惊人地相似，这是由于行为同源性，即它们从共同的祖先那里遗传了相似的行为，而且

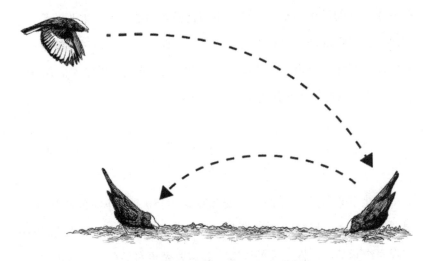

图3-5　雄性金翅娇鹟的原木炫耀行为

从未有人想到过这个共同祖先的存在。因为这两种雄性侏儒鸟的外形完全不同，并且被归为不同的属，所以从前没人想过它们之间存在紧密的联系。但在看到它们相似的炫耀行为后，我马上就清楚地意识到，白喉娇鹟和其他同为白喉娇鹟属的侏儒鸟都是金翅娇鹟的近亲。

我无法用语言来表达这个发现让我有多么震惊。对过去几个星期的徒劳搜寻，为了来安第斯山脉而做出的9个月的准备工作，在苏里南5个月的野外观察，以及多年来从事的关于鸟类学和其他学科研究及观鸟经历来说，这都是一次真正的顿悟。所有这些努力瞬间融合在一起，揭示出这两种侏儒鸟之间的联系。在为这次来安第斯山脉寻找金翅娇鹟的探险活动做准备的过程中，我从未想过自己有可能改写侏儒鸟的谱系发生学，这是我做梦也想不到的。

当然，这次探险的惊人成果对我个人来说，证明了仔细聆听自己内心的想法是值得的。显然，运气也很重要，如果我之前没有成为地球上为数不多的看到白喉娇鹟的人之一，就永远不可能迎来这个宝贵的顿悟时刻。事实证明，我在苏里南观察白喉娇鹟，对理解我在埃普拉塞尔见证的进化关联是一种特别而且必要的准备。更重要的是，这种刚刚被发现的进化模式也暗示了配偶选择驱动性选择过程的基本原理，以及装饰特征和性信号组合而成的复杂炫耀行为的结果。在30年后的今天，这些发现对我的工作仍然很重要。

◎

在接下来的几个星期里，安和我花了150多个小时的时间观察、录制和拍摄金翅娇鹟的炫耀行为。为了确定这两种侏儒鸟从共同的祖先那里继承的同源性行为的细节，我需要做更多的分析。显然，在很久以前，它们共同的祖先就已经进化出了一套独特的炫耀行为，其中的一些元素仍存在于今天的金翅娇鹟和白喉娇鹟的炫耀行为中。

但很明显，随着时间的推移，这套炫耀行为中的一部分已经发生了分化和转变，而且每种鸟都进化出各自独特的炫耀行为元素。我发现它们的炫耀行为之间有很多不同之处。比如，落在原木上的时候，雄性金翅娇鹟不会像雄性白喉娇鹟那样，摆出喙向上指的姿势，也不会在炫耀时来回移动。雄性金翅娇鹟没有抖翅膀的炫耀行为，即使它们可借此机会展示翅膀上的金色羽毛。不过，雄性金翅娇鹟有其独特的炫耀方式。落在原木上后，雄性金翅娇鹟开始表演一种复杂的"从一侧到另一侧的俯身炫耀动作"。它先抖松身上的羽毛，然后微微地翘起尾巴，竖起头顶任意一侧的黑色小尖角。接着，它就像催眠用的发条玩具一样，以机械节奏向前俯身，直到喙几乎碰到原木为止，然后起身走到另一侧，略微转身并再次俯身。之后，它又回到之前的那一侧俯身，以此类推。我们发现雄性金翅娇鹟的这种炫耀行为会持续10~60秒，而在雄性白喉娇鹟或其他任何雄性侏儒鸟身上都没有发现类似的行为。

图3-6 雄性金翅娇鹟尾部向上指（左图）和从一侧到另一侧俯身（右图）的炫耀行为

　　这些令人兴奋的发现有助于我们确认，侏儒鸟的审美体系有复杂的层次性。侏儒鸟在视觉和听觉方面的炫耀是由行为元素组成的，有些行为元素是从共同的祖先那里继承的，其他行为元素则是每种侏儒鸟以各自独特的方式后天习得而来的。侏儒鸟的美不能单纯地从目前的环境或种群状态来理解，还应考虑其谱系发生学。完整的美的进化史只有在谱系发生的背景下，才能被真正地理解。美的历史是一个树状图。

　　为了了解这个树状图的每个分支上具体有什么行为发生了进化，我们需要找到第三种可以和金翅娇鹟及白喉娇鹟做比较的侏儒鸟。与要有两个以上的数据点才能描述某种统计学趋势的道理一样，我们很难仅从两种鸟的对比中得出关于进化史细节的结论。比如，蜘蛛猴（spider monkey）有尾巴，但人类没有。很明显，既然这两个物种有共同的祖先，那就一定是在尾巴上发生了进化。但进化的方向是怎样的呢？是蜘蛛猴进化出了一条尾巴，还是人类失去了尾巴？只有通过观察第三种与人和蜘蛛猴的亲缘关系更远的物种，比如狐猴、树鼩或狗，我们才能推断出人类与蜘蛛猴有共同的祖先，但人类的尾巴在进化的过程中消失了。

那么，我该利用哪个物种来推断金翅娇鹟和白喉娇鹟的进化过程呢？它必须与金翅娇鹟和白喉娇鹟有足够密切的联系才行。（在上面的例子中，如果将灵长类动物与海胆、蠕虫或水母做比较，是无法帮助我推断出它们的尾巴进化史的。）幸运的是，在我从厄瓜多尔回来后不久，1985年秋天，芭芭拉·斯诺（Barbara snow）和戴维·斯诺发表了一篇文章，描述了在巴西东南部的低海拔山地森林中，针尾娇鹟（Pintailed Manakin，拉丁名为 *Ilicura militaris*）的鲜为人知的求偶炫耀行为。雄性针尾娇鹟的羽毛配色就像玩具士兵一样鲜艳亮丽，其学名中的"militaris"在拉丁语中正是"军队"的意思（图0–11）。雄鸟的身体下部为灰色，背部和尾巴为黑色，翅膀为绿色，尾巴前部为红色，头前部有一撮鲜红色的羽毛。雄鸟的黑色尾羽的中间部分狭长而突出，是其他尾羽的两倍长。雌鸟的身体上部为橄榄绿色，下部为单调的绿灰色，中间的尾羽也比较长。

由于雄性针尾娇鹟与雄性金翅娇鹟和雄性白喉娇鹟看起来完全不同，所以从未有人认为这三种鸟是近亲。不过，当我读到斯诺对针尾娇鹟的炫耀特征的描述时，我能看出其中的很多行为元素都与金翅娇鹟和白喉娇鹟相似，而且我敢肯定，雄性针尾娇鹟与雄性金翅娇鹟和雄性白喉娇鹟有密切的联系。通过将针尾娇鹟纳入我的分析范围，我就能够回答很多尚未解决的有关金翅娇鹟和白喉娇鹟行为特征进化的问题。通过对这三种鸟进行比较，我就可以确定它们共同的祖先进化出了什么炫耀行为，其中哪些新奇的行为是金翅娇鹟和白喉娇鹟的祖先单独进化来的，又有哪些行为元素是这三种鸟分别进化来的。

比如，我首先考虑的是雄鸟炫耀场地的变化。大多数侏儒鸟都在小树枝上炫耀，而金翅娇鹟和白喉娇鹟则在地上长满青苔的原木上炫耀，这是它们与众不同的地方。针尾娇鹟选择在粗大的水平树枝上炫耀，这些树枝就像长在树上的"原木"一样。所以，在粗大的树枝上炫耀是这三种鸟的共同祖先单独进化来的，而在倒下的原木或板根上炫耀则是金翅娇鹟和白喉娇鹟的共同祖先之后单独进化来的。

我研究的另一个特征是尾巴向上指的姿势。在粗大的树枝上炫耀的针尾娇鹟会摆出与金翅娇鹟相同的尾巴向上指的姿势，但和白喉娇鹟一点儿也不像。据此我得出结论：尾巴向上指的姿势是这三种鸟的共同祖先进化来的，但在白喉娇鹟的谱系中被独特的喙向上指的姿势取代（图3–7）。

图 3-7　雄性针尾娇鹟尾部向上指的炫耀行为

通过对这三种鸟的行为进行全面比较，我提出了一个关于群体行为多样化历史的综合假说。每个物种的炫耀体系都包括与身体、声音和炫耀行为相关的元素，并且会以许多有创造性的方式进化，包括将完全新颖的元素纳入体系，以新方式使现有的元素更精致，以及对元素进行组合和删减。对于侏儒鸟之美的协同进化史，我总结出一种全新的等级观点。

在准备博士论文的过程中，我进一步利用侏儒鸟解剖学方面的新信息，对整个侏儒鸟家族的谱系发生进行了相当完整和全面的分析。

这项研究用到了所有种类侏儒鸟的上百种鸣管（即鸟类鸣叫时用到的一个奇特的小器官）的解剖标本。然后，我用这个进化树状图来检验我提出的有关行为同源性的假说。比如，我在针尾娇鹟属、金翅娇鹟属和白喉娇鹟属的鸣管结构中发现了共同特征，这印证了我提出的这三种鸟有共同祖先的假说。而且，和我根据炫耀行为提出的假设一样，鸣管结构的特征也说明金翅娇鹟和白喉娇鹟之间的关系要比它们各自与针尾娇鹟之间的关系更密切。

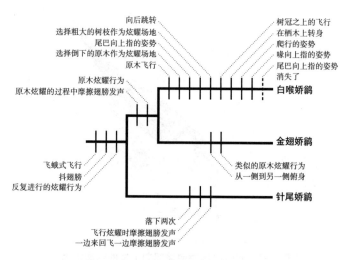

图3-8　白喉娇鹟、金翅娇鹟和针尾娇鹟的谱系发生，描绘了每个物种和它们共同祖先的炫耀行为元素的起源和丧失的进化过程

资料来源：普鲁姆1997年发表在《美国博物学家》杂志上的文章。

今天，我们对侏儒鸟审美辐射的了解，能提供很多关于美如何在生命之树上产生的进化启示。我们已经知道，侏儒鸟的审美体系包括许多比单个物种本身更加古老的元素。我们能看到每一种侏儒鸟的炫耀特征既取决于该物种的进化遗产（即从各种各样的祖先那里继承来的特征），又取决于仅在该物种中进化产生的所有新的炫耀行为元素（极致审美、创新或删减）。

◎

　　某种特定的炫耀行为元素随时间推移而形成的过程，能让我们看到审美进化过程的固有本质，即偶然性和不可预测性。历史经验告诉我们，姊妹种往往会朝着各不相同而且不可预测的审美方向进化。通过每一次审美变化，配偶选择也创造出新的审美机会，引发一系列的进化效应，其中包括审美的极致性和复杂性增强。随着美的发生，不同物种会以它们共同的祖先为起点，朝着越发不同和随意的方向进化。特别是当性选择的作用力很强大时，就像侏儒鸟和其他进行求偶炫耀的鸟那样，美的发生在经历了漫长的进化过程之后，将会产生爆发性的审美辐射。

　　1982 年在苏里南的野外考察经历，引领我走上了一条坚持至今的探索之路，不过近几十年来由于严重的听力损伤，我的能力已大不如前。在这几十年间，我去往 12 个新热带国家进行鸟类学研究，并有幸在野外观察到近 40 种侏儒鸟（我仍在为看到剩下的几种侏儒鸟而努力）。为了了解其中某些物种的生活习性和昼夜节律，我花了几小时、几天甚至几个月的时间来观察它们，记录它们求偶时的叫声和动作，并描绘出它们的社会关系图谱。这帮助我建立了一个有关侏儒鸟的行为复杂性和审美多样性的丰富的博物学知识数据库。

　　随着我对侏儒鸟多样性的了解越来越多，我对自然界的进化原理也提出了更重要和更本质的问题。在研究早期，我以为侏儒鸟不过是一种色彩斑斓的鸟类，有着非常怪异的炫耀行为和社会行为。后来，我把侏儒鸟当作一个很好的例子，来说明配偶选择的复杂机制是如何影响物种间的行为进化的。最近，我认为侏儒鸟是世界上体现审美辐射的最重要的例子之一。我们在后文的讨论中将会看到（参见第 7 章），雌性侏儒鸟不仅改变了雄性的炫耀特征，还改变了雄性社会关系的本质。这是一个体现雌性配偶选择的变革性力量的惊人故事。

对于丰富多彩的鸟类之美来说，侏儒鸟只是其中很小的一部分。世界上从最朴素的麻雀到最精致的侏儒鸟，共有1万多种鸟类。由于每种鸟都有在求偶时使用的性装饰器官，所以很显然，鸟类选择配偶的能力源于所有鸟类共同的祖先，甚至有可能源于侏罗纪时期长有羽毛的兽脚亚目恐龙的后裔。从单一的共同祖先开始，审美特征和择偶偏好一直在协同进化，并辐射为现存的许多种不同形式的鸟类之美。在不同时期、不同的谱系发生分支上，新的生态系统促使繁育体系和亲代抚育方式发生变化，从而使协同进化的进程减慢或者加快，这反过来又使配偶选择驱动的性选择的本质和强度发生巨大的变化。在这个过程中，择偶偏好在不同的鸟类谱系中不断进化，有时发生在两性身上，有时只发生在雌性身上，有时只发生在雄性身上，两性的审美特征也在相应地进化。每个谱系和物种都沿着各自与众不同而且不可预测的审美轨迹完成了进化。这样一来，就有了1万多个独特的审美世界，其中包含了1万多种协同进化而来的炫耀特征和择偶偏好。

在"生命之树"的无数个不同的分支上，都经历了类似的过程。不管是箭毒蛙和变色龙，还是孔雀蜘蛛和小头虻，当具备适合进行配偶选择的社会机会和感官/认知能力时，一个审美进化的过程就开始了。这种审美进化过程在生命的历史上已经发生了几百或几千次，就连植物也进化出形状、大小、颜色和香气各异的装饰性花朵来吸引动物传粉者把它们的配子（以花粉的形式）传播到其他等待受精的花朵上。

在整个生物世界中，只要有合适的时机出现，动物的主观体验和认知选择就会对生物多样性的进化产生审美方面的影响。自然之美的历史是一个恢宏和永远讲不完的故事。

第 4 章

审美的创新与
物种的衰落

在厄瓜多尔境内的安第斯山脉西部有一片随处可见青苔的云雾林，林下叶层中有一只头顶前部为红色的深褐色小鸟，正在细长的栖木上发出"哗噗——哗噗——喂嗯"的声音，音调听起来就像小巧的电吉他发出的啸叫。附近的其他三只雄鸟马上做出回应，并且表现得越发兴奋。它们都是有领地意识的雄性梅花翅娇鹟（Club-winged Manakins，拉丁名为 *Machaeropterus deliciosus*），为了吸引雌性，它们正在求偶场中开展炫耀行为。他们发出的奇怪声音与一个更加奇怪的动作有关。雄性梅花翅娇鹟并不是通过张开喙来发出电子音乐一般的叫声的，而是轻轻拍打身体两侧的翅膀，发出一开始的"哗噗"声，然后突然在背部上方合起翅膀，使隆起而扭曲的内侧翼羽产生快速的横向振荡，发出特别的"喂嗯"声（图 0–12）。所以，这些雄性梅花翅娇鹟其实是在振翅歌唱。

我们已经知道许多其他种类的侏儒鸟会在求偶炫耀时，用翼羽发出"砰"或者"噼啪"声。白喉娇鹟在原木上方停止飞行的时候，会发出响亮的"砰"的一声。白须娇鹟在炫耀场地周围的树苗之间来回跳跃时，会不时地发出爆发性的"噼啪"声，而站在场地上方的树枝上时，又会发出响亮、浮夸的一连串急促的"噼啪"声。这些音效不同的声音都是侏儒鸟通过羽毛发出的。

图4-1　雄性白须娇鹟通过在背部上方快速地合上翅膀发出"噼啪"声

这些非发音器官发出的声音从进化角度来说令人十分费解，因为所有侏儒鸟都能发出非常完美的叫声，而且这一直是它们审美体系的重要组成部分。既然传统的鸟类叫声在 7 000 多万年的时间里效果一直很好，甚至可以称得上完美，为什么这些物种，尤其是很多独立物种，还会进化出一种全新的发声方式呢？

像眼睛、翅膀和羽毛一样，侏儒鸟的机械发声特征也是进化过程中的创新体现，是与其祖先的任何特征都不同源的全新生物学特征。进化创新在学术上是令人兴奋的发现，因为它们需要的不只是简单、渐进的量变，或者进化过程中的修修补补。进化创新意味着出现了真正的新现象和新特征，或者是质变性的进化新征。

四肢、眼睛和羽毛的进化是进化生物学中的一个重要课题。事实上，我在羽毛的进化起源方面做了很多工作。但是，侏儒鸟产生的机械发声特征与所有这些进化新征都截然不同，因为前者是在配偶选择驱动下产生的审美创新。审美创新为我们提供了独特的机会，去研究两性协同进化的原理和进化创新的发生过程。近年来生物学家已经发现，适应性理论充其量是对进化创新过程的不完整描述。我希望通过对审美创新过程的探索，能让大家明白适应性配偶选择理论也不足以解释装饰器官的起源和多样性。

那么，侏儒鸟创新性的机械发声特征是如何进化来的呢？最好的假设是，侏儒鸟的炫耀行为产生了附加噪声，即羽毛运动产生的"呼呼"声、"唰唰"声或其他声音，就像跑步和跳舞时脚触碰地面产生的噪声一样。然而，这些噪声通过审美上的协同进化，和其他炫耀行为一起受到雌性偏好的影响。因此，对这些声音的独特偏好不断进化和多样化，直到声音本身成为该物种审美体系的一个独立部分，就像踢踏舞成为独立的舞种一样。对于翅膀的机械发声特征的偏好很可能是由早期对炫耀鸣叫的偏好进化而来，最终成为独立的新偏好。

梅花翅娇鹟完全参与了进化创新的过程。而大多数侏儒鸟就像踢踏舞者一样，只满足于打击乐般的"砰砰"、"噼啪"和"哗哗"声。雄性梅花翅娇鹟的发声技巧确实更高一筹，或许比它的飞行技术还好。我们将会看到，梅花翅娇鹟不仅体现了审美创新，也向我们展示了适应性选择和审美选择如何相互冲突，以及衰退的美最终是如何获胜的。

◎

1985年，我到达埃普拉塞尔后的第一个早晨，第一次听到了梅花翅娇鹟用翅膀发出的声音，安和我正是在埃普拉塞尔发现了金翅娇鹟在原木上跳的令人意想不到的可爱舞蹈。在那个热闹的早晨，从随处可见青苔的森林中传来了各种各样的声音。我最初以为这些奇怪的"电子音"可能是某只鹦鹉正在进行音乐创作，因为当好多只鹦鹉栖息在一起时，会不时地互相发出简短含糊的叫声，而且变化无常、和缓轻柔。但那天的晚些时候，我惊讶地发现这些声音林下叶层，是由鲜为人知的梅花翅娇鹟发出来的。在接下来的几个星期里，我们在寻找其他的金翅娇鹟领地的过程中，又在同一片森林里发现了一群正在求偶场中炫耀的梅花翅娇鹟，我迫不及待地开始观察它们，并用录下它们奇特的声乐演奏。用翅膀发声，是梅花翅娇鹟的求偶炫耀行为的重要组成部分。事实上，和其他侏儒鸟不同，雄性梅花翅娇鹟大大减少了声音方面的炫耀，只在做俯身的炫耀动作时，发出一连串非常简单而且刺耳的"唧呀"声。

在埃普拉塞尔，为了进行标记，我们用抓金翅娇鹟的那张雾网捕到了梅花翅娇鹟。雌性梅花翅娇鹟的翼羽很普通，但成年雄鸟的次级飞羽（即附着在尺骨后缘上的羽毛）却相当奇特。事实上，1860年，英国鸟类学家菲利普·卢特利·斯克莱特（Philip Lutley Sclater）在描述雄性梅花翅娇鹟时就用图4–2展示了其飞羽的特别之处。达尔文在他的《人类的由来及性选择》一书的关于鸟类借助非发音器官发声的章节中，复制了斯克莱特的插图，同时推测侏儒鸟和其他鸟类的机械发声特征是在配偶选择的驱动下进化来的。雄性梅花翅娇鹟的飞羽的特别之处在于，第5枚、第6枚和第7枚次级飞羽（从腕骨开始往里数）的中心轴或者羽轴明显增厚隆起。第6枚和第7枚次级飞羽的尖端形成了扭曲的突起，既像爱尔兰橡木棍顶端的把手，又像变形的冰激凌蛋卷筒的末端。相比之下，第5枚次级飞羽的尖端附近呈现锐利的45度角，就像指向身体内侧的光滑刀片。

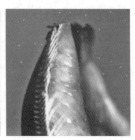

图4-2 雄性梅花翅娇鹟的次级翼羽。（左图）从下方看到的翅膀展开的样子。（中图）第5枚次级飞羽弯曲的、像刀片一样的尖端。（右图）第6枚次级飞羽隆起的尖端上有一排明显的突起

当我第一次知道鸟类的机械发声特征时，我努力地想象羽毛，特别是雄性梅花翅娇鹟末端增厚且扭曲的飞羽，是如何发出这种声音的。弄清楚这个问题花了我们大约20年的时间，主要原因有两个。一是技术问题，我们必须等到高速摄像机被发明出来，并且可以在云雾林中拍摄为止。二是人员问题，20世纪90年代末，我有幸招募到一位有进取精神和雄心壮志的研究生——金伯莉·博斯特威克（Kimberly Bostwick）。她在康奈尔大学完成本科学业后加入了我的实验室，当时恰好出现了第一代适用于野外的高速摄像机。和往常一样，也许所有事情最大的障碍就是理智。事实上，1985年在埃普拉塞尔的时候，我认为鸟类的机械发声特征既荒唐又怪异，很快就排除了这种可能性。幸运的是，在金伯莉的坚持下，我们最终找到了答案，并证明我的判断是错的。

金伯莉·博斯特威克在读博士期间对鸟类羽毛发声的功能形态学进行了开创性研究，她先从发声机制相对"简单"的侏儒鸟开始。比如，博斯特威克利用高速摄像机，证明白须娇鹟和白领娇鹟（White-Collared Manakin，拉丁名为*Manacus candei*）通过在背部上方连续拍打翅膀的上表面，发出"噼啪"声。同样地，那些听起来如喝倒彩般的连续不断的"噼啪"声，也是由一系列相同的拍打翅膀的动作发出的，只不过拍打速度要快得多。

娇鹟科的翅膀发声特征无疑是一种进化创新，但其发声机制其实非常简单。翅膀发出的"噼啪"、"砰砰"和"咔哒"声都是由羽毛撞击产生的，所以这些声音在听觉上和发声的动作本身一样激烈又生硬。然而，梅花翅娇鹟用翅膀发出的声音响亮悦耳，非常独特，而且有真正的频率、音高、音调，很像小提琴的声音或者电话的拨号音，其中最长的音符持续的时间超过 1/3 秒。

2002 年，金伯莉在厄瓜多尔西北部进行了几个星期的野外研究，最终成功地拍摄了精彩的雄性梅花翅娇鹟用翅膀发声的高速影像片段。从这些每秒 500 帧或 1 000 帧的影像中可以看到，在发出持续的"喂嗯"声时，翼羽会在鸟的背部上方一个几乎垂直的平面内左右振动，这些振动是由腕骨小幅度的快速左右运动引起的。两侧翅膀的飞羽先向外摆动，再向内摆动，彼此同步。在向内摆动结束时，两侧翅膀上隆起的飞羽会在雄鸟的背部上方正面撞击，接着向外弹开。这种羽毛振动的频率极快，以每秒近 100 次的速度持续 1/3 秒，其腕骨细微的颤动是迄今为止观察到的脊椎动物的最快速的肌肉运动。

金伯莉的精彩视频能回答很多问题，但也带来了一些新问题。翅膀振动的频率接近 100 赫兹，但翅膀发出的声音频率约为 1 500 赫兹，音高介于高音升 F 调和高音 G 调之间，或者说比高音 C 调（也就是钢琴上的第 70 或第 71 号琴键）还要高出 1/5 个音高。换句话说，声音的频率大约是翼羽振动频率的 15 倍。运动频率和声音频率怎么会相差如此之大呢？原理是什么呢？

金伯莉意识到（并再次说服了我），羽毛之间的相互作用对于机械发声至关重要。伴随着每次振动，第 5 枚次级飞羽弯曲的尖端上那个像刀片的部分会上下摩擦第 6 枚次级飞羽上的突起。增厚的第 6 枚次级飞羽表面有一连串微小的脊状突起，而且恰好在与第 5 枚飞羽接触

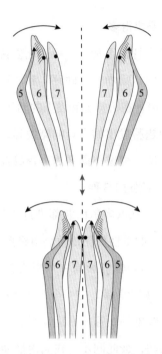

图4-3 雄性梅花翅娇鹟利用次级飞羽发声的示意图。当次级飞羽在鸟的背部上方以每秒100次的速度快速向内（上图）和向外（下图）振动时，第5枚次级飞羽顶端像刀片一样的部分与第6枚次级飞羽上的突起相互摩擦，从而发出1 500赫兹的声音。

资料来源：金伯莉·博斯特威克和理查德·普鲁姆2005年发表的论文。

的那一面上。就像用琴弓拉小提琴或者用手指来回拨弄梳齿一样，第5枚次级飞羽的尖端对第6枚次级飞羽施加了一系列的机械推力，使得第6枚和第7枚次级飞羽以介于高音升F调和高音G调之间的频率产生强烈共鸣。

这种发声机制叫作摩擦发声，与蟋蟀、纺织娘和蝉发出"吱吱"声和"呜呜"声的机制是一样的。20年前我第一次看到梅花翅娇鹟时，就认为摩擦发声是一个根本不可能成立的荒谬假设，所以一直抱持着完全否定的态度。原来，科学的直觉不过如此。

就像小提琴琴弦的音高是由它的长度、质量和松紧程度决定的一样，所有共鸣体发出的声音频率都是由其物理性质决定的。1985年，我无法想象一枚羽毛，甚至是梅花翅娇鹟身上一枚粗壮的次级飞羽，竟然会是一种有效的共鸣体。然而，与我们对高速影像进行分析之后所做的预测一样，金伯莉和其他研究人员后来发现，雄性梅花翅娇鹟的第5枚、第6枚和第7枚次级飞羽具有非凡的共鸣特性，频率高达每秒1 500次，而其他一般的侏儒鸟羽毛则不具备这种特性。此外，次级羽毛间的耦合振动进一步放大了音量。正是附着在雄鸟尺骨上的多枚羽毛在声学上的协作，才使得发出的声音响亮悦耳，如同小提琴的声音那样优美。金伯莉的分析表明，鸟类之美既富有创新性，也具有令人不可思议的复杂性。

◎

梅花翅娇鹟的审美创新对适应性配偶选择理论来说是一个巨大的挑战。侏儒鸟用翅膀发声的行为可能与雄性素质的变异有关，鸟类的鸣叫也被认为与配偶的素质有关。如果鸣叫已经足以反映个体素质，为什么还会有物种放弃这种高度进化的可靠特征，转而选择一种全新的而且未经验证的发声方式呢？适应性配偶选择理论给出的解释往往就像鲁德亚德·吉卜林（Rudyard Kipling）写作的《原来如此》（*Just So Stories*），它用一系列稀奇古怪的事来解释动物与众不同的特征，比如长颈鹿的脖子、大象的鼻子和豹子的斑点。然而，在梅花翅娇鹟的例子中，吉卜林对鸣管发声和翅膀发声的解释相互矛盾，所以这两种解释不可能都是正确的。

另一种可能的解释就是"总有美会发生"机制，也就是说在对素质信息或交配效率的偏好不受自然选择影响的情况下，随意的择偶炫耀和偏好发生了协同进化。根据这一假说，梅花翅娇鹟摩擦翅膀发出的声音不过是侏儒鸟惊人的审美辐射过程中的又一个意外收获。

如果美发生了，性炫耀特征就不能总有助于提高生存能力，拥有这些特征的个体反而可能会付出很高的进化代价。每一种炫耀特征的进化都是在性优势和生存成本之间取得平衡的过程，这种平衡状态可能和自然选择下最有利于雄性生存和繁殖的状态差别很大。吸引异性的性优势有可能会超过适应性强的生存优势，换句话说，像詹姆斯·迪恩（James Dean）那样英俊潇洒却英年早逝的人，可能会比默默无闻地活到80多岁的图书管理员留下的后代更多。

美和对美的偏好将在多大程度上提升性优势呢？答案是：非常大。在对梅花翅娇鹟的后续研究中，金伯莉·博斯特威克为这个被反复提及的问题给出了明确的科学答案。她证明了美不只是存在于表面，她的发现也为研究审美进化的原理提供了深刻的见解。

用翅膀发出这些与众不同的声音，不仅需要有与众不同的羽毛和振动，翼骨的形状和构成、翼肌的大小和附着点在进化过程中也需要发生重大改变。令人惊讶的是，不同鸟类的翼骨和翼肌都是一样的。鸟类飞行对翅膀结构有着非常精确的功能性要求，以至于全世界的各种鸟类都只是对翅膀的基本设计进行了细微的调整。在超过1.35亿年前，当中生代的鸟类首次进化出现代飞行方式时，鸟类的翅膀结构在功能上就已经相当完善了，之后只进行了微调。

通过与其他鸟类的对比，金伯莉发现梅花翅娇鹟翅膀的解剖构造有着相当惊人和明显的不同之处。其他侏儒鸟的尺骨就是简单的中空柱状管，但雄性梅花翅娇鹟的尺骨则完全不一样，其宽度是其他侏儒鸟尺骨的4倍，体积是其他侏儒鸟尺骨的3倍，但实际长度要短一些。雄性梅花翅娇鹟尺骨的上表面还有一个特点，即有一个突起的宽平面，上面有好似雕刻的凹槽和隆起，从而使韧带附着在振动的次级飞羽上。世界上的其他任何鸟类都没有类似的骨骼结构。不过更令人惊讶的是，雄性梅花翅娇鹟的尺骨是实心的，而且骨骼中的钙要比其他侏儒鸟的翼骨多两三倍。相比之下，其他侏儒鸟的尺骨中有超过一半的体积是中空的。事实上，地球上其他所有鸟类的尺骨都是中空的。就连像霸王龙和伶盗龙这类兽脚亚目恐龙，它们的尺骨也是中空的！因此，为了用翼羽发声，雄性梅花翅娇鹟已经彻底改变了翅膀的结构特征，而且这种特征存在的时间超过 1.5 亿年。以这种创新性的翅膀发声为目的的性选择，迫使雄性梅花翅娇鹟舍弃了前肢骨，而这部分骨骼早在鸟类会飞之前就已经存在了。

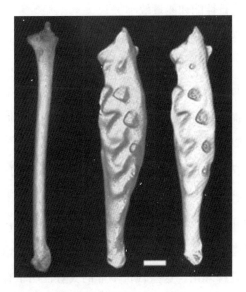

图 4-4　（左）雄性白冠娇鹟、（中）雄性梅花翅娇鹟和（右）雌性梅花翅娇鹟尺骨的 X 射线断层扫描图。图中的比例尺为 2 毫米

金伯莉·博斯特威克推测，这种更宽的实心尺骨及其复杂的用于羽毛韧带附着的表面应该有两个功能：一是通过为羽毛根部提供更坚固、稳定的锚定物来增强摩擦发声的效果；二是增强次级飞羽间的共鸣和耦合。

毫无疑问，雄性梅花翅娇鹟的翅膀已经进化出了两种截然不同的功能：飞行和发声。显然，如果选择所有其他鸟类（甚至是它们的一些不会飞的祖先）共有的那种传统的翅膀骨骼设计，雄性梅花翅娇鹟就无法顺利地同时完成这两项工作，所以一些结构上的让步是必要的。然而，为了迁就翅膀发声的功能而在翅膀的形态设计上做出妥协，极有可能增加雄鸟的生存和精力成本。在野外，我们常会看到雄性梅花翅娇鹟笨拙的飞行姿态。目前，还没有关于雄性梅花翅娇鹟奇特的尺骨形态会如何影响其飞行动力学的数据。但不难想象，翅膀发声所需的飞羽、翼骨和肌肉结构发生的多重改变，多少会降低雄鸟的飞行能力、机动性、飞行性能和能量效率。

鸟类一致性的翅膀结构有力地证明这种形态通过了自然选择的考验而得以留存，但雄性梅花翅娇鹟的进化结果却偏离了符合自然选择需求的最佳飞行效率。如果这些衍生的结构特征不会给雄性梅花翅娇鹟增加任何功能或生存成本，那么我们会预期许多其他鸟类的翅膀形态也会发生类似的变化。但是，事实并非如此。

梅花翅娇鹟用翅膀发声的行为可能是进化衰落的一个典型案例，也就是配偶选择导致一个种群的生存能力和繁殖能力下降。正是这种令人不安的退化的前景严重威胁了适应主义，以至于在没有充足证据的情况下，随意的性选择理论被贴上了"邪恶的方法论"的标签。根据适应性配偶选择理论，这些代价不菲的翼骨证明了有魅力的雄鸟在面对额外的生理和功能方面的挑战时仍然能够很好地生存下来。然而，在第1章中我们就知道，扎哈维最初提出的不利条件原理实际上并不成立；如果装饰器官的成本与好处直接相关，就不可能有任何收益。唯一修正不利条件原理的方法就是推翻它，即假设雄性假装为每一次素质的提升付出较小的代价。没有证据表明任何生物体要付出这样的代价，当然也包括梅花翅娇鹟。我认为，雄性梅花翅娇鹟的翅膀结构的改变，从审美角度充分证明了自然界中存在性退化，但因为缺乏与

需要付出的代价有关的生理学证据，所以仍然有人认为这个例子不能
说明问题。为了打破这种僵局，我们还要做出更深入的研究。

◎

最近，我开始寻找关于雌性梅花翅娇鹟的择偶偏好会导致适应不
良和退化的结果的证据。梅花翅娇鹟翼骨的异常变化很有可能会对雄
鸟的飞行功能造成不利影响。那么，雌性梅花翅娇鹟的翼骨发生了什
么变化呢？在自然历史博物馆中很难看到这种鸟，甚至世界上的任何
一家博物馆里都没有这个物种的骨骼标本。不过，通过对博物馆的研
究用标本进行 X 射线和显微 CT（计算机体层摄影）扫描，我发现雌性
梅花翅娇鹟的尺骨和雄性的尺骨发生了同等程度的扭曲，而且雌性尺
骨的尺寸和形状也与雄性的一致。不过，和雄性不同的是，雌性的尺
骨并不是实心的，而是中空的。

怎么会这样呢？显然，在根据雄性的翅膀发声能力选择配偶的过
程中，雌性梅花翅娇鹟不仅从进化角度改变了雄性的翅膀形态，也改
变了它们自身的翅膀形态。我们依然没有生理学方面的证据，表明这
些形态上的变化会影响雌鸟的飞行能力或能量效率。然而，针对其他
所有鸟类都有相同的翼骨的问题，最好的解释就是自然选择为了实现
最佳的飞行能力，保留了功能性最强的柱状管翼骨结构。换句话说，
鸟类翼骨结构在形态上的一致性有力地证明，其他的翼骨结构的功能
要差一些，而且不利于生存和繁殖。尽管雌性梅花翅娇鹟永远不会用
翅膀发声，但它们似乎也承受了一部分雄性为了发出性感的声音而改
变翼骨结构造成的功能不便。由于雌性梅花翅娇鹟的尺骨并没有像雄
性那样进化为实心的，而是保留了部分中空，所以付出的代价应该比
雄性小一些。

雄性梅花翅娇鹟由于雌性的配偶选择行为而变得更糟（即飞行功能、能力和效率变差）的观点，仍然可以找到辩解的理由，那就是为了真实反映配偶的素质。但是，雌性梅花翅娇鹟因为对雄鸟奇特的翅膀发声行为的偏好而使自己的飞行功能、能力和效率变差，就只能被描述为退化。

有趣的是，雌鸟对于用奇特翼骨发出性感声音的雄鸟的偏好，并不会危及它们的生存和繁殖。更确切地说，那些偏好这种适应不良的翼骨的雌鸟，只会为自己的偏好付出间接的遗传代价，因为它们的女儿可能会通过遗传得到更加笨拙的翼骨，进而妨碍它们的生存和繁殖。但是，配偶选择的这种间接的遗传成本，可能会被同时产生的间接的遗传益处抵消，即它们的雄性后代会非常性感。由于追逐极致审美的配偶选择的适应不良的代价都被每一代的选择者推给了下一代，所以整个种群会一代代地陷入越发严重的退化和机能障碍的泥潭。因为适应不良的功能成本是间接的，而且会被生下拥有漂亮性感后代的优势抵消，所以自然选择无法避免种群的退化。不过，随着时间的推移，由于生物体和环境之间的契合度越来越差，整个种群会变得越来越不适应环境。到那时，无论是雄性还是雌性，所有个体的生存和繁殖都会受到影响。

梅花翅娇鹟的翼骨退化，显然是鸟类生物学上的一次机缘巧合。在所有鸟类中，翼骨在胚胎早期就开始发育了，大约在孵化开始的6天以后，此时胚胎尚未发生性别分化。换句话说，仅孵化了6天的鸟类胚胎并没有明确的性别。所以，推动雄性翼骨的形状和大小发生进化变化的选择过程，也会影响雌性的翼骨。其结果是，雌性择偶偏好在审美方面对雄性的改变使得整个物种退化。一旦胚胎发生了性别分化，不同性别的胚胎就会朝着不同的方向发育。发育后期产生的变化，比如翼骨的完全骨化，会因性别而异。这就是雌性梅花翅娇鹟的翼骨并不像雄性那样是实心骨骼的原因。

梅花翅娇鹟摩擦翅膀发声，不只是一种创新性的奇特发声方式，它也证明了自然选择并不是进化过程中坚不可摧的决定性力量。性欲和性选择推动产生的一些进化结果，在本质上是不具有适应性的，有些结果是实实在在的退化。自然选择并不是自然界中生物体设计的唯一决定因素。

退化会发展到什么程度呢？我的实验室开发的一种新理论模型表明，衰退确实会因择偶偏好的间接成本而不断恶化。模拟进化过程的数学遗传模型也进一步表明，退化的炫耀特征的成本可能会导致整个种群或物种的灭绝。这意味着除了认识性选择在推动新物种进化过程中发挥的作用之外，我们还应该认识到性选择可能会导致物种的退化和灭绝。这样看来，世界上极其美丽的生物都非常稀少，就不足为奇了吧？但我并不这样认为。

◎

一旦我们清楚地认识到性选择导致退化的可能性，就会发现退化现象并不罕见，甚至可以说非常普遍。在很多例子中，雌性的配偶选择行为使得它们产生与雄性的炫耀特征类似的特征，而这些特征对雌性毫无用处。这一现象引发了查尔斯·达尔文和阿尔弗雷德·拉塞尔·华莱士对鸟类羽毛的性别差异本质的激烈争论。他们的争论没有得出任何结论，因为两个人对遗传机制都没有清晰的认识。但他们争论的激烈程度表明，这个问题对判断华莱士坚持的配偶选择驱动的进化必定是一个适应性过程的观点是否正确，依然很关键。

雌性身上无用的装饰器官，挑战着"诚实信号"理论的逻辑性和可靠性。如果雄鸟要为产生和维护性装饰器官付出一定的代价，而且这些代价是为了确保装饰器官的诚实度，那么无法从这些装饰器官中获益的雌性又该如何承担这样的代价呢？反过来说，如果这些装饰器官不会给雌性带来任何不利影响，那么这些特征又如何诚实地反映雄性的素质呢？对于适应性配偶选择理论来说，这是一个巨大的难题，证明这个问题存在的证据有很多，但基本上都被忽略了。

和梅花翅娇鹟退化的翼骨类似的现象还有很多，其中最值得注意的例子都与早期发育阶段出现的特征有关。例如，生活在新几内亚西部的雄性威氏极乐鸟（Wilson's Bird of Paradise，拉丁名为 *Cicinnurus respublica*）的头顶几乎没有羽毛，露出亮蓝色的皮肤，上面有非常短的羽毛组成的深黑色窄条纹构成的十字图案（图0–13）。在雄性威氏极乐鸟奇特的求偶炫耀表演中，蓝色的光秃头顶是近12种色彩丰富的羽毛装饰之一，可供雌性近距离观察。在森林中的一片裸露的土地上，雄性威氏极乐鸟选择在一棵小树苗的树干上进行炫耀。当雌鸟从上方向它飞来时，雄鸟会展现出它闪闪发亮的深绿色胸盾，竖起鲜红色的尾羽和尾巴上的两根卷曲的绿色羽毛，然后把头缩起来，露出头顶亮蓝色的皮肤。虽然蓝色的头顶对雌性威氏极乐鸟来说毫无用处，但它们同样拥有，只不过颜色要更蓝。

同样地，在南美洲生活着一种与侏儒鸟有密切关系的果鸦（伞鸟科），名叫三色伞鸟（Capuchinbird，拉丁名为 *Perissocephalus tricolor*）。不管是雄性还是雌性三色伞鸟，都有装饰性的浅蓝色光秃头顶，即使雌性永远不会用到它。

和侏儒鸟的翼骨一样，鸟类身上无羽毛的装饰性裸露皮肤的进化，需要羽毛毛囊在皮肤上的分布发生进化变化，这在性别分化之前的胚胎早期发育阶段就已经完成了。威氏极乐鸟和三色伞鸟的光秃头顶要求在胚胎期就对这一部分皮肤的毛囊发育进行抑制。因此，雌性对有性感光秃头顶的雄性的偏好，使得它们自身也关联进化出无用或者说退化的相同特征。

　　蓝色头顶是否会危及雌性威氏极乐鸟和三色伞鸟的生存呢？当然，拥有一个亮蓝色的头顶无助于雌性独自在开放的巢中孵蛋时免遭被捕食的厄运。所以，对雌性毫无用处的蓝色头顶，很有可能给它们的生存和繁殖带来风险。无论如何，这个特征都不能被称为"适应"，因为它在任何情况下都不会对雌性适应环境有所帮助。

　　同样的现象也出现在雄性圭亚那动冠伞鸟（图 0–14）亮橙色的"莫霍克"式羽冠上。鸟类头顶的羽毛通常会从毛囊向着尾部的方向生长，从而使羽毛平顺地贴着头骨表面，形成比较平滑的羽毛轮廓。然而，在雄性圭亚那动冠伞鸟的奇特羽冠的两侧，羽毛是朝着头顶的中线方向生长的，根根竖立，形成别致的"莫霍克"发型。而且，这些羽毛不会向头顶中心弯曲。确切地说，头顶右侧的羽毛毛囊顺时针旋转了 90 度，头顶左侧的羽毛毛囊则逆时针旋转了 90 度，就这样头顶的羽毛一起向着头顶中心生长。真奇妙！像翼骨和光秃头顶一样，羽毛毛囊的定向在毛囊形成之时就已经完成了，大约在胚胎发育到第 7 天或第 8 天的时候，也是在性别分化发生之前。和我们预测的一样，如果仔细观察浅褐色的雌性圭亚那动冠伞鸟，就会发现它头顶中线两侧的短小精致的棕色羽毛也分别旋转了 90 度，形成了一个不太容易被发现的簇状小褶裥。雌性头顶的这一簇羽毛虽然不起眼，但对它们也没有任何用处。

　　这样的例子还有很多。在那些装饰器官比较奇特的"一雄多雌制"的鸟类中，雌性身上毫无用处的非装饰器官很常见。所有这些特征充分证明，美的发生带来了退化的结果。

◎

　　如果你接受的教育让你认为进化等同于自然选择带来的适应性和

物种的持续改进，那么审美进化带来的物种退化现象可能会令你不安。不过，简单地思考一下我们人类有多少非理性和不切实际的欲望，也许有助于我们重新审视这种过分简单的观点。为什么动物应该比我们更理性呢？

美国爵士时代的诗人埃德娜·文森特·默蕾（Edna St. Vincent Millay）在她的诗《第一颗无花果》中写道：

> 美好的时光转瞬即逝，
> 它不会持续到明天。
> 但是，我的仇敌和朋友们，
> 请享受它带给我们的美好光亮！

正如达尔文和默蕾理解的那样，当配偶选择决定能否成功交配时，生存就不是生命中最重要的事情了。性感程度可以用一部分的生存能力和繁殖能力来交换，当自然选择和性选择同时进行时，其结果往往是退化，也可以说是生物体对环境的适应性衰退。在很多像梅花翅娇鹟这样的物种中，交配成功的代价可能相当高。就连雌鸟在审美进化的过程中，适应性也变差了，生存能力和繁殖能力减弱。不过，摆脱适应性的约束在可能导致退化的同时，也促进了审美创新，激发出鸟类之美的深度创造力。

◎

2007年的一天，耶鲁大学古生物学教授德里克·布里格斯（Derek Briggs）和他的研究生雅各布·温瑟尔（Jakob Vinther）走进了我在纽黑文的办公室。他们给我看了一张雅各布拍摄的照片，那是一幅被放大了 2 万倍的羽毛扫描电镜图。这幅灰度图像上有几十个形状像香肠的微小物体，大致平行地排列在一起。他们问我："你觉得这些东西是什么？"我答道："看起来像黑素体。""我早就告诉你会这样！"雅各布得意地对德里克说道。显然，这里有些关键的问题没说清楚。

黑素体是包裹着黑色素的微观结构，正是它们让羽毛呈现出黑色、灰色或棕色的自然色彩。雅各布和德里克一开始并没有告诉我，这幅图像拍摄的是在丹麦发现的始新世早期鸟类化石的羽毛。如果这些结构真的是黑素体，那么它们已经有大约 5 500 万年的历史了。

鸟类羽毛中的黑色素由特殊的黑色素生成细胞合成，并被封装成微小的具膜细胞器，这个细胞器就叫作黑素体。与人类毛发色素沉淀的过程相似，鸟类体内的黑色素细胞在羽毛发育的过程中，将合成的黑素体分别转移到各个羽毛状细胞中。随着羽毛状细胞的成熟，黑素体被封存在羽毛的 β–角蛋白中，成为成熟羽毛的色彩来源。黑色素是一种古老的色素，在几乎所有动物的体内都会产生。黑色素的化学结构具有多样性，比如，一只美洲短嘴鸦（American Crow，拉丁名为 *Corvus brachyrhynchos*）的黑色羽毛和人类黑色毛发的颜色都是由真黑素分子形成的；而棕林鸫（Wood Thrush，拉丁名为 *Hylocichla mustelina*）的红褐色羽毛和人类红色毛发的颜色则是由独特的褐黑素分子形成的。

从 20 世纪 80 年代初开始，古生物学家就一直在用扫描电镜研究羽毛化石。他们观察到了这些圆柱形的物质，并证实它们由含碳的有机分子组成，和周围岩石的成分不同。不过，古生物学家大多有些"一根筋"，习惯性地不会过多考虑细胞生物学的问题。因此，根据这些物体的形状和大小，他们得出了一个结论：这些结构是细菌化石，而且它们在石化的过程中把羽毛分解了。由于古生物学家对不同化石的具体保存机制非常感兴趣，所以这个结论被视为重要的发现。不过，这种假说并不是很合理。比如，为什么细菌宁可选择分解几乎无法消化的干燥羽毛，也不去分解腐烂的肉体呢？无论如何，这种细菌假说在古生物学领域已经成为公认的事实。而雅各布的发现为挑战这一定论创造了一个好机会。

为了检验这些微观的化石结构到底是细菌还是黑素体，我们需要找到一件完整保留了黑色素分布的羽毛化石样品。幸运的是，德里克·布里格斯对世界各地博物馆中保存完好的化石了如指掌，他想起在莱斯特大学的地质博物馆里，有一件在巴西克拉图组发现的水平条纹状羽毛化石，距今已有约1.08亿年的历史了。这件化石保留了羽毛结构的一些惊人的细节，包括羽小枝内最纤长的细丝。此外，羽毛条纹状的色彩模式也展现出羽毛天然色素模式的显著特征，是不可能和细菌化石发生混淆的。

利用电子显微镜，我们发现羽毛上的黑色条纹中有很多像小香肠一样的结构，每个大约几微米长、100~200纳米宽，与现存鸟类羽毛上的真黑素体非常相似。相比之下，羽毛化石上的白色条纹中则完全没有这样的结构。显然，最好的解释就是，这种微观结构是原始羽毛本身的黑素体。在适宜的条件下，黑素体会以某种方式发生完美的石化，而且可以保存上亿年，留下这些远古动物最初的色彩模式。

石化黑素体的发现，掀起了新一轮对脊椎动物化石色彩的研究热潮，研究对象包括羽毛、毛发、皮肤、鳞片、指甲，还有视网膜。当然，在古生物色彩学这个新领域里，最让人感兴趣的问题是：恐龙是什么颜色的？由于我们的发现，这个问题已经不只是科幻小说里的内容，而是一个十分值得探究的问题。羽毛最初出现在一种食肉的两足兽脚类恐龙身上，当时鸟类或者说会飞的鸟类还没有出现。我们基本上证明，我们可以复原非鸟类恐龙羽毛的黑色素分布。在巴西发现的那件条纹状羽毛化石已经足够古老了，它有可能就是非鸟类恐龙身上

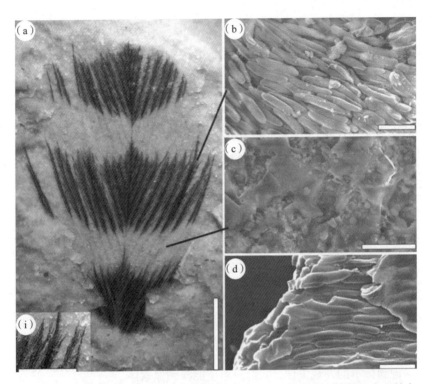

图4-5　化石和现存鸟类羽毛中的黑色素分布。（a）在巴西克拉图组发现的白垩纪早期的羽毛化石，上面可见黑色和浅色的条纹。（b）在黑色条纹中发现了黑素体。（c）在浅色区域中只发现了岩石基质。（d）现存的红翅黑鹂（拉丁名为*Agelaius phoeniceus*）羽毛中的黑素体，与化石中留存的黑素体几乎一致。比例尺：（a）3毫米，插图为1毫米；（b）1微米；（c）10微米；（d）1微米

的羽毛！接下来，我们需要在电子显微镜下观察恐龙羽毛化石的小型样本。长有羽毛的恐龙化石大多来自中国辽宁省的早白垩世和晚侏罗世的沉积地层，是20世纪最令人兴奋和最具革命性的古生物学发现之一。毋庸置疑，重现它们羽毛的色彩将会使这种兴奋之情达到一个全新的高度！

随着越来越多的合作者加入我们的团队，2008年我们开始研究北京自然博物馆内的一件赫氏近鸟龙（*Anchiornis huxleyi*）的晚侏罗世

标本。近鸟龙化石是在中国辽宁省发现的类似猛禽的恐龙化石，这种恐龙属于小型双足兽脚亚目食肉恐龙，有一根很长的尾骨，牙齿较小，前肢和后肢都长着长长的翼状羽毛。近鸟龙是神秘的四翼恐龙之一，它们和猛禽类恐龙［就像电影《侏罗纪公园》里在厨房里追逐孩子们的伶盗龙（*Velociraptor*）］及始祖鸟（*Archaeopteryx lithographica*）有密切的关系，是迄今发现的最早的鸟类，也是所有现存鸟类的共同祖先。

尽管在中国辽宁省发现的化石以保存完整而闻名于世，但这件近鸟龙的奇特标本似乎并不是很理想。事实上，它看起来就像侏罗纪时期在路上被碾死的动物一样，身体的所有部分都被破坏了，而且身首异处，头部被保存在另一块页岩石板上，四肢朝着各个方向展开，但在骨骼周围确实有一层厚厚的黑色羽毛。我们最终从近鸟龙化石的36个位置上采集了如芥菜籽大小的微小样本，并放在电子显微镜下观察。考虑到标本的外观欠佳，我们只希望能找到黑素体。

回到纽黑文后，我们用电子显微镜对不同的样本进行了观察，发现一些样本中有保存完好的黑素体，一些保留了黑素体存在过的痕迹，一些则根本没有黑素体的丝毫痕迹。我们的下一项创新是将近鸟龙化石中黑素体的大小、形状和密度与现存的鸟类进行比较。结果表明，黑色和灰色羽毛上的真黑素体通常是长长的香肠状，而红褐色或者棕红色羽毛上的褐黑素体是圆圆的软心豆粒糖形状的。通过比较近鸟龙与现存鸟类身上的黑素体，我们可以推断出羽毛化石的颜色。由于我们在标本上的很多位置都进行了取样，所以能够重现几乎所有羽毛的颜色。

当我把样本编号与近鸟龙羽毛化石的解剖位置一一对应，然后把推断出的颜色分别绘制出来时，近鸟龙的羽毛变得栩栩如生，有黑色、灰色、棕褐色和纯白色。在我的科学生涯中，这真是最令人激动的时刻之一。最终效果图比我们预期的更令人惊叹！

描述赫氏近鸟龙羽毛的色彩就像写《侏罗纪恐龙野外观察指南》（*Field Guide to Jurassic Dinosaurs*）的开头一样。我是小时候受到野外观察指南的启发，才决定长大后到世界各地去研究鸟类的。现在，作为一名科学家，我终于有机会用一种全新的方式来看待野外观察指南了。

赫氏近鸟龙是什么样子的？它全身的大部分羽毛都是深灰色，前翅为黑色（图 0-15），头顶上有长长的红褐色羽冠。最引人注目的是，它前后肢的长羽毛大部分为白色，顶端为黑色，而且闪闪发光，就像现代版的斑点汉堡鸡（Spangled Hamburg Chicken）。羽毛上的黑色斑点使得羽毛的后缘得以突出，并在翅膀上形成了一连串的黑色色块。

有趣的是，近鸟龙四肢上的长羽毛在形状上并不对称，这与现代鸟类的飞羽一样。所以，我们并不清楚这种生物到底有没有把自己的四肢当作滑翔"翼"来使用。此外，近鸟龙从头到脚都被浓密的羽毛覆盖，而大多数现存鸟类都有带鳞片的双腿和脚趾。

关于恐龙色彩的发现不仅有趣，这个过程实际上还提出了一系列有关恐龙生物学和鸟类生物学起源的基础性问题。显然，近

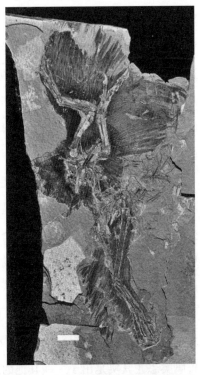

图 4-6　北京自然博物馆的兽脚目恐龙赫氏近鸟龙的标本。图中比例尺为 2 厘米

鸟龙醒目而复杂的羽毛色彩是被用作性信号或者社会信号的。因此，羽毛装饰的审美进化并非起源于鸟类，而是陆生的兽脚类恐龙。在恐龙的某个特殊种群进化为鸟类之前的很长一段时间里，恐龙一直在朝着美的方向进化。当然，这种美是对恐龙本身而言的。所以，鸟类悠久的审美历史可以一路追溯至它们的侏罗纪时期的兽脚类祖先。

◎

更重要的是，美的进化是否可能促成羽毛本身的进化？从20世纪90年代末开始，我就着手研究之前从未涉及的另一个领域，集中解决羽毛的进化起源和多样性问题。具体来说，我在1999年提出了一种基于羽毛生长细节的羽毛进化阶段模型。这一研究领域被统称为"发育进化"（developmental evolution）或者"进化发育生物学"（evo-devo）。从那以后，羽毛的进化发育理论不仅得到了源自兽脚类恐龙羽毛化石的古生物学数据的有力支持，还得到了关于羽毛发育的分子机制的实验验证。

简单地说，我建立的关于羽毛起源的进化发育生物学理论指出，羽毛起源于简单的管状物，也就是皮肤上长出来的像通心粉一样的中空结构。在下一个进化阶段，这个管状结构被细分成一簇绒毛。在之后的各个阶段中，羽毛进化出形成羽片的能力，鸟类也最终进化出利用羽毛来飞行的能力。

羽毛的进化发育生物学理论，暗示羽毛的起源和多样化几乎都体现在形态的复杂性方面，而且发生在鸟类起源和飞行起源之前。因此，兽脚类恐龙其实是出于一些其他的原因才进化出了羽片，后来进化出现代鸟类的恐龙种群借鉴了这种结构，并用其飞行。就这样，羽毛的进化发育生物学理论和古生物学界对有羽毛恐龙的新发现，推翻了一个百年假设，即羽毛是通过以获取气动性能（即滑翔和飞行）为目标的自然选择进化来的。羽毛是为了飞行而进化的说法，跟手指是为了弹钢琴而进化的说法如出一辙。事实上，只有最高级的结构才能在如此复杂的性能上发挥作用。

羽毛起源的气动理论，是体现适应主义者解决新奇事物的起源问题的一个典型案例。不过，这项20世纪的大知识工程却宣告失败。在过去的100年里，所有人都确信羽毛是为了实现飞行的功能，通过自然选择进化而来的。但是，我们对羽毛的进化过程其实一无所知。为了有所突破，我们只能先搁置羽毛进化的功能选择问题，然后在羽毛发育的细节中寻找有关羽毛进化的证据并做出预测。进化发育理论生物学的优势在于，在我们设法搞清楚羽毛进化的原因之前，可以先搞清楚进化的具体过程。

一旦我们了解了羽毛进化的过程，就可以回过头去解决羽毛进化不同阶段的选择优势问题了。早期的管状和簇生阶段是为了调节体温和防水而进化产生的，这已经成为公认的观点。然而，对于簇生羽毛（阶段2）为什么会进化为羽片（阶段3a到阶段4）的问题，目前还没有一个被广泛接受的说法。在飞行起源之前，羽片会有什么进化优势呢？很显然，像现在的雏鸟一样拥有一身绒羽，能够起到足够的保暖和防水作用，满足体温调节的需要。要知道，小鸭子就是用毛茸茸的羽毛来保持身体的温暖和干燥的。

羽片一开始的选择优势有没有可能体现在审美方面？显然，现在我们看到的雏鸟绒羽还是毛茸茸的。尽管满身绒毛的雏鸟很可爱，但这种羽毛的色彩模式的复杂性在审美上是非常有限的。就像头发一样，你可以让不同的绒羽呈现不同的颜色，但很难让绒羽的尖端和根部呈现不同颜色。然而，创新性的平面羽片创造了一个界限清晰的二维平面，使得在每一枚羽毛上都有可能创造出一个全新的拥有复杂色彩模

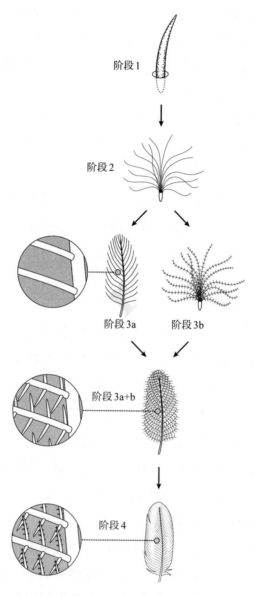

图4-7 羽毛进化发育生物学理论假设的几个阶段。羽毛从一个中空管状物（阶段1）开始，经过一系列创造性的进化成为一簇绒毛（阶段2），之后变得越发复杂。相互耦合在一起的平面羽片（阶段4）最初的进化原因可能是为羽毛内部复杂的色彩模式提供一个展示平面，这种色彩模式能在进行审美社交和发出性信号的过程中发挥作用

式的世界。许多枚羽片可以创造出复杂的羽毛斑块，使全身的羽毛呈现出清晰平滑的轮廓。

换句话说，平面羽片可能是通过审美选择进化来的，目的是创造出一块呈现复杂色彩模式（包括条纹、斑点、圆点和亮片）的二维画布。平面羽片这一关键性的进化步骤可能是因为它提供了一种美的全新方式。

这是一件非常了不起的事，因为鸟类在之后的进化中又借助平面羽片获得了飞行需要的气动力。羽毛并非为了飞行而进化；更确切地说，飞行是从羽毛进化而来。在那些解释让鸟类飞上天空的关键性进化过程的假说中，最合理的就是对美的渴望。

鸟类复杂的审美能力不仅是现存物种的一个鲜明特征，对美的渴望可能从一开始就在推动鸟类的进化。

尽管这种认识可能很惊人，但事实不仅仅如此！大约6 600万年前，一颗巨大的流星撞击地球，在现在的墨西哥尤卡坦半岛希克苏鲁伯附近留下了一个110英里宽的陨石坑。随之而来的一系列环境和生态变化，导致地球上的陆生和水生生物大量灭绝，其中最著名的就是恐龙。当然，我们现在知道当时恐龙并没有灭绝。确切地说，有三种恐龙在白垩纪末期的大灭绝中得以幸存，并成为现存的三种主要鸟类的祖先。这三种鸟类后来生生不息，并且越发多样化（其中一种是爆发性的），进化出今天生活在地球上的1万多种鸟类。

为什么鸟类的祖先能在白垩纪–第三纪灭绝事件中幸存下来，而其他恐龙却不能呢？这是一个很棘手的问题，但可以肯定的是，仅凭有羽毛这一点是远远不够的，因为还有许多其他有羽毛的兽脚类恐龙没能在白垩纪–第三纪灭绝事件中幸存下来，包括全身长满羽毛的猛禽类恐龙，比如伶盗龙、似鸟龙（ornithomimid）和伤齿龙（troodontid）。事实上，在白垩纪–第三纪灭绝事件中唯一幸存下来的恐龙是能够借助羽毛飞行的物种。也许是飞行能力让这些生物在这次灾难性事件中幸免于难，并且在随后混乱的生态环境中迅速找到可暂时容身的避难所。尽管我们对此并不确定，但若没有飞行能力，现代鸟类的祖先很可能也和其他恐龙一起在这次事件中灭绝了。因此，平面羽片的审美进化潜在地促进了飞行进化，并且让鸟类的祖先在白垩纪–第三纪灭绝事件得以幸存。在生命的历史上，这可能是我们能想象到的美和欲望的影响力最大的一个例子了。

在这本书中，我一直强调自然界中绝大多数的美可能都是毫无意义和随意的，除了有可能得到选择者的欣赏和青睐之外，没有任何用处。但是，对审美进化的复杂性、创新性和衰退性的研究表明，这种观点并没有轻率地对美在自然界中扮演的角色进行虚无且蹩脚的评判。事实上，我们从审美角度对生命史的研究越深刻，就越会发现审美协同进化对生物多样性的规模和形式都产生了创造性和决定性的重大影响。当择偶偏好的作用不再仅限于提供适应性优势时，美和欲望就可以自由地探索和创新，并因此改变自然界。结果就是，我们今天有幸能和鸟类共存。

第 5 章

让路给鸭子

几年前在纽黑文，我和妻子安及其他4对夫妇一起参加了社区举办的一场愉快的晚餐会。我们坐在铺着漂亮亚麻布的餐桌旁，享用着美味的烛光晚餐，餐桌上还摆放着水晶玻璃酒杯和贵重的银器，一群孩子在另一个房间里，边看动画片边吃饭。由于我们中的很多人都是第一次见面，所以我们一直在进行礼貌性的自我介绍，以及闲聊。

晚餐会进行了一会儿，正在另一个房间里吃意大利面的一个孩子的母亲对我说："哦，你是一位鸟类学家！你就是我想要请教的人。"我希望能再一次圆满地回答人们在实际生活中遇到的鸟类问题，但事实证明，她的问题更引人深思。"有一天，我给孩子们读绘本《让路给小鸭子》（*Make Way for Ducklings*）。"我听后点点头，这是罗伯特·麦克洛斯基（Robert McCloskey）写作的经典故事，我小时候就有人给我读过这本书，后来我又给我的三个儿子读这本书，而且读了好多次，以至于我几乎能倒背如流。"那么，你知道这对绿头鸭是什么时候安定下来一起筑巢，还有雌鸭是什么时候产蛋的吗？它们一家似乎只在一开始的时候很幸福，但后来雄鸭却离开了！这是怎么一回事？"

我还没开口作答，坐在桌子另一边的安就向我投来焦虑的眼神，这种眼神在我们家里意味着"不可以"。随即她低声警告道："不要说那个！"于是，所有人的注意力都集中在我们身上，每个人都想知道我到底会说什么。安似乎想警告在场的所有人，并对那位提问的母亲说："你刚才不是想问我丈夫有关鸭子性行为的事情，对吧？"

从这次偶然的有关鸭子家庭生活的提问开始，我们的晚餐会闲聊转向了一个我非常熟悉的领域，而且我对这一领域的了解程度超出在场所有人的想象。在这里我要感谢帕特丽夏·布伦南（Patricia Brennan）博士，她是一个非常积极进取的人，2005—2010年，她以耶鲁大学博士后的身份一直在我的实验室里工作。与此同时，我意外涉及水禽性行为和生殖器解剖方面的研究。所以，正如我的妻子担心的那样，对鸭子的一些变态性行为的讨论成为当晚谈话的重点。

鸭子的性行为既可以说是一种精心设计的审美特征，也是一种令人震惊和极度不安的暴力行为，但这确实是一个有吸引力的话题。当然，它可能并不是初次见面的人在餐桌上的最佳谈资（也许这就是我们之后再也没有遇见那位提问的女士的原因），但是，在研究和了解那些令人不安的细节之后，鸭子的性行为实际上反映了对两性关系、欲望的本质、雌性的性自主权以及自然界中美的进化的一种补充性见解。

鸭子的性行为可能会让人联想到古希腊神话中勒达与天鹅的故事，它讲述了化身天鹅的宙斯占有了年轻貌美的勒达。从希腊人到列奥纳多·达·芬奇（Leonardo da Vinci），再到威廉·巴特勒·叶芝（William Butler Yeats），这个神话故事激起了很多艺术家的兴趣。虽然这个故事通常被叫作"诱奸勒达"，但在描述时通常会对有关性的内容做模糊处理，因为在这个意外事件中，充斥着强烈的欲望色彩。也许希腊人凭直觉就认为水禽的性行为很有趣，如果真是这样，那么他们是对的，因为鸭子性行为的社会复杂性在进化方面的全部意义才刚开始显现。

◎

1973年，我12岁，在一个阴云密布的冬日我来到海边，踏上了我人生中的第一次观鸟之旅。我站在马萨诸塞州纽伯里波特的梅里马克河岸边，梅里马克河正是从这里开始变宽，然后汇入海湾。我用自己送报纸和修理草坪赚来的钱买了第一台观鸟镜，用它来观察远处的鸟类。在这个观鸟圣地，我很兴奋地用观鸟镜观察鸭子、海鸥、潜鸟和其他水鸟。那时正值2月，天气很寒冷，尽管在河堤上和一些平静的漩涡中有大块的冰，但我还是很开心。我能看到密集成群的鸭子在海水退潮时不停搅动着强劲的水流。

在我第一次用观测镜扫视的时候，我发现了新的鸟种！那是一群鹊鸭（Common Goldeneye，拉丁名为 *Bucephala clangula*），大约有几十只。雄鸭的背部是明快的黑色，身体两侧、腹部和胸部是雪白色，头部是艳丽且有光泽的绿色，在闪闪发光的绿色两颊上各有一个大的圆形白斑，它们的眼睛是金黄色的。而雌鸭的身体大部分呈浅褐色，身体两侧和颈部为灰色，头部为棕色，但它们的眼睛也是黄金色的。

由于某个我多年后才知晓的原因，这群鹊鸭中的雄性数量要比雌性多得多——在20多只鹊鸭中，只有五六只雌鸭。当我正享受地看着它们在水下潜行觅食，再回到水面上时，突然一只雄鸭把它的头向上伸，然后迅速收回，并用头触碰自己的尾部，这是一种被称为"甩头"的炫耀行为。由于头的位置比较别扭，所以它的喙会短时间地朝上张开，之后它的头会回到正常的位置，并小幅度地左右摇摆。很快，其他雄鸭也加入进来，它们都在采取夸张失控的行为，边抢占雌鸭周围的位置边互相追逐。如果我那天离现场更近一些，就会听到雄性鹊鸭在做甩头炫耀行为时，发出的两声刺耳的尖叫。雄性鹊鸭也采取了其他炫耀行为，而且这些炫耀行为都有一个听起来与航海有关的名字，比如"bowsprit"（船首斜桅）和"masthead"（桅顶）。"bowsprit"是指一边四处巡游，一边用头和喙指向上方和前方；"masthead"则是指先将头抬起，然后低下头沿着水面向前冲。尽管天气很冷，但这群鹊鸭却在忙着进行求偶炫耀。它们会在整个冬季不停地用这些炫耀行为来向雌鸭示爱，再回到它们在加拿大北部湖边树木繁茂的筑巢地。

图5-1　雄性鹊鸭甩头炫耀行为的全过程

这次难忘的出游让我开始涉入鸭子复杂的社交世界。在所有的水禽家族中，雄性的炫耀求偶行为都是相似的。尽管在不同的物种中，炫耀的具体方式不尽相同，但通常都有一系列独特的体态和姿势，而且每一种只持续几秒钟。雄性会不断地重复这些动作，但其中的基本元素都非常简单，而且因为几乎所有鸭子都是在水中炫耀的，所以总免不了诸如搅动、巡游和泼溅之类的动作。

某些鸭子的炫耀行为非常离谱儿，以至于有些滑稽。比如，雄性棕硬尾鸭（Ruddy Duck，拉丁名为 *Oxyura jamaicensis*）会表演一种令人印象尤其深刻的气泡炫耀。它让尾部笔直地竖立在空中，因充满空气而膨胀的颈部和胸部将空气挤压到食管两侧专门预留的袋状结构中，紧接着迅速低下头，用蓝色的喙拍打红褐色的胸部，发出低沉的"砰砰"声。与此同时，它胸部的羽毛会在水面上搅起很多气泡。然后，它进一步加快喙撞击胸部的速度，发出10~12下像打鼓声一样越来越响的"砰砰"声，最后以一声夸张的呻吟声结束，听起来就像发条玩具里弹簧断掉的声音。羽毛、体态、撞击声、鸣管发声和气泡组合在一起，构成了一场非常引人注目的表演。

鸭子的炫耀行为中有一个特别极端的例子，就是小巧可爱的雄性鸳鸯（Mandarin Duck，拉丁名为 *Aix galericulata*）的炫耀行为。许多鸭子都有佯装用喙梳理羽毛的炫耀行为，也就是夸张地用喙整理自己背部的羽毛。但鸳鸯却把佯装梳理羽毛与喝水的炫耀行为结合在一起，看起来不太像求偶炫耀，而更像不熟练的喝水演示。鸳鸯佯装用喙梳理羽毛的行为更醒目一些，因为雄性内翅的形状独特、色彩鲜艳的红褐色羽毛会垂直竖立在它的背部上方。这些特别的羽毛只在雄性佯装整理羽毛时才会显现出来，那时它会把头伸向自己的背部（总在面向雌性的一侧），并把亮粉色的喙塞到垂直羽片后面，从这里它的眼睛恰好可以看到雌鸟，就好像在玩躲猫猫游戏一样，或许我们应该把这种行为叫作"藏喙游戏"。

这样的例子我还能列举很多。所有这些丰富而复杂的水禽求偶炫耀行为都有一个共同点，即它们都是在雌性的配偶选择行为的驱动下进化来的。雄性为了被极端挑剔的雌性选中，愿意完成所有这些滑稽

图5-2　雄性鸳鸯伴装用喙梳理羽毛的躲猫猫式炫耀行为

的动作。雌鸭会根据对雄鸭炫耀行为的观察，选择自己中意的伴侣。在像鹊鸭这样的物种中，雌性会在越冬地选好配偶，之后它们会在冬天剩下的几个月里一直待在一起。冬天它们是不会交配的，因为双方都没有做好准备。鸟类每年的性发育周期就像激素坐上了过山车，起伏全由季节决定。在非繁殖期的冬季，鸟类完全没有性行为，到了春天该交配的时候，鸟类的性腺会比冬天时大出上千倍。随着交配期的临近，这对"夫妇"会一起迁徙到繁殖地。到了那里，雄性会继续炫耀，也会严防雌性接触其他雄性。在多次炫耀之后，这对"夫妇"将在水面上完成交配。为了示意自己已经准备好进行交配，雌性会进行一种独特的引诱炫耀：颈部向前伸展，身体呈水平状，然后抬起尾部。

　　为什么雌鸭会对配偶如此挑剔呢？因为它们有权力这样做。在鸭群中，性别比例严重失调，雄性占绝大多数，所以雌性有很多可供选择的配偶。在这种情况下，雌鸭进化出许多复杂的择偶偏好，比如喜欢雄鸭鲜艳的羽毛、夸张的炫耀行为以及复杂而有节奏的声音。而且，由于许多雄鸭在到达繁殖地之前就开始求爱了，所以雌鸭有足够多的机会检验雄鸭们的本领，再做出决定。

　　这听起来似乎对雌鸭很有利，但遗憾的是，鸭子的性行为也有其阴暗面。

尽管有些水禽，比如加拿大雁、天鹅和丑鸭会形成长久的一雄一雌制组合，而且夫妻双方会共同维护其专属领地，一起筑巢和抚养幼鸟，但大多数鸭子，比如与我一起参加晚餐会的客人问到的绿头鸭，却并非如此。它们与一雄一雌制水禽的区别在于，前者没有领地。它们会在食物供给高度集中的栖息地筑巢，以致种群密度非常大，任何一对夫妇都无法维护其专属的繁育领地。正因为它们没有专属领地，所以其两性关系和社会关系与有领地的物种存在很大的不同。

在这些没有专属领地的鸭子中，雄性的主要功能体现在，当与自己的配偶到达繁殖地时，马上完成交配，并在10–15天的产卵期里保护雌性免受其他雄性的性侵害。当然，它这样做是出于一种进化方面的强烈动机，因为他要维护自己作为父亲的身份。但是，一旦产卵期结束，雄鸭就没有什么可做的了。雌鸭不需要它，因为筑巢和孵化工作完全由雌鸭独自完成。它们的孩子也不需要它，因为在出壳后不久它们就能养活自己了。如果雄鸭不需要保护自己的领地免受其他同类的侵犯或者帮助雌鸭喂养小鸭子，水禽的亲代抚育主要是防止小鸭子被捕食者吃掉。实际上，可能单亲的保护效果会比双亲更好，因为更频繁的亲代活动只会引来更多的捕食者，雄鸭羽毛的鲜艳色彩又对捕食者有着很强的吸引力。所以，正如麦克洛斯基在《让路给小鸭子》中写的那样，在许多没有专属领地的水禽中，雄性会在雌性刚一开始孵蛋的时候就"抛妻弃子"。此时，雄鸭的父亲身份已得到保证，继续保护雌性不能再让它获得进化方面的好处了。而且，如果它继续留在雌鸭身边，可能对雌鸭也没什么好处。这就回答了那位女士在晚餐会上提出的"这是怎么一回事？"的问题。

接下来，我要介绍一下鸭子的性行为中令人震惊的部分，尽管麦克洛斯基在他的儿童绘本故事里科学准确地讲述了鸭子的家庭生活，但并没有提及这部分内容，甚至绝大多数人也从未想过去了解这部分内容。麦克洛斯基没有提到雄鸭在保护雌鸭时可能遇到的麻烦，或者如果它的保护失败了，雌鸭会发生什么状况，或者雄鸭离开之后会去哪里。在雌鸭的世界里，情况有可能因此变得非常可怕。

每当有很多鸭子同时出现在一个相对狭小的空间中时，就像没有专属领地的鸭子的高密度生态体系，便会产生很多的社交机会。对于雄鸭来说，这些社交机会也是交配机会。因为种群中的雄鸭数量过多，所以有许多雄鸭最后都找不到配偶。这些无配偶的雄鸭面临两个选择：一是它们可以再等一年，并期望自己来年能有更好的运气；二是它们可以胁迫和强迫那些不情愿的雌鸭与它们交配。因此，强迫交配是另一种雄性繁殖策略。那些离开正在孵蛋的配偶的雄鸭，也有可能追逐其他雌鸭进行强迫交配，这就意味着《让路给小鸭子》一书中的雄性绿头鸭随性的离家行为可能产生更黑暗的后果。

鸟类学家和进化生物学家现在用"强迫交配"一词，指代鸟类和其他动物中的强奸行为。在长达一个多世纪的时间里，"强奸"已经成为动物生物学领域的常规用语，但20世纪70年代，由于女权主义者通过多种途径发出批评声，所以人们基本上不再使用这个词了。特别是，苏珊·布朗米勒（Susan Brownmiller）在《违背我们的意愿》（*Against Our Will*）一书中提出了一种强大且有效的论点：在人类社会中，强奸和强奸威胁是对女性进行社会和政治压迫的一种机制。人类的强奸是一种象征意义和社会影响力都很大的行为，所以"强奸"这个词用在非人类的动物身上就显得不太合适。鸟类学家帕蒂·戈瓦蒂（Patty Gowaty）在书中写道："由于强奸和强迫交配行为之间存在关键区别，所以我们这些研究动物行为的人，几年前就一致同意在非人类动物中改用'强迫交配'的说法，并为人类保留'强奸'一词。"

我完全理解和认同这些研究者的担忧，但不幸的是，我认为在生物学中改用"强迫交配"一词，事实上弱化了动物的性暴力行为在社会和进化方面的影响。而且，它模糊了一个事实，即强迫交配对许多雌性动物来说，是一种触犯它们利益的强迫性性暴力行为，因而有可能阻碍我们理解性暴力行为的进化（在第10章中，我将进一步分析该术语的更换是如何阻碍我们理解性暴力对人类进化的影响的）。

尽管我也不建议在动物生物学中重新大规模使用"强奸"一词，但我认为"强迫交配"一词对我们理解非人类动物的性暴力行为会产生不利影响。在雌鸭的例子中，我们必须认识到性胁迫和性暴力是严重违背它们意愿的行为，从科学角度来说这一点非常关键。

在很多鸭子种群中，强迫交配是一种相当普遍的现象，这可能意味着虽然强迫交配行为很常见，但它们也很暴力、邪恶、危险，甚至是致命的。雌鸭很明显是抗拒这种行为的，它们会试图从攻击者身边飞走或者游走；如果它们无法逃脱，就会奋起抗争，试图击退攻击者。但雌鸭的成功率极低，因为在许多鸭子种群中，强迫交配通常是群体性行为。成群的雄鸭结伴出行，通过一起攻击一只雌鸭的方式，雄鸭们就更有把握将雌鸭制服，以及阻止它的配偶对它进行保护。

强迫交配对雌鸭的伤害很大。在反抗的过程中，雌鸭往往会受伤，甚至经常被杀害。那么，为什么雌鸭会如此激烈地反抗呢？如果雌鸭默许了强迫交配的行为，那么它们身体上遭受的直接伤害会比奋起反抗小得多，因此它们激烈的反抗行为似乎很难从进化的角度加以解释。既然没有什么比死亡更能威胁到个体传递基因的能力，为什么还要冒着生命危险反抗呢？

这个问题的关键在于，按照对美的性欲望选择配偶的雌性和用性暴力来破坏雌性的择偶自主权的雄性之间复杂的相互作用。强迫交配不仅会对雌性的健康造成直接伤害，还会给雌性增加间接的遗传成本，相较而言，后者对雌性来说更加重要。为什么呢？因为雌性在与自己偏爱的雄性交配成功后，产下的雄性后代很可能继承了它自己以及其他雌性也偏爱的炫耀特征，这些雌性就可以通过自己的雄性后代获得更多的后代。正是配偶选择的这种间接的遗传优势，推动了很多审美协同进化的过程。然而，被强制交配的雌性产下的后代，它们的父亲要么有随意的炫耀特征，要么有未达到雌性的审美标准而已经被淘汰的炫耀特征。无论是哪一种情况，其雄性后代都不太可能继承雌性偏爱的炫耀特征，这样一来，它们对雌性的吸引力就会减弱，求偶成功的可能性也会更小，从而导致它们的母亲能够拥有的后代数量显著减少。这就是雄性性暴力造成的间接遗传成本。

◎

鸭子复杂的繁殖生物学的核心，就是雄性和雌性之间在谁决定后代出身这个问题上的性冲突。决定权是掌握在根据雄性的羽毛、鸣叫和炫耀行为之美进行配偶选择的雌性手里，还是在实施强迫交配的雄性手里呢？1979 年，杰弗里·帕克（Geoffrey Parker）将性冲突定义为在繁殖的情境下，不同性别的个体之间在进化利益方面的冲突。性冲突可能发生在繁殖的多个方面，包括和谁交配、多久交配一次，以及亲代抚育的分工及责任等。在这些冲突的来源中，有一个对与性有关的美的进化至关重要，即由谁来控制授精过程——是精子的提供者还是卵细胞的管理者。

鸭子的性行为是体现受精过程中的性冲突的最好案例，而且便于我们研究达尔文提出的"美的品位"如何为性自主权的进一步进化创造机会。有一个关键的结论是，水禽的两种基本的性选择机制（即以雌性对雄性炫耀行为的审美偏好为基础的配偶选择，和以雄性之间对于授精控制权的争夺为基础的配偶选择）都在发挥作用，而且在进化上彼此对立。

这个观点实际上相当具有颠覆性。我们已经知道，从达尔文出版《人类的由来及性选择》开始，认同主流的华莱士思想的适应主义者就认为所有形式的性选择都是自然选择。在他们看来，无论是海象还是极乐鸟，只有客观条件"最佳"的雄性才能获得交配机会。但是，当两种基本的性选择机制同时运行，而且二者的效果完全不同时，又会发生什么呢？从这两场截然不同的竞赛中胜出的雄性不可能都是"最佳"的。如果大多数实施性暴力行为的雄性都是最佳的，为什么雌性会不喜欢它们呢？很明显，在一场竞赛中胜出的雄性不可能在另一场竞赛中全部胜出。

更确切地说，性暴力是雄性的一种自私的进化策略，而且侵犯了雌性受害者的进化利益，甚至有可能损害了物种整体的进化利益。这种性暴力行为有可能使雌性受伤或丧命，以致缩减了该物种的种群规模，进一步加剧了性别比例失衡的情况，性冲突愈演愈烈。因此，鸭子的性冲突再次证明了达尔文的观点，即性选择并不等同于自然选择。

◎

鸭子的性行为之所以如此独特，原因之一是鸭子有阴茎，这是它们区别于97%的其他鸟类的地方。鸟类的阴茎与哺乳动物及其他爬行动物的阴茎同源，但在进化过程中，绝大多数鸟类的祖先都失去了阴茎。所以，鸭子和其他有阴茎的鸟类（包括不会飞的鸵鸟、鹅鹋、鹤鸵、鹬鸵和美洲鸵，以及它们会飞的近亲鹋鸟），都属于鸟类生命之树上现存的最古老的分支。在所有有阴茎的鸟类中，从阴茎与身体的比例关系看，鸭子是最好的。事实上，有一种鸭子的比例关系是所有脊椎动物中最好的。2001年，鸟类学家凯文·麦克拉肯（Kevin

McCracken）和他的同事在
《自然》杂志上发表了一篇论
文，其中讲到了阿根廷的一种
身形极小的南美硬尾鸭（Lake
Duck，拉丁名为 *Oxyura vittata*）
的阴茎。这种身长只有12英
寸、体重略高于1磅的鸭子的
阴茎有42厘米长。《吉尼斯世
界纪录大全》引用了这篇题为
《雌鸭会被雄鸭的炫耀行为打动
吗？》的论文。麦克拉肯推测，
雌鸭可能是根据雄鸭的阴茎大
小来选择配偶。毕竟，针对如
此夸张的生殖器官，还有什么
其他解释呢？

图5-3　一只雄性南美硬尾鸭的42厘米
长的阴茎创下世界纪录

资料来源：照片由凯文·麦克拉肯拍摄。

　　不过，我们现在已经知道，
在大多数雌鸭进行配偶选择时，
雄鸭阴茎的大小并不重要。信
不信由你，因为繁殖周期的季
节性意味着在雌性选择配偶时，超长的鸭子阴茎几乎不存在。每年快
到交配季的时候，雄鸭的阴茎都会重新生长，交配季一结束，雄鸭的
阴茎就会收缩和退化，最终小到不足正常尺寸的1/10。

　　此外，麦克拉肯还推测，雄性会用自己超长的阴茎以某种方式从
雌性的生殖道中移除其他雄性竞争对手的精子。在这篇论文的结尾，
麦克拉肯提出了一个问题："雄鸭阴茎的实际插入长度是多少呢，是不
是雌鸭的输卵管（阴道）结构让其受孕变得异常困难？"这再次证明，

每一项科学发现不过是带来了其他的未解之谜。

2005年，这个问题引起了我的新同事帕特丽夏·布伦南的兴趣。布伦南虽然是哥伦比亚人，但在美国生活了超过15年的时间。她活泼热情，在学术上积极进取，一点儿也不羞于研究或者谈论鸟类的性行为。她带着两个年幼的孩子生活，头发已经有点儿灰白了，但看上去和她在康奈尔大学研究生院担任健美操教练时变化不大。她还是一位出色的萨尔萨舞者，从这一方面来看她仍然是一个哥伦比亚人。她在攻读博士学位期间，研究的是外形像恐龙一样的鹎鸟（鹎科，Tinamidae）的雄性守巢的繁育体系。在哥斯达黎加的热带雨林中，布伦南几乎比其他任何人都更了解这种像鸡一样羞怯的鸟类。

有一次，在观察鹎鸟交配时，帕特丽夏惊讶地看到从雄性的泄殖腔垂落下来一个肉质的螺旋形物体。泄殖腔（cloaca，源自拉丁语，意思是"下水道"）是鸟类肛门内部的结构性腔室，也是尾部接收从消化道、尿道和生殖道流出的物质的地方。在没有阴茎的鸟类中，授精过程伴随着一次"泄殖腔之吻"（cloacal kiss），这是一个很有诗意的术语，指的是雄性肛门和雌性肛门口彼此接触的一种方式。在这个过程中，雄性会释放精子，雌性则会接收精子。雄性并不会侵入雌性体内，因为它没有任何可用的器官。维多利亚时期的解剖学家在对自然历史博物馆中的鹎鸟标本进行解剖后，曾描述过鹎鸟的阴茎，但是这些解剖学专著的启发性不足，没能让这个课题在科学界受到持续关注，以至于在一个多世纪的时间里，鹎鸟有阴茎的事实几乎被完全忽略了。所以，当布伦南发现从交配后的雄性鹎鸟的泄殖腔垂落下来的部分时，吃惊极了。她的发现很可能是人类第一次亲眼看见处于活跃状态的鹎鸟阴茎。

当帕特丽夏于2005年第一次来到我的实验室时，她很想继续研究鹎鸟阴茎的结构和功能。但是，由于鹎鸟可以食用，它们在分布区内遭到了大量捕杀，这就是为什么它们是世界上最胆怯的鸟类之一，也很难进行野外研究。考虑到鸭子也有阴茎，还比较容易研究，因此帕特丽夏认为可以从鸭子入手，去研究鸟类的生殖器结构及其功能的进化。

2009 年，她去往加利福尼亚中央谷的一个养鸭场。尽管养鸭场并非寻求进化科学新突破的理想场所，但布伦南去的这个农场里有一些非常特别的鸭子。这些雄鸭经过训练，可以将精液射入小玻璃瓶。这样做并不是为了满足对鸭子性行为的一些变态兴趣，而是因为养鸭场主人想要培育出雄性疣鼻栖鸭（Muscovy Ducks，拉丁名为 *Cairina moschata*）和雌性北京鸭（绿头鸭的人工圈养品种）的杂交后代。在人工圈养的条件下，这种杂交品种表现出非凡的活力，而且增重很快，这两种特质对于养鸭人来说都非常有吸引力。但是，疣鼻栖鸭和北京鸭互不喜欢对方，如果直接把它们圈养在同一个围栏里，放任不管，它们就不会高效交配，进而生产出在数量上足以带来商业利益的后代。现代农业对这个问题的解决方法是人工授精，需要用某种方式来收集精子，这就用到了小玻璃瓶。

某一天，负责收集精子和人工授精的拉丁裔工人们看到农场里出现了一位受过良好教育、聪明可爱、喜欢说俏皮话的拉丁裔女性，她还带着一台高速摄像机。帕特丽夏拍摄的视频显示，尽管在有小玻璃瓶、摄像机和刺眼灯光的环境中，雄性疣鼻栖鸭还是按要求完成了任务。

基本的人工授精步骤是：雄性和雌性疣鼻栖鸭被分别圈养在不同的围栏里，这样做可以增强它们的性动机。到了该收集精子的时候，即将进行交配的两只鸭子被放在一个狭窄的笼子里，而且它们的尾部都对着笼子开口的一侧。雄鸭会迅速爬到雌鸭身上，踩着它的背。雌鸭也欣然接受交配，这一点从它交配前斜卧的姿势就可以看出来。雌鸭的颈部向前伸，头低垂，尾部抬高，露出正在分泌大量黏液的膨胀后的泄殖腔。很快，雄鸭开始向雌鸭高抬的尾部靠近。然后收集精子的时候到了。

在正常情况下，雄鸭的阴茎勃起会发生在雌性生殖道内部。然而，为了收集精子，农场工人会阻止雄鸭真正进入雌鸭体内，并在合适的时机把一个看起来像小玻璃瓶一样的东西放在雄鸭的泄殖腔上。随后，雄鸭的阴茎勃起，并将精液射入小玻璃瓶。与小型精子库的流程一样，收集的样品会通过一个小窗口被传递到另一位工人手中，他会为正在隔壁房间等待的雌性北京鸭进行授精。为了让布伦南进行研究和观察，农场工人还是阻止雄鸭的阴茎进入雌鸭体内，但允许它在没有小玻璃瓶收集精子的情况下勃起和射精，或者将精液射入布伦南第二次前往养鸭场时带去的特殊玻璃装置。

显然，尽管鸭子和人类的阴茎有着古老的同源性，但二者之间存在着非常大的区别。和其他爬行动物一样，鸭子的阴茎不在体外，而是翻着面地折叠起来后被存放在泄殖腔里，只有交配时才会从泄殖腔垂落下来。另一个不同之处是，鸭子的阴茎勃起是由淋巴系统驱动的，而其他爬行动物和哺乳动物的阴茎勃起则是由充血的血管系统驱动的。在雄鸭体内泄殖腔的两侧有两个肌肉发达的囊，被称为淋巴球。当淋巴球收缩时，淋巴液会进入阴茎中央的空腔，促使阴茎勃起，并迅速从雄性的泄殖腔向外伸展开。尽管这个情景很难想象，但类似于依靠液压传动让敞篷跑车的可活动软车顶伸展开，但鸭子的阴茎勃起的速度要快得多！最先露出来的是阴茎根部，其余部分则以波浪状展开，直到露出顶端，精子会沿着阴茎表面的凹槽从根部向顶端移动。

对于雄鸭来说，阴茎勃起和进入雌鸭阴道是一回事。雄鸭的阴茎并非先变硬后再进入雌性阴道，这一点与哺乳动物和其他爬行动物不同。更确切地说，雄鸭的阴茎是在雌鸭的生殖道内勃起的，而且整个过程中都保持着灵活性。此外，雄鸭的阴茎不是直的，而是从根部到顶端呈逆时针方向的螺旋状。雄性疣鼻栖鸭20厘米长的阴茎就有6~10个螺旋。

鸭子的阴茎和其他爬行动物的阴茎一样，都缺少一条供精液流动的封闭尿道或通路。不过，鸭子的阴茎上有一条运送精子的凹槽，这条凹槽从鸭子阴茎的根部一直延伸到顶端。由于鸭子的阴茎是螺旋状的，所以凹槽也是螺旋状的。维多利亚时期的那些描述过鸟类阴茎的解剖学家，还嘲笑这些凹槽就像漏水的管子一样毫无用处。但是，他们显然从未见过处于活跃状态的鸭子阴茎，所以才会有如此脱离实际、错得离谱儿的看法。从高速摄像机拍摄的飞速移动的雄鸭精子的视频看，尽管鸟类阴茎的凹槽可能只是局部解剖学上的一个褶皱，但它和所有哺乳动物的尿道一样有效。

就像在一个奇怪的外星人主题酒吧的自动售货机里陈列的各种性玩具一样［你也许会想到盖瑞·拉尔森（Gary Larson）创作的限制级漫画《远端》（Far Side）］，鸭子的阴茎也有很多种类，比如螺纹的、棱纹的，甚至是锯齿状的。这些表面上的纹路全部朝向阴茎的根部，当阴茎展开时，这些纹路会迅速贴合到雌鸭生殖道的内壁上，以确保在任何情况下展开的阴茎都是向雌性生殖道内部延伸的，就像登山运动员使用岩钉在令人生畏的崖壁上稳步前进。

虽然布伦南对鸭子的身体结构有过多年的研究，知识储备也很丰富，但她还是被眼前的鸭子阴茎惊呆了。坦率地说，鸭子的阴茎勃起是"爆发性"的，我们最终在《英国皇家学会会刊B辑》（Proceedings of the Royal Society of London B）上发表的有关这一发现的论文用的就是这个词，"20厘米长的疣鼻栖鸭阴茎的外翻过程是爆发性的，平均只需要0.36秒，最快速度可达每秒1.6米"。

这相当于以每小时3.5英里的速度展开将近8英寸的距离，也就是说，在大约1/3秒的时间里整个过程就结束了。之后雄鸭射出精液，并开始通过一系列的肌肉收缩将阴茎收回泄殖腔内（图0-16）。布伦南的数据显示，雄鸭平均要花2分钟的时间才能把阴茎缩回泄殖腔内，这比阴茎勃起的时间要长300多倍。布伦南之所以能够得出速度方面的结论，是因为她第一次去加利福尼亚养鸭场时，就拍摄到了雄鸭阴茎在自然状态下快速勃起的影像，记录下一次未受阻碍的阴茎勃起过程。这让我们得到了第一种测量鸭子阴茎勃起速度的方法，也第一次认识了凹槽的作用。

农场工人都知道，雄鸭在完成一次射精和阴茎回缩之后，要过几个小时才会再次发生性行为，这也许是因为雄鸭要利用这段时间在淋巴球中积累足够多的淋巴液，来完成下一次爆炸性的勃起。不管真正的原因是什么，雄鸭都需要几个小时来恢复状态。

当我们发表养鸭场的研究成果时，在农场工人看来是常识的知识变得既有重要的科学意义，又有很强的文化吸引力。相关视频在公开后的几天时间里，就在YouTube视频网站上吸引了成千上万的观众点击观看，可以说，这是一次名副其实的"兴趣大爆炸"。

◎

接下来，我们再次回到麦克拉肯提出的问题：爆炸性勃起的有螺纹的（或者锯齿形的）螺旋状鸭子阴茎，在雌鸭体内是如何发挥作用的呢？为什么某些雄鸭会进化出42厘米长的阴茎来使一只身长只有30厘米的雌鸭受孕呢？为了找到答案，布伦南解剖了雌性家鸭的生殖道。起初，她的发现让人完全摸不着头脑。根据教科书上的说法，鸟类的阴道是一根简单的薄壁管，从唯一的卵巢通至泄殖腔。但是，教科书上的相关插图与布伦南看到的雌鸭生殖道的实际情况完全不符。她看到的鸭子阴道有盘旋的增厚内壁，外面包裹着大量纤维状的结缔组织。在布伦南看来，鸭子的阴道就是"一团乱麻"。但令人惊讶的是，在其他标本中，她看到的阴道就是简单的薄壁管，与教科书里讲的一样。最终，布伦南发现，简单的薄壁阴道来自非繁殖期的雌鸭，而那些结构复杂的阴道则来自繁殖期的雌鸭。这表明雌鸭与雄鸭的生殖结构的季节性节律是一致的，而且它们的生殖器官在每年的繁殖期都会重新发育。

　　布伦南研究了很多繁殖期雌鸭的阴道结构，并发现这些阴道不是简单的管状结构，而是在生殖道末端泄殖腔附近的一连串闭端的囊状结构。在生殖道的深处，她看到了迂回曲折的阴道管。有趣的是，雌鸭阴道管呈顺时针螺旋状，与逆时针螺旋状的雄鸭阴茎方向相反。布伦南扩大了样本数量，对14种水禽进行了对比分析，其中包括不潜水的鸭、潜水鸭、秋沙鸭、雁类、天鹅和像棕硬尾鸭这样的硬尾鸭。她发现，雄鸭的阴茎越长越卷曲，雌鸭的阴道就越复杂，其闭端的囊状结构和反方向的盘旋也越多；反之，雄鸭的阴茎越短，雌鸭的阴道就越简单。

　　是什么造成了这种结构上的差异？关键就在于，更复杂的生殖器结构与拥有这些结构的物种的社交生活及性生活之间存在相关性。在拥有专属领地的一雄一雌制水禽中（比如天鹅、加拿大雁和丑鸭），雄性的阴茎很小（大约1厘米长），表面没有任何纹路，雌性的阴道也很简单，没有闭端的囊状结构或螺旋状的阴道管。但在没有专属领地而且经常进行强迫交配的物种（比如疣鼻栖鸭、针尾鸭、棕硬尾鸭，没错儿，还有《让路给小鸭子》里的绿头鸭）中，雄性都有更长、更复杂的阴茎，雌性的阴道结构也更加复杂。对阴茎和阴道的形态进行对比分析后发现，更长、更卷曲的阴茎和更复杂、更盘旋的阴道显然是协同进化的结果。为什么会这样呢？

　　我们推测，鸭子的阴茎和阴道间的协同进化，是雄性和雌性在由谁来决定后代的父亲这个问题上发生的冲突所致。在水禽等动物中，两性冲突会不断升级，这个过程被称为对抗性协同进化，它会引发雄性和雌性之间的某种"军备竞赛"，不同性别的个体会接连进化出能够战胜对方的行为、形态，甚至生化机制，以维护其对繁殖过程的控制权或者自由选择权。也就是说，某种性别的个体的每一次进化都是对抗异性的一种策略。

雄鸭的阴茎进化，有助于它们强行进入不情愿的雌鸭的阴道；雌鸭反过来进化出一种新方式，或者一种结构机制，来对抗雄鸭阴茎的爆发性勃起，防止雄鸭强迫授精。前文中讲过，雄鸭的阴茎从来都不会变硬，而是以逆时针螺旋的形式在雌鸭的生殖道中灵活地伸展开。

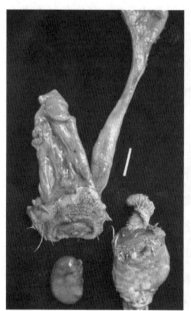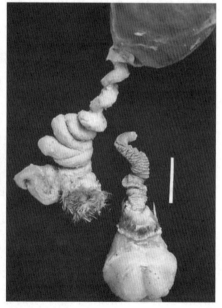

图5–4　水禽中雄性和雌性生殖器形态的协同进化。（左图）雄性丑鸭的阴茎很小，只有1厘米长；雌性的阴道是简单的直管状，没有任何特殊细节。（右图）雄性绿头鸭的阴茎很长，形状像葡萄酒开瓶器，表面还有粗糙的螺纹；雌性绿头鸭的阴道呈顺时针螺旋状，而且有很多闭端的囊状结构

资料来源：照片由帕特丽夏·布伦南拍摄。

在我们看来，雌鸭的顺时针螺旋状阴道及其闭端的囊状结构，可能会在强迫交配的时候阻止雄鸭的阴茎进入雌鸭的生殖道。如果雌鸭阴道结构的进化能成功地阻止强迫授精，那么雄鸭将会进化出更大、更厉害的阴茎来对抗雌鸭的防御，雌鸭反过来又会进化出更复杂的防御性结构，如此循环下去。

在这个动态的协同进化过程中，选择机制是很复杂的。其中有配偶选择驱动的性选择，这个过程推动了雄性的炫耀特征和雌性的偏好之间的协同进化。雄性之间的竞争（即另一种性选择）推动了雄性强迫交配行为的进化，而且为了让雄性用暴力的方式成功地使雌性怀孕，还促使雄鸭进化出更长、更有攻击性的阴茎。此外，自主性配偶选择（也是一种性选择）产生的间接遗传优势，使雌性在行为和结构上的抵抗机制发生了进化。任何与雌性有效躲避强迫受精的行为或阴道形态相关的基因突变都会进一步发展，因为这些突变可以帮助雌性规避性暴力的间接遗传成本，即生出其他雌性不喜欢的、没有性吸引力的雄性后代。

乍一看，鸭子的社会关系着实令人沮丧，似乎更适合写成一部反乌托邦式的末世科幻小说，而不是一个获得凯迪克大奖的儿童睡前绘本故事。然而，并非所有的细节都令人沮丧。在不同种群的鸭子中，这种"军备竞赛"既有升级的势头，也有减弱的势头。尽管某些鸭群已经进化出更长、更有攻击性的阴茎和更复杂的阴道，但还有一些种群的鸭子基本上放弃了"军备竞赛"，进化出更小的阴茎和更简单的阴道。这种现象似乎是由外部的生态因素造成的，这些因素降低了繁殖个体的密度，倡导专属领地，并且消除了雄性实施性胁迫行为的社交机会。在没有两性冲突的情况下，两种性别的个体都不会进化出过于复杂的结构。

如果我们想验证雌鸭阴道的复杂性有助于阻止雄鸭强迫授精的假

设，就需要研究鸭子阴道的盘旋形态和闭端的囊状结构是不是有明确的阻止雄鸭阴茎进入的功能。

我们该怎样检验这个假设呢？毕竟，我们无法获得鸭子交配过程中身体内部结构的影像。即使你能让一只雄鸭在核磁共振机上对一只雌鸭实施强迫交配，即使这台机器能明显地区分出雄鸭和雌鸭的身体结构（这是绝对不可能的！），在阴茎勃起和射精的1/10秒的时间内，也是不可能完成造影的。所以，要检验这个有关对抗性进化的假设，我们需要有一些创造性思维。

◎

幸亏帕特丽夏最大的优点就是极富创造力，为了验证我们的假设，她提出用4根玻璃管来辅助分析雄性与雌性生殖器之间的相互作用。其中两根玻璃管用于模拟不阻止雄鸭阴茎进入雌鸭阴道的情况，而且，一根是直的，另一根是逆时针螺旋状的，以模拟雄鸭阴茎的螺旋状结构。另外两根玻璃管模拟的是阻止雄鸭阴茎进入雌鸭阴道的情况，即模拟处于繁殖期的雌鸭生殖道结构。其中一根玻璃管有一个U形弯，类似于雌性泄殖腔附近的闭端的囊状结构，另一根玻璃管呈顺时针螺旋状，就像鸭子阴道深处的结构一样。所有玻璃管的直径都相同，唯一的区别就在于内部空间的形状。一方面，我们推测雄鸭的阴茎可以轻松地进入直的和逆时针螺旋状的玻璃管。另一方面，我们推测像雌鸭阴道一样有U形弯和顺时针螺旋状的玻璃管会阻碍雄鸭的阴茎勃起和完全进入。

虽然玻璃管和真正的雌鸭阴道完全不同，但它们的优点是能够提供标准硬度和均匀度的平滑表面，便于我们对除了玻璃管形状之外的所有机械性因素进行变量控制，要知道形状才是我们想要检验的关键因素。玻璃管虽然不太真实，但却客观公正。另外，玻璃是透明的，便于我们观察并用视频记录下鸭子阴茎在玻璃管中勃起的过程。

为了找到合适的玻璃管，帕特丽夏和我拜访了耶鲁大学化学系玻璃仪器实验室的达里尔·史密斯（Daryl Smith）。实验室门口有这样一句话："如果没有玻璃，科学将是盲目的。"沿着满是陈列柜的走廊，我们来到了摆满各种复杂玻璃器具的制作间，精心制作的冷凝蛇管连接着烧瓶和球瓶，球瓶又通过导管与活性炭过滤器等连接。这里的生意颇为兴隆，门外有一群在排队等候的学生，每个人手里都拿着他们做研究需要用到的新器具的图纸，这充分证明这种经典的艺术形式仍然是化学的重要组成部分。当轮到我们时，我们先向史密斯简短地介绍了一下鸭子生殖生物学方面的知识，以便解释为什么我们想让他制作各种形状的人工雌鸭阴道。我们讨论了几种可选方案，在确定好最终规格后，我问史密斯："这是你们遇到的最奇怪的要求吗？""的确，"他回答道，"我以前虽然制作过人工阴道，但从未做过鸭子的！"

布伦南带着玻璃管回到养鸭场，其中包括有利于雄鸭的直管和逆时针螺旋形管，还有和雌鸭阴道类似的U形弯管和顺时针螺旋形管。当她把直管和逆时针螺旋形玻璃管放在雄性疣鼻栖鸭的泄殖腔上时，阴茎成功勃起的概率为80%，而且速度和在自然状况下一致。在少数几次没有完全勃起的情况下，问题也仅在于阴茎的顶端没有展开。相比之下，当换成U形弯管和顺时针螺旋形玻璃管时，这只雄性疣鼻栖鸭的阴茎成功勃起的概率仅为20%。而且，每次的失败都非常彻底。它的阴茎往往会被堵在U形转弯处或是螺旋结构的第一或第二个盘旋处，无法进一步深入。有时阴茎甚至反过来朝着玻璃阴道的开口方向展开。这些观察结果证明，顺时针螺旋状的雌鸭阴道确实是一种有力的防御性结构。

有人可能会担心雄鸭有什么不适，事实上任何机械学的挑战都不会妨碍雄鸭射精，而且它们似乎一点儿也不介意。结果表明，由于精子沿着阴茎凹槽移动，无论阴茎勃起到什么程度，雄鸭都可以射精。这个结论可能意味着雌鸭的所有防御性结构都是徒劳的。不过从雌鸭的角度看，在雄鸭射精前越早阻止其阴茎进入自己的阴道，精子就离卵子越远，雌鸭也有越大的把握通过肌肉收缩排出精子，从而阻止强迫受精的过程。

布伦南在玻璃管实验中得到的数据印证了我们的假设，即在某些种群的鸭子中发现的雌性的复杂盘旋的阴道形态，有助于其在遭遇强迫交配时抵挡雄鸭的爆发性勃起的灵活的阴茎。真实的遗传数据显示，这些奇特的结构在阻止性暴力行为方面非常有效，从而进一步验证了上述结论。通过进行基因亲子鉴定，生物学家可以确定某只雌鸭生下的到底是它主动选择的雄鸭的后代，还是其他雄鸭的后代。包括绿头鸭在内的几种鸭子中，尽管强迫交配的比例高达40%，但只有2%~5%的小鸭子是雌鸭主动选择的配偶之外的雄鸭的后代。因此，绝大多数强迫交配最终都是不成功的。尽管雌鸭遭受了性暴力行为的伤害，但由于其复杂的阴道结构，它们确实成功地维护了95%的配偶选择自主权。

另一方面，雌鸭自主选择的配偶又是如何克服雌鸭阴道的迂回曲折的防御性结构的呢？自愿交配与强迫交配之间有什么区别呢？我们仍然无法直接观察到鸭子体内的情况，核磁共振成像技术也需要再一次的巨大飞跃才能为我们提供相关数据。但是，前文中提到，帕特丽夏在养鸭场的观察结果表明，当雌性疣鼻栖鸭愿意进行交配时，会先让身体摆出水平状的炫耀姿势，扩张泄殖腔附近的肌肉，并分泌大量的润滑黏液。显然，在雌鸭愿意进行交配的时候，它们的阴道将会变成一个功能完备且友好的场所。

让我们再次回到麦克拉肯的问题：这些鸭子长到离谱儿的阴茎在雌鸭体内会做些什么呢？答案是：视情况而定。如果交配是在雌鸭愿意的情况下发生的，雌鸭无疑会全程配合，雄鸭的阴茎瞬间就能轻易地到达雌鸭的生殖道深处。然而，如果交配过程受到雌鸭的抵制，雄鸭阴茎的长度和表面特征就会发生进化，目的是克服雌鸭阴道的复杂结构带来的阻碍。在上文中，我并没有轻率地用令人生畏的悬崖来打比方。很明显，雄鸭阴茎表面的棱纹和钩状突起就是为了帮助阴茎艰难地通过雌鸭阴道内部的障碍进化而来的。然而，雌鸭在阻止雄鸭阴茎的强行进入方面取得了压倒性的胜利，并且成功阻止了绝大多数强迫受精的过程，在两性间的"军备竞赛"中占据优势。即使面对持续存在的性暴力行为，雌鸭也能维护和推进性自主权，即主动选择自己的配偶和小鸭子的父亲。

　　这是一个有些阴暗的进化过程，惊人的结局中蕴含着相当深刻的救赎意味。对于鸭子性行为的研究让我们了解到，尽管在这种繁育系统中普遍存在着性暴力行为，但雌性的配偶选择权仍占据主导地位。因此，雄性的羽毛、鸣啭和炫耀行为才会持续地进化。即使面对无处不在的企图破坏配偶选择自由权的性暴力行为，审美进化仍在不断前行。然而，雌性的性自主权并非雌性凌驾于雄性之上的一种权力，而只是保证配偶选择自由权的一种机制。雌鸭不会对雄鸭进行性控制，而且常有可能被自己喜欢的配偶拒绝。雌性不会也不可能因为性暴力行为就进化到控制其他个体的程度，更确切地说，雌性只会进化到能维护自己的选择自主权的程度。

　　如果是这样，那么对抗性协同进化下的"军备竞赛"的说法实际上是一种误导，因为"两性之间的战争"是高度不对称的。雄性进化出了控制性的武器，而雌性只协同进化出了创造选择机会的防御性结构。由此可见，这并不是一场公平的战争，因为真正处于战争状态的只有雄性。不过，鸭子的例子表明，雌鸭的性自主权在这种情况下仍然可以获胜。

◎

2013年3月，巴拉克·奥巴马（Barack Obama）在第二次当选美国总统后不久，以共和党为主导的国会和白宫之间就美国联邦预算问题的谈判再次中止，共和党人把注意力转向了他们最感兴趣的话题之一：不必要的政府开支。在此背景之下，帕特丽夏·布伦南和我做的有关两性冲突和鸭生殖器结构进化的研究就成了政府过度开支的一个小小丑闻，"鸭子性行为"的话题也被推入政治新闻的旋涡，《琼斯夫人》（*Mother Jones*）杂志将其戏称为"鸭子阴茎门"。

我们对鸭子生殖系统进化的研究是由美国国家科学基金会（NSF）资助的，这笔2009年的项目拨款来自美国经济刺激一揽子计划——《美国复苏与再投资法案》（ARRA）。为了彰显透明度，ARRA建立了一个独立的网站Recovery.gov，供公民"追踪资金流向"，了解他们用于刺激经济的税款到底花在哪里。Cybercast新闻社（CNS）是一个保守派的新闻网站，我猜测可能是它的某个大胆的实习生无意间看到了我们的项目拨款。CNS在博客中发表了有关我们项目的政府拨款的新闻报道后，一场保守派在推特（Twitter）上掀起的愤怒狂潮随之而来。比如，专栏作家米歇尔·马尔金（Michelle Malkin）写道："给我来一瓶思想漂白剂。太恶心了。"（既然如此，你为什么要转发一件你本来迫不及待想忘记的事情呢？）很快，福克斯新闻频道就进行了追踪报道，这件事情持续发酵了整整一周。

福克斯新闻频道的女主播香农·布里姆（Shannon Bream）在介绍一周以来对联邦政府不必要开支的调查情况时，提出了下面这个问题：

你知道自己缴纳的38.5万美元的税款都被用于研究鸭子的……解剖结构了吗？你没听错，他们花了我们38.5万美元来研究鸭子的生殖器。这是奥巴马总统经济刺激计划的一部分，而且它只是导致巨额债务和财政赤字的那些支出决策中的一例。

接下来的 3 分钟内容是电视台最擅长的却令人厌倦的对大政府的抱怨。我从未想过有人居然可以把罗纳德·里根（Ronald Reagan）的名言（"政府不能解决我们的问题，政府本身才是问题！"）和世贸双子塔被摧毁的影像、巴拉克·奥巴马的电子提词器，以及美国的房屋止赎和银行业危机结合起来，对我们的动物生殖器的协同进化研究项目进行攻击，但福克斯新闻频道显然成功地做到了这一点。没有人会回避任何反政府的事由，肖恩·汉尼提（Sean Hannity）在那一周的晚些时候，与塔克·卡尔森（Tucker Carlson）、丹尼斯·库辛尼奇（Dennis Kucinich）一起在一个名为《特区荒漠》的栏目中，讨论了为耶鲁大学的一项有关鸭子生殖器进化的研究提供联邦科研经费的正确性。

事实上，我们对于鸭子阴茎的研究在媒体界的确拥有几位强有力的拥护者，包括微软全国广播公司（MSNBC）的克里斯·海耶斯（Chris Hayes）、科学作家卡尔·齐默（Carl Zimmer）、《琼斯夫人》、《每日野兽》新闻网站（the Daily Beast）、《时代周刊》和政治真相新闻网。在帕特丽夏·布伦南在知名网络杂志 Slate.com 上发表了一篇为基础科研及拨款辩护的精彩文章之后，这场风暴似乎平息了。

然而，8 个月后，俄克拉何马州参议员汤姆·科伯恩（Tom Coburn）出版了 2013 年度的《浪费清单》（Wastebook），在前 100 个联邦政府不必要开支的例子中，我们的 38.5 万美元的项目拨款位列第 78 名，"鸭子阴茎门"这个令人无法抗拒的故事再次回到人们的视野当中。《纽约邮报》（New York Post）的头条新闻标题是："政府的浪费性开支中包括用于鸭子阴茎研究的 38.5 万美元"。

在《浪费清单》列举的300亿美元的不必要开支中，《纽约邮报》的头条新闻标题居然只关注用于我们的研究的0.001%的资金。金钱、性和权力（你的税款、鸭子的性行为和耶鲁大学作为常春藤盟校的声誉）的结合，总会让这个故事变得令人难以抗拒。

新闻节目在不停地宣传政府肆意挥霍的丑闻时，总会提到我们的研究，而且往往不怀好意。所以，当肖恩·汉尼提在福克斯新闻频道的节目中肆意调侃塔克·卡尔森"我们难道真的不需要了解鸭子的生殖器吗，塔克·卡尔森？"时，他的问题实际上歪曲了人们对这个话题真正感兴趣的原因。和其他所有的攻击者一样，他忽略了一个事实，即我们的确从鸭子的性行为研究中学到了很多东西。在这些重要的进化发现中，有一些甚至具有直接的实用价值。如果制药行业认为研制出"伟哥"是一件大事，就等到生物学家揭开让鸭子的阴茎每年春天都能重新生长，而且每年都变得更大（我想我可能忘了说这一点）的干细胞的秘密再说吧！

此外，2012年密苏里州共和党参议院候选人陶德·艾金（Todd Akin）在谈到人类的强奸行为时说："女性的身体有试图终止这个过程的方式。"我们的研究发现，这种说法对鸭子来说同样适用，其原因可以告诉我们一些有关自然界中性自主权进化的非常重要和新颖的观点。

◎

就像在2013年的新闻报道中声名狼藉的研究拨款一样，这一章也聚焦于雌性配偶选择权受到雄性性暴力威胁的水禽。当配偶选择权受到外力的束缚、阻止或禁止时，会发生什么呢？我们已经知道，雌鸭不会直接屈服于性暴力甚至死亡的威胁。更确切地说，它们拥有相同的审美标准，即便是毫无实用价值的随意的美，也能为它们提供对抗性暴力和重申配偶选择自主权的进化杠杆。雌鸭给了我们一个重要的启示，即女性的性自主权拥有让人意想不到的力量。舞韵合唱团（Eurythmics）和艾瑞莎·弗兰克林（Aretha Franklin）用他们的歌倡导"姐妹们都要为自己而战"。只有这样，女性才能一起成为选择自主权和选择自由权的主人。选择自己喜欢的配偶带来的进化优势（雄性后代会拥有雌性偏爱的性炫耀特征）非常强大，以至于重塑了雌性的身体内部结构。扩大的性自主权让雌性水禽能继续根据雄性的炫耀行为和所有相关特征，包括声音、色彩、行为和羽毛等为美做出选择。即使面对永无休止的性攻击，雌鸭也找到了一种方式，来维护自己世界中的美。

这些发现与配偶选择的审美观点得出的结论相同，这并非偶然。只有当我们认识到配偶选择是个体能动性的一种形式时，才能将性暴力定义为对这种能动性的破坏。借用苏珊·布朗米勒的话说，性暴力也是违背雌鸭意愿的行为。

对水禽中雌性的性自主权进化审美机制的揭示，对女权主义来说是一项意义深远的科学发现。这种意义并非体现在使科学与当代的政治理论或意识形态相适应上，更确切地说，这项发现的意义在于证明了性自主权实际上很重要。性自主权不只是一个政治理念、法律概念或者哲学理论，准确地说，它是社会性物种的有性生殖、择偶偏好、性胁迫和性暴力在进化上相互作用的自然结果。性自主权进化发动机正是基于审美机制的配偶选择。只有承认这些因素确实在自然界中发挥着作用，我们才能在完全理解自然界的过程中取得进步。当然，你不必对现实太过惊讶。史蒂芬·科尔伯特（Stephen Colbert）曾在《科尔伯特报告》（*The Colbert Report*）节目中说过："现实拥有众所周知的自由主义倾向。"

◎

　　对鸭子生殖器进化的讨论引出了一系列更广泛的问题：为什么大多数鸟类都没有阴茎呢？这是怎么一回事呢？鸟类失去阴茎后会产生什么进化和审美方面的后果呢？关于这些问题，我们仍然能从审美进化和性自主性的概念中找到有趣的新见解。

　　鸟类最初从它们的恐龙祖先那里继承了阴茎，但在大约6 600万~7 000万年前，包括世界上95%的鸟类物种的新鸟下纲类群失去了阴茎。我们对失去阴茎的新鸟下纲类群所处的生态环境或它们的形态结构一无所知，所以很难调查其阴茎消失的原因。但是我们可以通过思考得出一些结论。

　　阴茎消失的原因有可能是它不再有用了，就像洞穴鱼的眼睛一样。但是，交配对于繁殖成功至关重要，所以我们不禁要问：究竟是什么样的选择过程才会淘汰阴茎呢？

　　阴茎消失的原因也有可能是雌性明显偏爱没有阴茎的雄性，为什么呢？如果阴茎的主要功能之一是通过强迫交配来破坏雌性的配偶选择权，雌性对雄性阴茎的厌恶就会降低雌性的性自主权面临的威胁。接下来的两章将详细讨论雌性如何通过配偶选择权，以促进雌性自主权的方式从生理和行为两个方面改变雄性。不过，无论是哪一种进化机制，阴茎的消失都对鸟类的性自主权产生了显著影响。

　　没有阴茎意味着雌性在交配过程中的作用就是使精子进入它们的泄殖腔。即使在没有阴茎的情况下，雄性也能爬到雌性身上，强行将精子留在雌性泄殖腔的表面。但雄性无法将精子留在雌性体内，也不能强迫雌性扩张泄殖腔来接收精子。在超过95%的没有阴茎的鸟类中，雌性都可以拒绝接受它们不想要的精子。比如，家养的母鸡在被公鸡强迫交配后会排出精子。在没有阴茎的鸟类中，性骚扰和性恐吓的行为仍然存在，雌性也有可能在反抗中受伤，但阴茎的消失几乎完全终结了强迫受精的行为。因此，雌鸟在因受精问题而发生的两性冲突中赢得了实质性的胜利。

这种扩大后的性自主权会产生何种进化结果呢？有趣的是，我们可以从一个全新的角度看达尔文在《人类的由来及性选择》中得出的结论："总的来说，鸟类的美的品位几乎和我们一样。"

考虑到鸟类是少数几种已经进化出复杂的感官系统和认知能力的动物之一，再加上雄性阴茎消失使雌性拥有更多配偶选择的机会，所以我并不认为鸟类进化为"除人类以外的最美动物"是一种偶然。雄性阴茎消失推动的雌鸟性自主权的不可逆转的进展，可能就是对鸟类华丽的审美进化结果的最有力的解释。

"总有美会发生"假说已经预言了这种结果，这种结果反过来又推动了鸟类爆发式的物种形成和审美辐射，这就可以解释为什么没有阴茎的鸟类在物种数量方面是陆地脊椎动物中最成功的。当然，还有许多其他因素推动了鸟类的成功进化、物种的快速形成和多样化，包括飞行能力，以及应对生态多样化、迁徙、鸣啭和鸣啭学习的能力。但是，未来对鸟类的成功进化和多样性问题的任何研究，都应该包括审美进化和鸟类阴茎消失在进化中的作用。

关于无阴茎鸟类中的雌性的性自主权，还有一个令人印象深刻的观点：雌性的性自主权与一雄一雌制的社会关系密切相关，在这种机制下，雄性和雌性都要投入大量的时间、精力和资源来养育后代。对这些鸟类的一雄一雌制进化过程的传统解释是，这是新鸟下纲生物学的一个"不容置疑"的特征。与其他大多数爬行动物不同，鸟类的后代在刚出壳的时候无法照顾自己，而要完全依赖父母。这些无助的幼鸟被鸟类学家称为晚成雏，它们很容易被捕食，所以必须快迅速成长，以便把在学会飞行之前被吃掉的风险降到最低。在这个幼鸟容易受到伤害的时期，双亲抚养能有效地保护幼鸟，同时加快幼鸟的发育。

然而有趣的是，我们可能把进化的逻辑完全搞颠倒了。确切地说，雄性阴茎的消失和雌性的性自主权的扩大，可能对鸟类的发育、生理机能和社交行为的进化产生了决定性影响，所以晚成雏可能是鸟类一雄一雌制进化的结果，而不是原因。所有有阴茎的鸟类后代在出壳后不久就能自己觅食，所以被鸟类学家称为早成雏，即使单亲也能安全地抚养和守护它们。（需要进行领地防守的早成雏，也有可能进化出双亲抚养的方式。）然而，一旦阴茎消失，雌鸟就有可能利用扩大后的性自主权要求雄鸟进行更多的亲代投资。由于没有阴茎的雄鸟不能实施强迫交配，所以为了繁殖，它们基本上只能选择满足雌鸟的择偶偏好。如果雌鸟进化至要求配偶在繁殖过程中投入更多，雄鸟很快就会在给挑剔的雌鸟的后代提供更好的资源方面展开竞争！结果就是进化出一种更紧密、更全面的配偶关系，雄鸟在其中既是积极的参与者，也是亲代抚育的投资者。雄性繁殖投资的增加又推动了晚成雏的进化，因为它们的成长需要进化后的雄鸟投入大量努力。因此，由于阴茎消失而扩大的性自主权让雌鸟在与雄鸟因亲代投资问题而发生的两性冲突中占据优势。

性自主权的概念不仅有助于我们理解对抗性暴力和性胁迫的防御机制的进化过程，还能让我们知道其他应对两性冲突的不同方式是如何进化来的。在接下来的两章里，我们将进一步探讨这些观点在鸟类种群中的体现，以及人类的性自主权。

那么，在95%以上没有阴茎的鸟类中，雌性利用性自主权做了什么呢？在接下来的两章中，根据我们对园丁鸟和侏儒鸟的观察，你会发现它们往往会继续基于审美机制进行随意的配偶选择，正因为如此，世界上才有了色彩缤纷、声音悦耳和生机勃勃的鸟类之美。

第 6 章

园丁鸟
为爱搭建求偶亭

再优美的语言也无法让你真正体会到雄性园丁鸟为了求偶而搭建的富有美感的"建筑",多么令人叹为观止。在地球上,很少有生物能像园丁鸟一样,生活完全被审美主导,求偶亭就是体现这一点的极好例证,与所有的艺术品一样,求偶亭的建造过程也需要付出大量心血,以及一定的专注力和鉴赏力。

园丁鸟的极致审美主义是我们一直在研究的进化动力(即雌性配偶选择)的产物。我们已经知道雌性择偶偏好是如何影响装饰器官的进化过程,并且和它们偏爱的装饰特征一起进化的。在鸭子的例子中我们又清晰地看到,当配偶选择受到性胁迫的威胁时,维护配偶选择的自主权带来的进化优势可以推动防御性策略的进化,包括行为甚至是结构上的反抗机制。在鸭子中,性冲突导致两性之间发生了一场对抗激烈、代价高昂和自我毁灭式的"军备竞赛"。雌雄双方在"武器"或"防御"方面大举投入,许多雌性因此丧命,性别比例变得更加不平衡,性竞争和性胁迫也变得越发猖獗,最终损害种群规模。当然,如果生态环境发生变化,性胁迫变得不再有利可图,性冲突就会得到缓解,雌雄双方也都不需要付出昂贵的代价了。

但在园丁鸟身上,我们发现了一种截然不同的针对性胁迫的进化反应。雌性园丁鸟并没有在审美驱动的配偶选择和反抗性胁迫方面形成各自独立的进化机制，而是借助配偶选择的力量以改变雄性的性行为，从而加强和扩大它们的性自主权。其结果是，雌性得到了自己偏爱的富有魅力和活力的雄性配偶，不过前提是在它们掌控着配偶选择自主权的环境中。

园丁鸟的例子生动地体现了雌性的审美偏好与能够加强雌性性自主权的雄性炫耀特征之间的协同进化，我把这个过程称为审美重塑（aesthetic remodeling），其结果是进化出不仅对雌性来说更有吸引力也更容易被雌性选中的雄性。换句话说，对一只有魅力的雄鸟来说，如果雌鸟不愿意和它交配，那么它只能就此罢手。

◎

我很清楚地记得我第一次去澳大利亚时见到的园丁鸟家族，那是在 1990 年，我和我的妻子安去那里旅行。当时，我们正在雷明顿国家公园的露营地周围散步，这个公园位于黄金海岸腹地，离布里斯班很近，在那里我们遇到了一只雄性缎蓝园丁鸟（Satin Bowerbird，拉丁名为 *Ptilonorhynchus violaceus*）。这只雄鸟身材矮胖，体型和一只小乌鸦差不多大，长着短粗的象牙黄色的喙，它的虹膜呈精致高雅的紫罗兰色，全身羽毛都呈有光泽的深蓝色。

不过，真正让缎蓝园丁鸟的审美表达与众不同的并不是它的羽毛，而是它的求偶亭。和园丁鸟科中几乎所有的雄鸟一样，雄性缎蓝园丁鸟也会为求偶而建造一种类似于单身公寓或者小房子的建筑，目的是吸引雌性的注意。1870 年，亨利·阿莱恩·尼克尔森（Henry Alleyne Nicholson）在他的《动物学手册》（*Manual of Zoology*）中第一次明确使用了"园丁鸟"（bowerbird）一词，"bower"并不是指鸟巢，而是

（a）

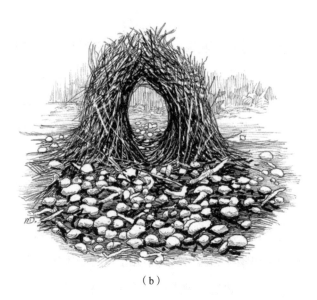

（b）

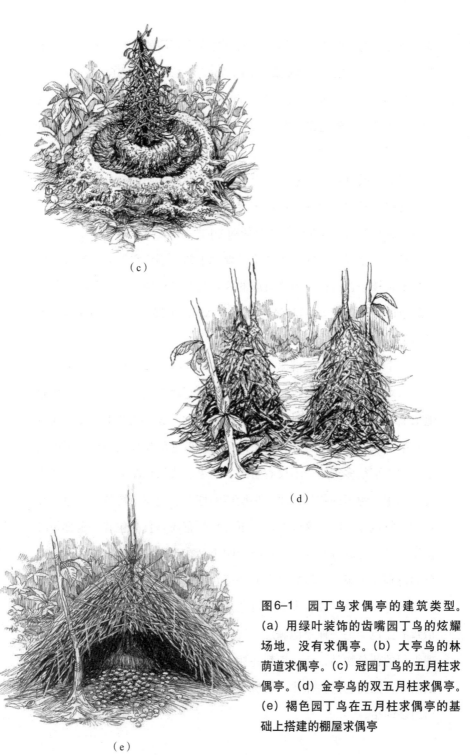

图6-1 园丁鸟求偶亭的建筑类型。(a) 用绿叶装饰的齿嘴园丁鸟的炫耀场地，没有求偶亭。(b) 大亭鸟的林荫道求偶亭。(c) 冠园丁鸟的五月柱求偶亭。(d) 金亭鸟的双五月柱求偶亭。(e) 褐色园丁鸟在五月柱求偶亭的基础上搭建的棚屋求偶亭

雄鸟单纯地为了吸引雌鸟而建造的一种完全不同的建筑。求偶亭除了作为一个"魅力剧场"承载雄鸟的求偶表演之外，没有其他功能。

在19世纪中叶的西方探险家和殖民者对澳大利亚和新几内亚的鸟类资源进行探索之前，"bower"这个词的意思是简单的住所或棚屋（比如，单坡屋顶小屋）；或者指家里的某个房间，尤其是女性的卧室或闺房；又或者指上方有呈拱形的枝条和藤蔓的阴凉处。"bower"的所有这些含义似乎恰好都适用于雄性园丁鸟建造的求偶亭；不过，园丁鸟将这些含义都延伸至一个全新的方向。

雄性缎蓝园丁鸟的求偶亭位于森林里的一小块空地上，包含由直立的干枯枝条、树枝和稻草组成的两堵相互平行的墙，中间有一条狭窄的通道（图0–17）。这种结构被称为林荫道求偶亭（Avenue bower），是园丁鸟擅长搭建的两种主要的建筑形式之一。

除了完成求偶亭的搭建工作以外，雄性缎蓝园丁鸟还会收集物品来装饰求偶亭，而且它收集的所有物品都是藏蓝色的。求偶亭前的空地上铺着一层稻草，它收集来的装饰品都被堆放在稻草上。安和我看到的第一只雄性缎蓝园丁鸟由于离公园露营地的垃圾桶很近，所以它已经囤积了很多东西，不仅有野果、羽毛、浆果和花朵，还有一些人造的和相对耐用的物品，比如牛奶瓶的瓶盖、笔帽、快餐食品包装和其他塑料包装。所有这些东西，不管是鲜花还是食品包装，全都是缎蓝园丁鸟偏爱的藏蓝色。尽管缎蓝园丁鸟在为求偶亭收集物品时对颜色的辨别能力很强，但只要它们是适合的蓝色，它就完全不在意这些物品的材质、属性或者来源。对它来说，一个蓝色的汽水瓶瓶盖与最精致的蓝色羽毛一样令他满意。雄鸟会照管自己的求偶亭，收集和整理囤积的蓝色物品，让一切都井然有序。它还要防止其他雄鸟来这里搞破坏，因为它们会抓住一切机会拆掉它的求偶亭，并抢走它的珍贵蓝色装饰品。

　　当然，求偶亭最主要的功能还是吸引雌性的到来并完成交配。虽然我从未有幸（或有耐心）观察到雌性来访的情景，但缎蓝园丁鸟的炫耀行为早已被详细地描述过。当雌鸟到来后，它会走进求偶亭的两堵墙之间的林荫道，看着外面的雄鸟和它收集的东西。就像赛马场的起跑门栅一样，两堵墙之间的通道很窄，由于空间有限，它只能面向前方，看着正在等待的雄鸟。一旦雄鸟引起了雌鸟的注意，它就会做出一系列充满活力的炫耀行为，比如，突然抖松全身的羽毛，张开翅膀。在炫耀的间隙，它会发出响亮刺耳的鸣叫，听起来好像一种嘈杂、奇特而有节奏的电子噪声，它还会准确地模仿当地其他鸟类的鸣叫声，比如笑翠鸟（Laughing Kookaburra，*Dacelo novae guineae*，好莱坞电影把笑翠鸟如同狂笑一般的叫声作为丛林音效）。之后，雄鸟会从它收集的蓝色物品中挑选一样，或者捡起一根枝条或一片绿叶，故意展示给雌鸟看，然后在他再次发出鸣叫声的时候将其放到地上。如果雌鸟喜欢这只雄鸟，就会放低身体，用蹲伏的姿势表达自己愿意交配的心意。然后，雄鸟会从后面进入求偶亭，并爬到雌鸟背上。如果雄鸟在雌鸟还未接受它的时候试图交配，雌鸟就会从求偶亭前面逃走。换句话说，求偶亭的两堵墙可以保护雌鸟免受雄鸟的突然袭击。

　　林荫道求偶亭可能有很多种截然不同的外观。我和安看到的这只缎蓝园丁鸟的林荫道求偶亭，只有两堵平行的由树枝组成的墙，以及中间那条狭窄的通道或林荫道。但在其他园丁鸟的求偶亭中，还有很多复杂的林荫道设计。比如，黄胸大亭鸟（Lauterbach's Bowerbird，拉丁名为 *Chlamydera lauterbachi*）建造的双林荫道求偶亭，即在一块凸起的平台上有两条平行的小路；还有斑园丁鸟（Spotted Bowerbird，拉丁名为 *Chlamydera maculata*）建造的宏伟壮观的林荫大道求偶亭，它中间的通道特别宽，两侧的树枝墙也并非密不透风的屏障。

　　不同品种的雄性园丁鸟在求偶亭前后堆积的装饰品也有很大的差

别，有时即使是同一个品种的不同种群的园丁鸟之间也存在差异。某些品种的园丁鸟可能主要收集水果、花朵或叶子作为装饰品，而其他品种的园丁鸟则可能收集骨头、贝壳、昆虫或羽毛作为装饰品。它们首选的颜色可能也不一样，这主要取决于品种或种群。通常，这些物体都被放置在铺着苔藓、稻草或鹅卵石的地方。

大亭鸟（Great Bowerbird，拉丁名为 *Chlamydera nuchalis*）是另一种擅长建造林荫道求偶亭的园丁鸟，广泛分布在占澳大利亚北部1/3面积的干燥而开阔的林地中。在大多数大亭鸟种群中，雄性会收集浅色的鹅卵石、骨头和蜗牛壳来装饰它们的求偶亭。但是，我在2010年观察到一种在选择装饰品时相当有独创性的大亭鸟。当时我身在位于澳大利亚西北角的布鲁姆鸟类观察站，这片保护区坐落在罗巴克湾的海岸上，周围是5~20米高的由红粘土和层状岩石形成的峭壁。在离海边的崖壁大约0.5千米的地方，我看到了一个大亭鸟建造的林荫道求偶亭，在它前后的空地上都有一大堆亮白色的蛤蜊壳化石作为装饰（图0-18）。这只雄鸟的求偶亭实际上是一个古生物博物馆，向它未来的伴侣展示地球上已不复存在的生物多样性。毫不夸张地说，这只雄鸟的领地宣言应该是："你想来看看我收藏的化石吗？"由于那些贝壳的形状和颜色都很独特，所以很容易找到它们的来源。在海湾旁高耸的红色悬崖上，露出了几处厚度约为1英尺的亮白色物质。通过仔细观察，我发现这是一层白色的双壳类化石，从较早的地质时期开始就大量沉积在古老的大陆上。作为一名博物馆馆长，这只园丁鸟在古生物学方面的热情，让我感到莫名亲切。

园丁鸟擅长搭建的第二种主要的建筑形式是五月柱求偶亭，它由一堆围绕中央支柱水平放置的树枝组成，中央支柱通常是一棵树苗或者小树。这种求偶亭整体呈锥形，底部最宽，越往上越窄，形成了一个像洗瓶刷一样的结构，也像一棵极简后现代风格的怪异圣诞树。在五月柱求偶亭的底部，雄鸟会清理出一条圆形小路或者跑道，便于雄鸟和雌鸟在求爱过程中绕着五月柱求偶亭快速跑一圈。这条圆形跑道的外面就是求偶场，以雄鸟收集来的各种物品作为装饰，包括鲜花、水果、甲虫和蝴蝶身体的某个部分，甚至还有真菌。一些园丁鸟也会在像圣诞树一样的求偶亭上使用装饰性材料，比如用反刍过的果肉装饰树枝和枝条。（好吧，也许这不太像圣诞树。）

　　我第一次看到五月柱求偶亭也是1990年在澳大利亚。在我和安看到缎蓝园丁鸟的一周之后，我们一起去了位于昆士兰北部阿瑟顿台地的热带雨林，我们希望能在那里看到金亭鸟（Golden Bowerbird，拉丁名为 *Prionodura newtoniana*）及其著名的双五月柱求偶亭。金亭鸟是园丁鸟科中体型最小的鸟类。雄鸟全身的大部分羽毛都呈暗淡的橄榄绿色，头顶、上背部、颈前部和腹部有亮黄色的斑块。从很久之前开始，每本鸟类学教科书上都会有一张经典的包含多幅图的黑白素描，它们展示了园丁鸟搭建的建筑的多样性。所以，我对金亭鸟的求偶亭并不陌生，因为在教科书上，金亭鸟的双五月柱求偶亭就在缎蓝园丁鸟简单的林荫道求偶亭旁边，而且它们看起来一样大。我从没考虑过这两幅图中的建筑是不是按照相同的比例绘制的问题。所以，当我和安沿着热带雨林中的小路在地上四处寻找求偶亭时，我悄悄地提醒安：“一定要当心，千万别踩到它！”又走了几百米，我们绕了一个弯，接着就看到了一个“巨大的建筑”，几乎齐腰高，宽度超过一码。别说踩到了，连跨过去都很难。

　　让我震惊的不只是这个求偶亭的尺寸，还有它的复杂程度。这个双五月柱求偶亭由两大堆水平放置的树枝组成，二者分别围绕着一棵小树苗但朝向不同，在中间，两个锥形的树枝堆汇合成一个鞍状物。金亭鸟只会装饰求偶亭，而不会装饰周围的空地。这只雄鸟在求偶亭的一侧装饰了几十朵小花，花的颜色全都是类似黄油或者连翘花一样的黄色，它在求偶亭的另一侧装饰了无数细丝状的荧光绿色的地衣。被移植的细丝状地衣在"新家"长得很好，那些鲜花看起来也像花店里的花束一样新鲜。即使在这个气温比较低的高海拔地区，鲜花显然也鲜活不了几天。所以，求偶亭上没有任何褐色或枯萎的花瓣的事实，证明雄鸟一直在精心照管着它的炫耀场。

15年后我有幸见到了布雷特·本茨（Brett Benz），他当时是堪萨斯大学的一名本科生，正在位于巴布亚新几内亚中部高地的赫罗瓦纳村的郊外研究冠园丁鸟（MacGregor's Bowerbird，拉丁名为 *Amblyornis macgregoriae*），这种园丁鸟的求偶亭只有一个五月柱。冠园丁鸟的五月柱求偶亭都搭建在茂密林冠之下的高耸陡峭的山脊上。雄鸟用来装饰空地和求偶亭的物品有很多种，包括各种颜色的果实、一种略带褐色的真菌，以及亮蓝色的钻石甲属象鼻虫的闪光小碎片。布雷特拍下了一只雄鸟把一只活着的蓝色象鼻虫带回求偶亭的视频。那只雄鸟在空地上残忍地将扭动的甲虫撕碎，然后小心翼翼地将甲虫碎片放在自己的求偶亭上。每放一次，它都会后退一步，略微歪着头把每一种可能的装饰效果都考虑一遍，就像一位挑剔的花店老板在检查店面布置一样。在所有的装饰品中，最奇特的应该是在求偶亭的很多树枝顶端悬挂的大量线状黑色小块，它们是毛毛虫的粪便。由此可见，冠园丁鸟收集的各种天然装饰品都极其不拘一格。

与褐色园丁鸟属（*Amblyornis*）中其他建造五月柱求偶亭的园丁鸟一样，雄性冠园丁鸟通常和雌性一样全身羽毛呈土褐色，但和其他褐色园丁鸟属成员不一样的是，雄性冠园丁鸟有一个深棕橘色的能立起来的长羽冠。在进行求偶炫耀时，雄性和雌性会分别站在圆形跑道的两边，由于五月柱求偶亭的遮挡，它们无法完全看清对方。在跑道附近来回走动的雄鸟注视着雌鸟，突然她竖立起长羽冠，朝雌鸟炫耀一番，接着迅速躲到五月柱求偶亭后面，仔细观察雌鸟的反应。它会这样快速地交替闪躲好几次，可以说这是一场精心设计的躲猫猫游戏。有时，雄鸟会沿着跑道向雌鸟飞奔过去。不过，如果它冲过来时的攻击性太强，雌鸟可能会跑到五月柱求偶亭的另一边，或者直接飞走。

◎

雄性园丁鸟的求偶行为，有几个需要从进化学角度阐释的独特之处：一是求偶亭的存在，二是求偶亭丰富的多样性（我在上文中列举的几种，只是其中很小的一部分），三是雄鸟为了装饰求偶亭及其周围的场地而收集的五花八门的物品。这些奇特的建筑和行为是如何产生的，产生的原因又是什么呢？我们必须从它们的进化起源中寻找答案。

园丁鸟家族（即园丁鸟科）包括澳大利亚和新几内亚特有的七八个属中的20个品种。像侏儒鸟一样，园丁鸟也以水果为食，而且几乎都实行一雄多雌制。不过，与侏儒鸟不同的是，雄性园丁鸟的炫耀地点并不会在空间上聚集为求偶场，而是每只雄性园丁鸟都会独立建造并照管一个求偶亭。

我们现在知道，求偶亭是雄性园丁鸟延伸的表型（extended phenotype）的一个组成部分。"延伸的表型"最早出现在理查德·道金斯（Richard Dawkins）的同名著作中，指的是生物体不只是通过DNA表达产生的蛋白质，也不只是身体结构、生理机能和行为方式。生物体完整的表型包括其基因组与环境相互作用产生的所有结果，也包括其对环境的影响。因此，对生态系统影响很大的河狸坝也是河狸的延伸的表型的一部分，它堵河成湖，之后在泥沙沉积的作用下又使湖逐渐变成沼泽。整个生物体群落最后都可能进化成以另一物种的延伸的表型为食物或者栖息地。所有生物体创造的建筑形式（不仅包括求偶亭，还有鸟巢、蜂窝、白蚁丘、草原土拨鼠的洞穴和珊瑚礁），都是相应物种的延伸的表型。

道金斯的《延伸的表型》的副书名"基因的延伸"暗含了一个观点：所有的延伸的表型都进一步体现了适应性进化对自私的基因施加的作用力。作为一位坚定的新华莱士主义者，道金斯认为延伸的表型只不过是另一个更广阔的研究前沿，能让我们看到适应性自然选择无处不在的影响力。然而，当延伸的表型成为一种性炫耀的装饰形式时，比如园丁鸟的求偶亭，它就变成了一个性选择的问题。这也是达尔文-华莱士关于配偶选择的本质究竟是性选择还是自然选择的争论中与延伸的表型相关的部分。

延伸的表型完全是在适应性自然选择的影响下形成的？或者说，"总有美会发生"的动态过程是否也有可能创造出延伸的表型呢？如果后者的答案是肯定的，那么进化模式应该是什么样的？园丁鸟和它们的求偶亭为我们研究新华莱士模式在美学领域的"延伸"提供了一次难得的机会。

研究进化论的学生还是很幸运的，因为园丁鸟科有充足的多样性，现存物种中有很多体现求偶亭过渡形态的例证，从中可以"捕捉"到这一独特行为的进化过程中的一些关键阶段。园丁鸟谱系发生的最早分支包括三种园丁鸟（绿园丁鸟属）。与绝大多数鸟类一样，园丁鸟采取一雄一雌制，配偶关系长久，双方共同养育后代，而且没有任何炫耀场地或求偶亭，这和园丁鸟科中的其他物种完全不同。此外，根据昆士兰州的园丁鸟迷克利福德（Clifford）和道恩·弗里斯（Dawn Frith）的记录，园丁鸟的筑巢工作由雌鸟独立完成。因此，园丁鸟处于园丁鸟谱系图起点的事实，证明雄性园丁鸟的祖先在筑巢或装饰等基本工作方面没有任何经验或兴趣。雄性园丁鸟在建筑方面的高超能力是后天进化的结果，与筑巢行为毫无关系，完全是在雌性基于审美的配偶选择驱动下形成的。

　　但我们怎么知道求偶亭的设计和装饰只具备审美功能呢？的确，我们知道求偶亭除了是求偶场地之外，没有任何实际意义。它就是一个用小道具装饰的舞台，到了求偶季节，雄鸟将在这里进行表演，并接受雌鸟的评估。在过去的30年里，由马里兰大学的格里·博尔吉亚（Gerry Borgia）主持的一个长期研究项目，已经明确了求偶亭的结构和装饰对雌性的配偶选择行为起到的基础性作用。博尔吉亚对多种园丁鸟进行了几十年的观察和实验，重点研究生活在澳大利亚东部的缎蓝园丁鸟。博尔吉亚开创性地使用8毫米胶片和后来的视频技术，在多个求偶亭架设了大量的摄像机，将电子眼对准求偶亭中间的林荫道，目的是触发摄像机，记录下在求偶亭发生的所有情况的细节，包括雌性来访。这样一来，博尔吉亚和他的学生们就能观察和分析雌性的配偶选择行为，以及不同的雄性在好几年的时间里变化的交配成功率。

　　博尔吉亚的研究项目让我们了解到很多有关园丁鸟配偶选择的知识，并最终得出了求偶亭的具体特征及其装饰对雌性的择偶决策至关重要的结论。博尔吉亚的学生艾伯特·乌伊（Albert Uy）和盖尔·帕特里切利（Gail Patricelli）追踪了63只雌鸟的配偶选择过程，根据他们的记录，这些雌鸟一共到访了34只雄鸟的求偶亭，也就是说每只雌鸟分别见到了1~8只雄鸟，平均值为2.63只。大多数雌鸟会先花几天时间对多只雄鸟进行观察，然后从中选择一小部分再次进行评估，直到最终选择其中的一只雄鸟作为配偶。雌鸟明显地倾向于选择那些求偶亭的结构更精美、装饰更华丽的雄鸟。这些突破性的数据有力地表明，雌性园丁鸟的审美性配偶选择决策，是以大量的互动性和经验性数据为基础的，而不是对简单固有的认知刺激阈值产生的反应。因此，我们有了直接证明性选择在求偶亭进化的过程中发挥作用的证据。

　　现在来看装饰品的进化史，我们选取的研究对象是现存的另

一种园丁鸟 —— 齿嘴园丁鸟（Tooth-billed Bowerbird，拉丁名为 *Scenopoeetes dentirostris*）。齿嘴园丁鸟同样起源于园丁鸟谱系图中的一个早期分支，实行一夫多妻制，也就是说由雌性独自承担所有的亲代抚育工作。尽管属于园丁鸟科，但雄性齿嘴园丁鸟实际上和园丁鸟一样，也不会建造求偶亭。然而，与园丁鸟不同的是，它们会开辟一个求偶场地，先在地面上清理出大约两码宽的一片区域，然后把十几片大绿叶小心地铺在空地上作为装饰品。这个简单的只用绿叶装饰的场地，让我们对求偶亭及其装饰品的起源有了一些了解。我们可以看到，所有一雄多雌制的园丁鸟都会收集用来装饰场地的物品，而且这种行为出现的时间比求偶亭早。这是在所有园丁鸟物种的进化过程中都没有消失的一个特征，进一步证明了装饰品对雌性的配偶选择决策的重要性。

当然，随着时间推移而改变的是这些装饰品的性质。在不同的园丁鸟物种中，雄性收集的具体物品及其摆放方式一直在进化，甚至有时在同一个物种的不同种群中，也会有所变化。各种园丁鸟用来装饰求偶亭的物品的范围之广着实令人震惊，从果实到真菌，从花朵到羽毛，从浆果到蝴蝶，从荚果到毛毛虫粪便，更不用说糖果包装纸和衣夹了。一些建造林荫道求偶亭的园丁鸟甚至用嚼碎的蓝色、绿色或黑色的植物来"粉刷"求偶亭的内墙。无论用什么标准衡量，这都是一个非常宽泛的审美问题。

对这些装饰性物品和材料的收集行为，是与雌性的择偶偏好协同进化出的雄性审美偏好的结果。为了取悦雌性，雄性进化出一系列全新的行为和偏好。在这个过程中，它们把自己变成了动物艺术家，为吸引审美品位高的雌性而展开竞争。

和其他艺术家一样，园丁鸟对材料的选择绝不是随机的。从生活在罗巴克湾的大亭鸟收集的古生物化石和缎蓝园丁鸟从露营地收集的人类生活垃圾可以看出，园丁鸟用来装饰求偶亭的物品有一部分来自当前环境中可获得的东西。但是，审美倾向起到的作用也是非常重要的，20世纪80年代早期，贾雷德·戴蒙德（Jared Diamond）在伊里安查亚西部对褐色园丁鸟（Vogelkop Bowerbird，拉丁名为 *Amblyornis inornata*）的不同种群的求偶亭装饰品进行的开拓性研究，就证明了这一点，伊里安查亚位于新几内亚岛属印度尼西亚一侧的最西端。戴蒙德发现，生活在法克法克和库马瓦山脉的雄性褐色园丁鸟建造的五月柱求偶亭很简单，而且只用像竹子、树皮、岩石和蜗牛壳这样的色彩暗淡的材料作为装饰。相比之下，生活在附近的阿尔法克、坦劳和万答姆山脉，距离法克法克和库马瓦山脉只有50~150千米远的雄鸟却建造了精致的棚屋求偶亭，中央竖立着五月柱求偶亭，周围的空地上装饰有五颜六色的果实、花卉、昆虫的某些部位、真菌和荚果（图0-19）。生活在这5个山区里的雄鸟即使都能从周围环境中获取相同的材料，但它们搭建的求偶亭仍然存在着差异，甚至建造棚屋求偶亭的种群之间也有区别。比如，生活在阿尔法克和坦劳山脉的雄鸟会选择白色的装饰品，而生活在万答姆山脉的雄鸟则不会。鸟类对它们使用的东西还是非常挑剔的。

　　为了进一步验证求偶亭的装饰品取决于特定的雄性偏好，戴蒙德做了一组实验，他为生活在万答姆山脉的雄性褐色园丁鸟（它们擅长用各种各样色彩丰富的果实、鲜花等材料建造精致的棚屋求偶亭）提供了一些不同颜色的扑克牌筹码。雄鸟在收集扑克牌筹码的过程中，表现出对特定颜色的显著偏好，它们尤其偏爱蓝色、紫色、橙色和红色（按偏好程度降序排列）。而且，在求偶亭旁边的空地上，它们会把筹码和颜色相近的花朵、果实或羽毛堆放在一起。通过对被雄鸟带回求偶亭的扑克牌筹码进行标记，戴蒙德发现其中很多筹码后来又被其他雄鸟偷走，用于建造它们自己的求偶亭了。失窃率反映出相同的颜色偏好，其中蓝色筹码的失窃概率最高，红色筹码的失窃概率最低。在类似的实验中，生活在库马瓦山的雄鸟（它们用色彩单调暗淡的装饰品建造比较简单的五月柱求偶亭）没有选择任何颜色的扑克牌筹码。

几十年后，艾伯特·乌伊又做了一组装饰品色彩选择实验，同时在实验过程中对雌性的择偶偏好进行评估。在对戴蒙德研究过的两个种群进行实验分析之后，乌伊证实了生活在法克法克山脉的建造五月柱求偶亭的园丁鸟不喜欢明亮的颜色，更偏爱棕色、黑色和淡棕色的瓦片，而生活在阿尔法克的园丁鸟则喜欢蓝色、红色和绿色的瓦片。乌伊还使用自动摄像机对阿尔法克种群的16个棚屋求偶亭进行了拍摄，由此证明雌性的择偶偏好明显倾向于一小部分雄性。而且，这部分雄性的交配成功率与它们用蓝色装饰品覆盖的场地面积大小及棚屋求偶亭的大小显著相关，二者都是越大越好。因此，在阿尔法克种群中，雌性的择偶偏好与雄性的延伸的表型（即倾向于选择蓝色装饰品和建造较大的棚屋求偶亭）发生了密切的协同进化。

由于这两个褐色园丁鸟种群分别生活在相隔不远的两处山林之中，所以种群间的差异一定是最近才产生的。因此，它们在求偶亭装饰品和建筑风格上的差异可能是在很短的时期内进化产生的。最关键的一点是，在雄性对于延伸的表型的审美发生变化时，雌性择偶偏好的很多方面也发生了协同进化。这种炫耀特征和偏好在种群间快速分化的惊人模式，恰恰就是"总有美会发生"假说预测的模式。

但是，有没有可能存在另一种解释呢？雄性园丁鸟收集的装饰品能否反映出雄性的遗传素质呢？如果收集品中包含稀有的物品，对装饰品的选择就有可能反映出雄性的素质，因为要找到这些东西需要投入大量的时间、精力和技能。但是，贾雷德·戴蒙德证实了这些褐色园丁鸟生活的山林中有完全相同的材料，因此某座山上的黑木耳和红花并不比另一座山上的少。此外，约亚·马登（Joah Madden）和安德鲁·鲍姆福德（Andrew Balmford）为了验证装饰品能真实反映搜寻成本的观点，他们在研究澳大利亚昆士兰州的三种点斑大亭鸟（Spotted Bowerbird，拉丁名为 *Chlamydera maculata*）的过程中做了一项实验。他们发现，没有证据证明受到青睐的求偶亭装饰品比其他物品更稀有，像蜗牛壳和白色石头这样的常见物品反而更受欢迎。影响交配成功率的装饰品更加常见，而不是更加罕见。此外，雄性点斑大亭鸟更喜欢选择那些降解速度较慢的水果，这可以进一步减少性炫耀的工作量（降低成本）。因此，没有充分的证据表明求偶亭装饰品对雄性来说代价高昂，或者说能真实地反映雄性的素质。更确切地说，它们似乎和其他审美特征一样多变。

最近，进化生物学家约翰·恩德勒（John Endler）及其同事，在一些大亭鸟种群的求偶亭装饰品中发现了一种非常有意思的审美现象。在昆士兰州东部，求爱成功的雄性大亭鸟会创造一个有艺术效果的炫耀场地，即离求偶亭越远的物品，尺寸就越大。他们推测雄鸟是在制造一种被称为"强迫透视"的视错觉。在这种情况下，物体的尺寸与其离求偶亭出口的远近成正比，结果就是视觉空间的扁平化，当从求偶亭内部向外看时，装饰品看起来似乎大小相同。恩德勒及其同事对这种特殊的视觉效果为什么会成功吸引雌性园丁鸟的问题，进行了各种各样的猜测。然而有趣的是，视错觉的目的并不是让雄性在雌性眼中显得更高大，所以它并不能起到传递雄性体型信号的作用。

不管雄性这样做的原因是什么，其产生的效果都绝非偶然。恩德勒和他的同事们在实验中以相反的顺序重新排列了被园丁鸟用作装饰品的石头，使得离求偶亭越远的石头尺寸越小。他们观察到雄鸟发现了这种变化，对此很不满意，并重新把这些石头移至合适的位置，恢复了视错觉效果。劳拉·凯利（Laura Kelley）和约翰·恩德勒随后还发现，创造出的视错觉效果越强的雄鸟越容易求偶成功。

这仍然不能回答雌鸟为什么会产生视错觉偏好。恩德勒提出，雄鸟创造这种视错觉的本领可以向雌鸟提供关于雄鸟的认知能力的真实信息，也就是说，视错觉效果越好，雄性的大脑就越发达，它的基因也越好。不管这些信息能不能通过视错觉体现出来，这项发现都非常有意义。恩德勒指出，直到15世纪的文艺复兴时期，西方文化中才出现了人类创造的强迫透视艺术技巧。假设这种行为早在15世纪之前就出现在园丁鸟身上，恩德勒问："为什么园丁鸟会比人类更早地应用视错觉呢？"

当然，人类最早是在艺术领域中发明了透视技巧。我认为有趣的是，人类早在对透视技巧进行实际应用之前，就已经知道怎么将其应用于艺术创作了。我们为什么不能认为园丁鸟也是这种情况呢？我们已经知道，审美进化是进化创新的一个很好的来源。通过比较"园丁鸟艺术"和人类艺术，恩德勒似乎也承认这一点。他在接受《纽约时报》的采访时说，这种视错觉"证明园丁鸟实际上在创造艺术"，雌性的择偶偏好和雄性在建筑方面的审美偏好"都可以从审美的角度来看，因为个体已经做出了判断"。

◎

我们再回到这个问题：到底为什么会出现求偶亭呢？为什么不同物种和种群的园丁鸟的求偶亭趋于多样化呢？1985年，格里·博尔吉亚、史蒂芬·普鲁厄特-琼斯（Stephen Pruett-Jones）和梅林达·普鲁厄特-琼斯（Melinda Pruett-Jones）推测，建造求偶亭和保护它免遭其他雄性盗窃和破坏的能力，能够反映雄性的状态和素质。但是，这些假设无法解释不同种群和物种间在建筑结构和装饰品偏好方面的复杂变化。保护蓝色浆果并不比保护白色鹅卵石更简单或者更难。

　　然而，从1995年开始，博尔吉亚针对求偶亭的进化起源，提出了一种引人注目的新假说。他观察到，雄性园丁鸟的强烈、充满活力且常常有些暴力的炫耀行为会频繁惊吓到来访的雌性。每当雌性在场地中近距离地观察雄性和它收集的装饰品时，它便将自己置于性骚扰和强迫交配的威胁之中。但当它身在求偶亭里时，情况就大不一样了。博尔吉亚推测，雄性建造求偶亭的行为是在雌性对免遭性胁迫、肢体骚扰和强迫交配的偏好的驱动下进化来的。他引用了大量从野外获取的博物学证据，来支持这种"减少威胁"的假说。比如，有许多观察记录表明，如果雄性园丁鸟在雌性愿意交配之前，企图与其在林荫道求偶亭中交配，那么当它准备从后面爬到雌性的背上时，雌性就会从求偶亭前面飞走。如果雌鸟身在五月柱求偶亭中，那么它可以跳到圆形跑道的一侧，让自己和雄性始终在五月柱求偶亭的两边。

　　为了进一步证明他的假说，博尔吉亚描述了齿嘴园丁鸟极其粗鲁的求偶行为。由于雄性齿嘴园丁鸟简陋的开放式炫耀场地中没有求偶亭，只有绿叶作为装饰，也没有任何保护雌性的措施。当一只雌性齿嘴园丁鸟出现在雄性的炫耀场地时，马上就会遭到雄性的攻击。截至目前，已观察到的雌性在雄性齿嘴园丁鸟的求偶场地停留的最长时间是3.8秒。

　　由于雌性齿嘴园丁鸟在进入雄性的求偶场地之前，没有机会近距离地观察雄性及其装饰品，所以雌性只能在安全距离（几码）之外的地方对雄性及其装饰品进行观察。这样一来，雌性根本辨别不出任何审美复杂性，雄性也就没有必要进化出更复杂的炫耀行为。当雌性到达炫耀场地的时候，它已经来不及做出深思熟虑的决定了。相比之下，雌性缎蓝园丁鸟往往会在求偶亭的林荫道上，非常近距离地观察雄性的炫耀行为，每次的时长都约为几分钟。在求偶亭的保护下，雌性可以在距离雄性仅有几英寸地方先进行仔细的评估，再选择配偶。所以为了匹配如此近距离的审查，雄性的炫耀行为也要足够复杂才行。

博尔吉亚和他的学生已经针对求偶亭进化的"减少威胁"假说，进行了几次富有创造性的实验。比如，博尔吉亚和达文·普莱斯格拉乌斯（Daven Presgraves）研究了点斑大亭鸟独特的"林荫大道"求偶亭的作用。这种求偶亭中间的过道很宽，两边也并非密不透风的树枝墙，而是由较轻的小树枝和稻草构成的能看到外面的屏障。由于过道的宽度和墙壁的透明度，雌性可以在求偶亭里透过墙观察雄性的炫耀行为。博尔吉亚和普莱斯格拉乌斯发现，雌性受到的身体保护越周密，雄性的炫耀行为就会比其他园丁鸟更招摇，更有活力，也更有攻击性。大亭鸟的炫耀行为包括快速地冲向求偶亭的一侧，有时雄性甚至会用身体撞击求偶亭。博尔吉亚等人在实验中发现，如果他们随机破坏雄性求偶亭的某一面墙，雄性会继续炫耀，雌性则会通过求偶亭剩下的那堵完好的墙继续观察雄性，而非被破坏的那堵墙进行观察。这个结果证明像求偶亭这种独特的结构可以在雌性观察攻击性极强的雄性炫耀时，增强雌性的物理安全感。而且，点斑大亭鸟的攻击性和刺激性强的炫耀行为，显然和它们与众不同的求偶亭带来的较强安全性发生了协同进化。

博尔吉亚的"减少威胁"假说完全是革命性的。它为理解两性之间复杂的互动行为提供了一个全新的维度，在有关性选择和配偶选择的文献中很少有人提及这个维度。根据博尔吉亚的说法，他在观察雄性点斑大亭鸟时看到的行为和求偶亭，正是为了解决雌性的心理冲突问题而进化来的；求偶亭的结构创新，还解决了雌性因为它们实际上偏爱的有攻击性的雄性炫耀行为而受到惊吓的问题。

不过，我认为这些减少威胁的措施更有可能是通过一种影响更加深远的两性冲突进化来的，而不只是心理冲突。为了验证这个观点，我们再来看看雄性齿嘴园丁鸟及其只用几片散落的大树叶作为装饰的简单场地。雌性齿嘴园丁鸟根据它从几码之外的地方看到的情况，决定是否造访雄鸟的求偶场地。雌鸟一旦进入，雄鸟就会立刻爬到雌鸟的背上进行交配。基于"总有美会发生"机制，在某个时刻，雌鸟可能会变得偏爱更加复杂或某种特定的场地装饰物。然而，尽管这些审美创新令人愉悦，但雌鸟会因此面临一项新的挑战。更复杂的场地装饰品意味着雌鸟必须更靠近雄鸟的开放式求偶场地，才能在决定要不要与场地的主人交配之前对后者进行全面评估。但如果雌鸟离得太近，不管它是否愿意交配，雄性齿嘴园丁鸟的快速攻击都会让雌鸟处于强迫交配的风险之中。强迫交配会导致它的雄性后代无法继承它和其他雌性喜欢的炫耀特征，这样的后代将很难交配成功。我们从水禽的例子中已经知道，这就是两性冲突带来的间接遗传成本。

但与鸭子不同的是，雄性和雌性园丁鸟并没有以一场代价高昂的"军备竞赛"作为终结。雌鸟没有进化出防御措施，而是对雄鸟的审美特征进行选择，这些审美特征既有助于提升雌性的性自主权，还能降低性胁迫的威胁和成本。这种应对两性冲突的独特进化方式体现了我说的"审美重塑"，也就是性炫耀特征和择偶偏好的审美性协同进化过程，其结果是更大的性选择自由权。

在园丁鸟中，审美重塑体现在雄性求偶场地结构的创新上。与所有类似的演化过程一样，这种创新也是从一个偶然事件开始的，然后逐渐进化。也许早期的园丁鸟祖先在装饰求偶场地的过程中，除了常规的绿叶之外，还收集了一些树枝。摆放树枝这个简单的变化可能最终演变为搭建简单的屏障，从而帮助雌鸟躲避性骚扰。这样做的雄鸟因此受到雌鸟的欢迎，因为它的原始求偶亭让雌鸟有了更多评估和选择的机会。为雌鸟提供符合它们审美偏好的求偶亭所带来的交配优势，会使得越来越多的雄鸟参与到推动求偶亭结构的进化中去。一段时间之后，就出现了独特的林荫道求偶亭和五月柱求偶亭，二者以不同的物理方式为雌鸟提供更大的性安全感。到访这些求偶亭的雌鸟能够安心地花充分的时间评估雄鸟及其求偶场地。获取主观感观经验和判断的机会越大，基于雄性的身体条件和炫耀行为，以及它们延伸的表型（建筑和装饰品）的性选择的力量就越强。因此，雄性的炫耀、建造并装饰求偶亭的行为都与雌性的择偶偏好发生了协同进化，从而变得更加精致和复杂，物种的多样化程度更高。

与适应性配偶选择一样，审美重塑是通过雄性的炫耀行为与某种表型之间的相关性进行的。然而，在审美重塑的过程中，这种相关性并非获得优良的基因或者直接好处，而是雌性性自主权的扩展。假设在一个种群中，50%的受精过程由雌性的配偶选择行为决定，另外50%则由雄性的性暴力行为决定。如果雄性炫耀行为在某些方面的提升使得性胁迫的效力减弱（比如，我在前文中提到的原始求偶亭中的那堆树枝），雌性就会更偏爱这种新的炫耀方式。这种偏好将在种群中不断进化，因为受雌性偏爱的炫耀特征出现的频率越高，由雌性配偶选择决定的受精过程的占比就越大，也就有更多的雌性可以避免性胁迫带来的间接遗传成本。这样一来，审美重塑就利用配偶选择将雄性的胁迫行为转化为一种更利于种群发展的审美形式，从而化解了两性冲突。

求偶亭是一种有美感的结构吗？当然。求偶亭有保护作用吗？是的，的确如此。正是因为求偶亭具有保护作用，才进化出复杂和多样化的结构。从本质上讲，求偶亭的进化功能是提供审美评估的场所，同时使雌性免受"约会强奸"的伤害。一旦雌性获得了选择自主权，它们就可以自由地追求形式更多样化、更复杂的美。

由于求偶亭既是选择的对象，又提升了选择自主权，所以它们实际上创造了一种新的不断升级的审美进化反馈。一旦雌性获得了性自主权，它们的审美偏好就会继续与雄性的炫耀行为和装饰品协同进化，从而创造出更复杂及在审美上更协调的结构和行为。和大歌剧一样，雄鸟在求偶亭进行的炫耀表演能同时调动和刺激多种感官。在这个有着多彩布景和道具的剧场里，雄鸟展示着自己的歌喉和舞姿，这里还有舒适的前排座位，雌鸟可以在那里观看演出，如果遇到危险情况，它还能轻松地从安全出口离开。我们在斑大亭鸟身上已经看到，保护雌性免遭性胁迫这种审美/物理机制的进化，也推动了攻击性和刺激性更强的炫耀行为的协同进化，因为雌性在身体和性方面不受威胁的情况下，还是喜欢这样的炫耀行为的。在园丁鸟中，选择自主权极大地促进了审美辐射的过程。

　　雄性的炫耀特征和行为的审美重塑，是一种将实施性胁迫的丑陋雄性转变为性感伴侣的全新方式。不过，需要强调的是，如果雌性为了在身体上和种群中占据优势而偏爱攻击性较弱的雄性，这种进化过程就不会被触发。雌性在做出选择的时候，实际上已经拥有了自主权，所以它们不会产生对懦弱雄性的偏好。更确切地说，雌性园丁鸟进化出的偏好使得所有雌性都能在满足自身审美欲望的前提下，享有充分的选择自主权。

◎

　　盖尔·帕特里切利是格里·博尔吉亚的研究生，她发起了一项有趣又独特的研究项目来研究"减少威胁"假说。通过观看雌性缎蓝园丁鸟造访雄性求偶亭的录像，帕特里切利和博尔吉亚发现雌性会频繁地因为雄性的攻击性炫耀行为而受到惊吓。而且，在他们看来，雌性会通过在求偶亭中蹲伏的动作来表达自己的不安程度。通过进一步观察，帕特里切利和博尔吉亚发现那些适当对炫耀行为进行调整的雄性的交配成功率更高。

　　为了验证他们的观察结果，帕特里切利制造了一只遥控雌性园丁鸟模型，并称之为"雌性机器鸟"。这只雌性机器鸟能非常自然地完成站立、蹲伏、转头和扇动翅膀的动作，让雄性园丁鸟以为它就是真的雌鸟，帕特里切利拍摄的雄性园丁鸟与雌性机器鸟交配的视频可以证明这一点。帕特里切利将雌性机器鸟放置在求偶亭中，并通过调整其姿态和动作证实了她的猜测：第一，雌性缎蓝园丁鸟利用蹲伏动作来向雄性表明自己的舒适程度；第二，一些雄性会调整自己炫耀行为的激烈程度，以便让雌性更放松；第三，那些能适当调节炫耀行为的激烈程度以使雌性更加舒适的雄性，最终在求偶方面是最成功的。

在遇到那些求偶亭建造得更精致，也更有魅力的雄性时，为什么雌性缎蓝园丁鸟面对雄性的攻击性炫耀行为时，会感觉不到危险呢？如果可能面临的后果是性胁迫带来的间接遗传成本（也就是说，雄性后代对雌性而言没什么吸引力，也就不太可能将雌性的基因传递下去），那么从进化的角度说，雌性会更愿意承担有吸引力的雄性带来的风险。虽然被不太有吸引力的雄性强迫交配，也会给雌性造成同样的身体伤害，也就是带来同样的直接成本，但更有吸引力的配偶会降低间接遗传成本。因此，帕特里切利的雌性机器鸟实验强有力地证明求偶亭的功能是让雌性免于承担性胁迫的间接成本。

从帕特丽夏·布伦南的人造鸭阴道到盖尔·帕特里切利的雌性机器鸟，在研究配偶选择的过程中，我们使用了一些创造性的方法！和鸭子一样，园丁鸟让我们了解了一种全新的认识选择自主权的方式。在这个过程中，性自主权是美的进化的发动机。

第 7 章

雌鸟的择偶偏好与
雄鸟的社会关系

很难相信，我们在雄性侏儒鸟和雄性园丁鸟身上看到的美的爆发，竟然都是由雌性的配偶选择行为引发的。更令人惊奇的是，雌性的择偶偏好很可能对雄性的社会关系产生深远的影响，而且在这一章中我会讲到，对于雄性的很多受到影响的行为，甚至连雌性也没有见过。对侏儒鸟来说，这种现象可以说贯穿了整个进化史。在侏儒鸟的求偶场中，雄性之间的社会关系已经进化为一种事实上的兄弟关系，也就是一种可以净化和缓解竞争的、通过社交确立的长期关系。我认为，这一切都源自雌性对性自主权的追求。

认为雌性推动了求偶场的起源的观点，实际上违背了绝大多数有关为什么会出现求偶场繁育体系的传统看法。但我们会发现，有趣的是，这种可能性为我们理解雄性侏儒鸟极不寻常的行为和求偶场社会组织变化的复杂性和多样性，提供了一种富有成效的新方式。

尽管有54种侏儒鸟，也就是说它们的繁殖体系和社会关系有54种变体，但我们还是可以得出几个有关侏儒鸟求偶场的一般性结论。我们先简要地概括一下要点：求偶场聚集着进行性炫耀行为的雄性。在求偶场中，每只雄鸟都保卫着自己的专属领地，但这片领地除了有机会成为交配场地之外，没有其他价值。这些领地的大小和空间分布，以及一个求偶场内的领地数量（从几个到几十个不等）在物种间都有很大的差异。在某些物种中，个体的领地可能只有3~15英尺宽，而其他物种的个体领地却有可能超过30英尺宽。在有些物种中，领地排列紧密，彼此相邻，而其他物种的领地则较为分散。在少数几个物种中，雄性拥有"独占"的求偶场，由于各自的领地相距甚远，以至于雄性看不到彼此，也听不到彼此的声音。有些雄性可能一年中有4~9个月的时间都住在自己的领地中，而有些雄性几乎一整年都栖息在求偶场，只在换羽的时候才会离开。除了侏儒鸟以外，在其他很多的鸟类、昆虫、鱼类、蛙类和蜻蜓目，以及少数几种有蹄类动物和果蝠中，也进化出了求偶场。

最早对求偶场的本质和功能产生困惑的人正是达尔文，这从他前后矛盾的论述中就能看出来。在《人类的由来及性选择》的多个章节中，他都谈到了鸟类在求偶场中的炫耀行为。在这本书的"斗争法则"一节中，他是从雄性竞争的角度来解释这个问题的，这也是大多数进化生物学家至今还在使用的论述方式。但在"鸣啭"（Vocal Music）和"滑稽的求爱动作与舞蹈"（Love-Antics and Dances）这两节中，达尔文又从雌性的配偶选择行为的角度谈到了在求偶场中炫耀的鸟类。在长达一个多世纪的时间里，达尔文的想法始终都是非常超前的，他甚至已经考虑到了求偶场与雌性的配偶选择有关的可能性。

在缺少有关雌性的配偶选择或性自主权的成熟理论的情况下，难怪研究求偶场进化起源的理论家们会普遍认为求偶场体系只是一种雄性竞争的现象，是雄性争夺统治地位或控制权的产物。传统观点认为，求偶场中的雄性为了建立一种等级制度，会以特定的方式展开竞争，雌性将默许与占据优势的雄性进行交配。这样一来，雌性得到的配偶自然是"最优秀的"，因为后者一路过关斩将，才到达了等级制度的顶端。这完全符合华莱士主义者的观点，即所有的性选择都是一种适应性的自然选择。

我上大学期间读过的鸟类学畅销教科书《飞禽传》（*The Life of Birds*），对求偶场炫耀行为的雄性竞争观点进行了最极致的阐述。这本书的作者是贝洛伊特学院的卡尔·韦尔蒂（Carl Welty）教授。韦尔蒂将鸟类的求偶场比作中世纪欧洲的初夜权（droit du seigneur 或 lord's right），后者指领主有权与任何一位即将成为新娘的处女发生性关系。韦尔蒂试图用这个不恰当的类比，将一种有可能是虚构的人类文化习俗（而且，这种行为从根本上体现出对女性性自主权的否认）与一种鸟类的社会体系（即一雄多雌制的鸟类在求偶场中炫耀）等同起来。而我们将会看到，一雄多雌制很可能就是证明雌性的性自主权发挥作用的最佳例证。

1977年，在一篇很有影响力的论文中，行为生态学家史蒂夫·埃姆伦（Steve Emlen）和卢·奥里恩（Lew Oring）对传统的雄性竞争理论表示支持，将求偶场描述为"雄性间展开竞争的一个广场"，使得"雌性可以根据雄性的地位进行初步选择"。那么，既然求偶场中的大部分雄性最终都会在竞争中失利，它们为什么还要一起在求偶场中炫耀呢？意识到这个问题的埃姆伦和奥里恩为这个理论提供了一种听起来似乎有道理的解释：雄性聚集在一起，共同发出求爱信号，它们的声音就会更加响亮，能传到更远的地方，吸引来的雌性也会更多。不过，动物行为学家杰克·布拉德伯里（Jack Bradbury）很快就证明，雄性共同发出视觉或听觉上的炫耀信号，实际上并不会使它们获益。尽管一大群正在炫耀的雄性的确比一小群雄性产生的声音效果更好，但也仅仅体现在音量上，雄性的数量越多，音量就越大。这意味着后来进入求偶场的雄鸟，并不会使求偶场内每只雄鸟的有效影响范围扩大，也不会吸引来更多的雌鸟。

如果雄性不能从集体炫耀中获益，那么它们加入求偶场还有什么其他原因吗？布拉德伯里和其他人根据他们认为的求偶场可能给雄性提供的有利条件，提出了几种模型。比如，根据"热区"模型的预测，聚集在雌性集中觅食区域的雄性，能最大限度地提高它们与雌性邂逅的概率。此外还有"高手"模型，也就是说在那些特别有吸引力的雄性（即吸引到的雌性数量多于平均值的"高手"）附近开辟领地的雄性可能会受益，因为有些雌性最终可能会选择和它们中的一个进行交配。

然而，热区假说和高手假说的证据，还比较模糊。最近的几项研究利用令人兴奋的新科学工具和技术，包括无线电跟踪和分子指纹图谱，并结合经典高效的巢穴寻找方法，结果表明这些理论都是错误的。比如，勒娜塔·德瑞斯（Renata Durães）及其同事发现，虽然一些蓝冠娇鹟（Blue-crowned Manakin，拉丁名为 *Lepidothrix coronata*）的求偶场的确位于雌性高度密集的区域，但与热区假设的预测相反的是，这些区域的求偶场比低密集区域的求偶场更小，而不是更大。在一项后续研究中，德瑞斯获取并分析了一群雄性和雌性蓝冠娇鹟的DNA"指纹"。令人难以置信的是，德瑞斯还找到了66个巢穴，并获得了雏鸟的分子指纹，进而确定了它们的父亲。这样一来，就能知道雌性在离它们筑巢地点多远的地方，才找到了它们中意的雄性作为配偶。德瑞斯发现，大多数雌性并没有从离它们最近的求偶场中选择配偶，它们通常会从第三近的求偶场中选择配偶，这也与热区模型的预测相矛盾。德瑞斯的结论是，雌性的配偶选择行为与热区模型或高手模型都不一致。

20世纪80年代，杰克·布拉德伯里和进化生物学家戴维·奎勒（David Queller）继达尔文之后，最早提出求偶场的形成与雌性的配偶选择行为有关。1981年，布拉德伯里提出了一个革命性假说：由于雌性喜欢看到雄性聚集在一起，才进化出了求偶场。具体来说，他认为，雌性进化出了喜欢看到雄性聚集在求偶场里的偏好，因为面对一群彼此挨得比较近的雄性，它们可以对潜在的配偶进行充分的比较。当一个相对较小的空间中聚集了很多雄性时，挑选配偶就会变得更加简单和方便。这有点儿像与其要从一家店走很远到另一家店选购东西，还不如直接去商场购物。

戴维·奎勒进一步深入分析了雌性进行配偶选择时的想法，从审美的角度提出了一种求偶场进化的性选择模型。奎勒证明，如果雄性聚集的行为和其他的雄性炫耀特征（比如尾巴的长度）一样，就可能会进化出求偶场。只要雌性对某种特征产生了偏爱，比如对雄性聚集的现象产生偏爱，那么雄性聚集的行为就会进化。这样一来，求偶场择偶偏好的遗传变异将与求偶场炫耀特征的遗传变异产生相关性，偏好和特征也会继续协同进化下去。根据这个模型，求偶场进化不过是另一种随意产生的美，但这种美属于雄性的社会行为，而不属于雄性的身体特征。

布拉德伯里和奎勒都把求偶场看作为雌性的配偶选择提供机制的一种组织。不幸的是，他们强调雌性主体作用的观点过于超前，以至于他们的革命性模型没有得到很多关注。而在20世纪八九十年代，人们对求偶场行为的进化产生浓厚兴趣之后，大部分人的关注点又都在验证热区模型和高手模型上，它们与布拉德伯里和奎勒的想法完全不同，因此关于这个问题的研究进展缓慢。

◎

现有的求偶场炫耀模型（即雄性竞争模型和雌性配偶选择模型）的最大缺点，就是只把求偶场当作交配场所，而没有考虑到求偶场也是一种雄性社交现象。求偶场不只是为了方便雌性找到伴侣而集中在一起的雄性领地，它不同于高速公路出口附近聚集的相互竞争的加油站和快餐店。求偶场是一种高度社会化的结构，很多雄性聚集在这里，捍卫领地、打斗、合作完成通常很复杂的炫耀表演，建立起复杂又长久的社会关系，这种关系甚至能持续一生。

为了理解这种关系有多么复杂，我们必须看看雄性的令人难以置信的社交生活，可以说与同一物种中的雌性形成了鲜明对比。雌性侏儒鸟在出壳和会飞之后就过上了一种完全独立的生活。它们与其他成年雌性或成年雄性没有任何社会关系，除了在一年中的短短几分钟内，它们会到访雄性的领地，选择配偶，完成交配。唯一与它们有关系的个体就是它们的后代，而这种关系在幼鸟离巢时也会宣告结束。

雄性则完全不同，我们已经知道，它们与雌性的交集很少，即在巢中与母亲一起度过的一段短暂时光，每年繁殖季雌性在它们的领地上停留的一两分钟，以及如果它们足够有吸引力，炫耀表演也足够精彩，赢得了一只或更多雌性的青睐，就能拥有的短暂的交配时间。相较之下，它们与其他雄性之间的互动关系不仅更复杂，也更长久。

年幼的雄性侏儒鸟一旦会飞并离巢，就会四处游荡一年或更长的时间（这取决于具体的物种）。在此期间，它们必须先在与其他雄性共存的求偶场中开辟并维护好一块炫耀领地，然后开始建立社会关系，这种关系也是求偶场行为的一大特征。由于每只雄性侏儒鸟一般会在连续好几年甚至一生（10~20年）的繁殖季期间，都维护着同一个求偶场中的同一块领地，所以雄性间的社会关系才有机会建立和发展。因此，求偶场里雄性之间的社会关系包括持续10年或更长时间的日常社会交往。

◎

那么，为什么雄性要加入求偶场呢？最好的解释是，雄性必须聚集在一起，因为雌性喜欢雄性这样做。我们已经知道，在像侏儒鸟这样的实行一雄多雌制的物种中，由雌性独立完成所有养育后代的工作。它们筑巢、产蛋、孵蛋、喂养和保护雏鸟，直到它们羽翼丰满。作为对雌性付出的所有努力的回报，它们获得了对受精过程的控制权。雄性别无选择，只能屈从于雌性的偏好，因为任何拒绝加入求偶场的雄性都将失去繁殖后代的机会。在雌性掌握主动权的情况下，雄性的反抗只会导致它们在性选择中被淘汰。

每年交配一次且独自生活的雌性有没有理由不喜欢求偶场带来的这种丰富又复杂的审美或者性体验呢？为什么不按照自己想要的方式，在充斥着各种复杂、强烈、刺激的炫耀表演的环境中交配呢？从雌性的角度看，我们可以把求偶场看作一个性交易场所，不过它是为雌性而不是为雄性服务的。有望受到雌性青睐的雄性，为了吸引雌性选择自己，会完成一场精心设计的表演。更好的一点是，与真正在性交易场所里进行的交易不同，这里的顾客是不用付钱的。只要雌性提出要求，任何雄性都愿意免费提供服务。

雌性对雄性聚集现象的偏好，最初可能只是一种简单的感觉/认知倾向，即在观察附近好多只正在鸣叫和炫耀的雄性时，雌性会受到更多、更强烈的性刺激。因此，求偶场是为了满足雌性的这种需求进化而来，就说得通了。但前文中提到，求偶场不仅是集中在一起的雄性的交配领地，也是雄性之间建立复杂的社会关系的地方，这是一个看起来非常奇怪的进化发展过程。毕竟，几乎所有物种中的雄性在求偶方面都是竞争对手，而且经常互相打斗。所以，雄性间很难建立合作关系。事实上，任何形式的动物合作行为从进化角度来说都很难解释。无论是社会性昆虫的自我牺牲行为、人类语言的发展，还是巢中帮手现象，合作行为的进化总是需要克服利己主义这个大障碍。

毫无疑问，这是一个巨大的进化挑战。如果攻击性地妨碍其他雄性的交配，每只雄性的相对交配成功率就会提高。但是，这种持续的扰乱会破坏求偶场。如果雄性总在过分地相互妨碍和争斗，雌性就永远无法选择配偶。那么，在每一只自私的雄性都为了自己的最大利益而试图阻止其他所有雄性交配的情况下，求偶场该如何进化和维持下去呢？

理解这个难题的关键就是要意识到，雄性在求偶场里妨碍雌性造访其他雄性，是一种针对雌性的性胁迫行为，侵犯了雌性的性自主权。本质上，雌性配偶选择的进化机制与雄性竞争的进化机制处于对立状态。为了让雌性的配偶选择机制占据上风，侏儒鸟就必须以某种方式解决雄性的攻击性行为问题。

它们是怎么做到的呢？与园丁鸟一样，雌性侏儒鸟利用自己的择偶偏好对雄性的行为进行重塑，以得到它们想要的伴侣。在园丁鸟中，这种重塑是以求偶亭的方式进行的，在雌性评估雄性，以及决定让谁成为自己孩子的父亲时，求偶亭可以保护雌性免遭强迫交配的伤害。雄性园丁鸟之间，甚至对到访的雌性都有攻击性，但它们建造的求偶亭可以减小攻击性行为对雌性选择自主权的伤害。

相比之下，雌性侏儒鸟对性胁迫的抵抗并不是通过建筑来表达的，而是对雄性的社会组织和行为从根本上进行重塑。由此大大地减弱了雄性的攻击性，最大限度地增加了雌性获得中意配偶的概率。此外，还产生了一个稳定的求偶场繁育体系，再也不会因为雄性的攻击而遭到持续的破坏。尽管雄性间的争斗和妨碍行为并没有被完全消除，但它们已经被减弱至某种可容忍的程度，能够使雌性的选择自主权和雄性竞争达到平衡状态。

　　因此，我推测求偶场行为并不像20世纪的大多数理论认为的那样，是一种展现雄性的优势等级，而雌性只能默许并接受其带来的适应性优势的现象。确切地说，求偶场很可能是雌性在审美上偏爱聚集在一起进行社会合作的雄性的结果。

◎

　　有什么证据证明求偶场特别是侏儒鸟的求偶场，是作为一种合作性的社会现象进化而来的呢？事实上，这种进化假说是很难验证的。很明显，在求偶场炫耀的雄性比其他拥有领地的鸟类在空间上更能相互包容。所以，我们知道，侏儒鸟和其他在求偶场炫耀的物种在一些基本的社交方式上是很独特的。但是，我们很难弄清楚，雌性选择是否推动了雄性社会行为的转变。幸运的是，在侏儒鸟的相当普遍的求偶场炫耀行为中，存在着一种极不寻常的变体，从中我们能得出一些有关求偶场固有的合作性本质的深刻见解。

　　在许多侏儒鸟物种中，雄性间的社会关系可能远不只是和平相处那么简单。更确切地说，雄性间的社会关系可以延伸到两只或更多的雄性之间通过配合完成相当复杂的炫耀行为，这可能需要多年的磨合与调整才能达到完美的。这些炫耀行为的细节可能会由于物种不同而存在很大的差别，但这种协同和合作的行为是许多雄性侏儒鸟的特征。

　　尽管这种协同炫耀行为的审美本质是高度多样化的，如果按照社会功能来划分，主要有两类。有一类协同炫耀行为是由成对的雄性完成的，而且几乎总是在雌性不在场的时候。在侏儒鸟科中有一个特别的红顶蓝背娇鹟属（Chiroxiphia），这些鸟有另一类被我称为"强制配合"的协同炫耀行为，是由一对或一群雄性在雌性面前完成的，而且这是配偶选择和交配的必要前提。如果红顶蓝背娇鹟属的雄性侏儒鸟没有参与协同炫耀行为，它就不可能有与雌性交配的机会。

就像舞蹈一样，协同炫耀行为可谓千变万化。比如，成对的拥有领地的雄性金头娇鹟会完成一系列精心设计的动作，然后一起站在同一根树枝上，背对背摆出喙向上指的姿势。在蓝冠娇鹟和白顶娇鹟中，雄性在协同炫耀时的行为元素和它们各自炫耀时的行为元素是一样的。雄性会在小树之间以"直线"和"大黄蜂式"的轨迹来回飞行，还会在离地面很近的地方围绕着一小片空地互相追逐。

在金翅娇鹟中，成对的雄性会协同完成精彩的原木炫耀行为。第一只雄性站在原木上等待第二只雄性完成原木炫耀行为，第二只雄性刚一落下，第一只雄性就会飞入空中，让对方占据自己之前在原木上的位置。接着二者角色互换，第二只雄性等待第一只雄性完成炫耀行为。在这种情况下，协同炫耀是由成对的雄性完成的，它们可以是相邻领地的主人，也可以是一只有领地的雄性和一只没有领地、四处漂泊的年轻雄性。我刚才描述的所有协同炫耀行为都不是在雌性到访雄性领地时完成的，它们的作用只体现在雄性间的社会关系方面。

鸟类学家马克·罗宾斯（Mark Robbins）、托马斯·赖德（Thomas Ryder）和其他人对雄性绯红冠娇鹟属（*Pipra*）协同炫耀行为的描述，让我们对侏儒鸟的社会关系有了更多了解。绯红顶娇鹟属包括线尾娇鹟（Wire-tailed Manakin，拉丁名为 *Pipra filicauda*）、斑尾娇鹟（Band-tailed Manakin，拉丁名为 *Pipra fasciicauda*）和绯红冠娇鹟（Crimson-hooded Manakin，拉丁名为 *Pipra aureola*）。拥有领地的雄性绯红冠娇鹟属会与另一些雄性侏儒鸟（包括其他拥有领地的雄性和没有领地、四处流浪的年轻雄性）一起炫耀。通常情况下，协同炫耀行为是这样的：一只拥有领地的雄性在它的炫耀栖木上等待，另一只雄性则会进行S形曲线的俯冲飞行炫耀，在后者接近栖木的过程中，先是飞得比

图7-1　一群雄性金翅娇鹟的协同炫耀行为。（上图）一只雄性在原木上以尾部向上指的姿势等待着，此时另一只雄性向原木飞来。当飞行中的雄性落下，并从原木上弹起时（点线），等待中的雄性会从原木上跳起（虚线）。（下图）两只雄鸟在原木上方交错而行，然后面对面落在原木上，并摆出尾部向上指的姿势

栖木低，然后又比栖木高。当它落在栖木上替换之前等待的那只雄性时，会发出一种独特的叫声。之后，二者不停地进行角色互换，重复上述步骤。这种协同飞行炫耀表演可能会持续好几分钟。和前文描述的炫耀行为一样，这些协同炫耀行为通常不是表演给到访的雌性看的。尽管它们用的还是跟异性交流时用的那套方法，也就是说特定的炫耀行为元素是一致的，但它们把这些元素融入完全属于雄性间社交行为的联合表演中。

图7-2 一对雄性斑尾娇鹟协同完成俯冲飞行炫耀

我刚才描述的所有炫耀行为都属于第一种类型,即简单的协同炫耀行为。而第二种即强制配合炫耀行为则比较独特,它是红顶蓝背娇鹟属侏儒鸟独有的一种行为。雄性红顶蓝背娇鹟属侏儒鸟在交配前的雄性间合作行为,是所有动物中形式最极端的。成对甚至成群地建立起长期合作关系的雄性会进行协同炫耀,因为这是向雌性求爱的过程中不可缺少的一个环节。与其他的雌性侏儒鸟不同,雌性红顶蓝背娇鹟属侏儒鸟会观察这些协同炫耀表演,并根据自己的评价来选择配偶。它们先选出自己偏爱的那一对或者那一群雄性,再从中选择表现突出、占据主导地位的雄性。

为了吸引雌性访客来到炫耀场地,雄性红顶蓝背娇鹟属侏儒鸟会先站在比炫耀栖木更高的树枝上大声鸣叫,完成配合完美的二重唱:特嘞嘟……特嘞嘟……特嘞嘟……(或者类似的声音)。当雌性到访时,成对或成群的雄性会做精致的"侧手翻"或"向后跳山羊"的炫

耀表演。在大多数物种中，"向后跳山羊"的炫耀行为由两只雄鸟完成，
地点是在靠近地面的一根小而隐蔽的水平树枝上。燕尾娇鹟（Blue
Manakin，拉丁名为 *Chiroxiphia caudata*）的向后跳山羊的炫耀行为是
由4~5只雄鸟完成的（图0-20）！当雌鸟落到雄鸟的炫耀栖木上时，最
靠近它的雄鸟会向上跳，然后在雌鸟面前盘旋，并抖松它的红色羽冠。
在盘旋过程中，雄鸟会发出一种嗡嗡声和低吼声套叠的叫声，然后落
在栖木上离雌鸟比较远的地方。与此同时，第二只雄鸟会沿着栖木向
雌鸟走过去，然后突然腾空而起，完成和第一只雄鸟一样的动作。这
种炫耀表演无论在哪里都会重复20~200次，这取决于雌鸟的喜欢程
度，以及它想看的次数。最终，占据首要地位的雄鸟会发出一种独特
的叫声，而处于次要地位的雄鸟（们）则会离开栖木。留下来的雄鸟
会完成另外一些独特的炫耀表演，如果到此时雌鸟仍然在栖木上，它
们就会交配。在炫耀表演的任何一个环节，雌鸟都有可能离开。

图7-3　一群雄性燕尾娇鹟向一只到访的雌性（画面右侧）展现强制性协同炫
耀行为。当离雌性最近的雄性向上跳起，并飞回树枝上时，其他雄性会沿着树
枝慢慢走向雌性。这个过程会重复几十次甚至上百次

完成这些表演需要相当好的技巧和协同。因为雌鸟的眼光非常敏锐，它们倾向于选择那些长期与其他雄鸟保持着社会关系的雄鸟，因为只有这样它们才有足够的时间刻苦练习，解决表演中的所有问题。显然，雄鸟需要多年的练习才能达到完美的和声效果，并成功吸引到配偶。鸟类学家吉尔·特雷纳（Jill Trainer）和戴维·麦克唐纳（David McDonald）已经证明，成对的雄性长尾娇鹟在表演"特嘞嘟……特嘞嘟……"的二重唱时，它们和声的节奏会极大地影响它们交配成功的可能性。

这种炫耀行为的合作模式已经完全改变了红顶蓝背娇鹟属侏儒鸟的整个繁育体系，形成了一种全新的求偶场。与其他侏儒鸟不同的是，雄性红顶蓝背娇鹟属侏儒鸟不会守卫自己的领地。确切地说，每一块炫耀领地都由一群雄性来控制。这个群体包括一只占据首要地位的雄鸟，它与另一只处于次要地位的雄鸟共享领地；或者在燕尾娇鹟的例子中，它还要和处于第三位甚至第五位的雄鸟共享领地，其他的雄鸟都渴望有一天能够接替它成为"首领"。这些共享领地的雄鸟之间的合作关系是长期的，而且是在多年的交往过程中建立起来的。

但是，在建立这种合作关系的过程中，想要成为首领的个体要面对非常多的挑战。年轻的雄鸟必须互相竞争，因为它们中的每一只都想努力成为牢牢占据次要地位的雄性或者是占据首要地位的首领。在它们参与竞争之前，必须等待 4 年的时间，才能拥有成鸟的丰满羽翼。起初，年轻的雄鸟看起来很像绿色的雌鸟，它们每年都要换羽，逐渐长出成年雄鸟的羽毛。在此期间，接近成年的雄性会加入不同的群体，参与基本的炫耀表演。雄鸟一旦羽翼丰满，通常会再花几年的时间，以流浪者的身份参与炫耀表演，试图赢得其中的首领的认可。在"实习"期间，它们会继续致力于提升自己的二重唱和炫耀行为在时间上的协同性。

最终，当一只红顶蓝背娇鹟属的侏儒鸟在付出时间和努力后，成为占据次要地位的雄鸟时，会得到什么呢？好吧，它仍然不能和雌鸟交配，因为雌鸟只会在占据首要地位的雄鸟中进行选择。不过，如果头鸟死亡或者消失（尽管这可能要等5~10年甚至更长的时间才会发生），它现在的身份更有利于接替头鸟的位置。即使一只雄鸟最终获得了头鸟地位，这场争斗也没有结束，因为它还要与在不同的炫耀合作关系中胜出的其他头鸟展开持续竞争，以便成功吸引到更多配偶。

这种多层次的激烈竞争创造出所有脊椎动物中最强的性选择过程。比如，戴维·麦克唐纳在对哥斯达黎加的长尾娇鹟（Long-tailed Manakins，拉丁名为 *Chiroxiphia linearis*）进行的长期研究中发现，在5年甚至更长的时间里，有极少数的雄鸟每年能获得50~100次的交配机会，而大多数的雄鸟则从未得到交配机会。行为生态学家埃米莉·杜瓦尔（Emily DuVal）也发现了类似的情况，她曾在巴拿马对尖尾娇鹟（Lance-tailed Manakin）的性选择过程进行了一项非常详尽的研究。杜瓦尔利用巢中雏鸟的DNA指纹图谱来确定它们父亲的身份，她发现所有雏鸟都是雄性首领的后代。此外，在21只相同年龄的雄鸟中，只有5只成为首领；在5只雄鸟中，有4只成功地繁殖了15只雏鸟，而剩下的那一只雄鸟在9年的时间里都没有繁殖出一只雏鸟。显然，雌性红顶蓝背娇鹟属侏儒鸟有着非常强烈的择偶偏好，以至于在与性有关的竞争中，输家比赢家要多得多。红顶蓝背娇鹟属侏儒鸟群落就像一个巨大的庞氏骗局，超过90%的雄性注定会失败。

既然如此，这些雄鸟为什么还要这样做呢？绝大多数雄鸟在强制性的合作关系中都是失败者，这种现象产生的唯一原因就是雌鸟完全掌握了主动权，雄鸟没有选择的余地，因为没有其他选项了。就像男子双人花样滑冰比赛或者男子双人钢管舞比赛的评委那样，雌鸟可以任意挑剔雄鸟，或者说它们会尽可能地挑剔雄鸟。要是不出意料的话，极致审美主义的奖项应该颁给巴西代表队！在巴西东南部的"狂欢节之都"里约热内卢附近的森林里，三五成群的雄性燕尾娇鹟正在进行侧手翻炫耀表演，迄今为止，在地球上还没有其他类似的表演。

雄性红顶蓝背娇鹟属侏儒鸟参与了自然界中已知的最残酷的性竞争。但是，这种竞争又不能依靠武器或侵略来解决。更确切地说，它完全是通过雄性合作完成的仪式化的舞蹈来进行的。极致的雌性选择使雄性从好斗的竞争者转变为夸张的表演者。

◎

传统上，协同炫耀行为一直被阐释为一种雄性以仪式化的方式建立起优势等级的机制。然而，这个观点其实是对求偶场的错误定义的后遗症。有人误以为求偶场是雄性相互竞争从而建立起优势等级的地方，雌性默许与其中的最强者交配。事实上，几乎没有证据表明，雄性侏儒鸟本身的优势会使其获得性方面的成功。雄性协同炫耀行为的另一个可能的解释是亲缘选择。也许雄性是为了使其与同母异父的兄弟或表兄弟共享的那部分基因能更好地延续下去，而与近亲一起进行炫耀表演？不过，戴维·麦克唐纳和韦恩·波茨（Wayne Potts）最终证实，进行炫耀合作的雄性长尾娇鹟之间的亲缘关系并不比随机碰到的雄性之间的亲缘关系更近。因此，所有与雄性优势有关的解释都失败了。

相比之下，求偶场进化的雌性选择/性自主权模型既能解释求偶场本身的进化，也能解释各种通过社交协同完成的侏儒鸟求偶场行为。侏儒鸟的协同炫耀基本上体现了雄性求偶场行为固有的合作性本质，是另一种驯服雄性个体的利己侵犯性行为的方式，从而让求偶场的存在成为可能。协同炫耀的进化机制很有可能和求偶场炫耀的进化机制一样，都是由雌性对雄性合作行为的偏好推动的，因为这种行为有利于雌性的选择自主权。

这个假说最初让人感到困惑的一点是，在大多数侏儒鸟中，雄性间的协同炫耀行为即使被到访的雌性直接看到，也是其中很少的一部分。因此，雌性偏好在进化上对雄性的协同社交行为的影响一定是间接的。如果雌性没有观察到这种行为，为什么还会偏爱参与其中的雄性呢？说白了，这跟它们有什么关系呢？

雌性似乎是通过挑选与其他个体相处融洽的雄性，来间接地选择那些协同炫耀表演的雄性。与其他个体建立起这种合作关系的雄性，不太可能参与到暴力的交配竞争中，雌性可因此免受性骚扰。要知道，雄性的性骚扰不仅会浪费雌性的时间，还会干扰它们的配偶选择行为。因此，协同炫耀行为进化的原因是，这种雄性间的互动滋养了雌性强加给它们的复杂的社会关系。

然而，与审美进化的其他不经意的结果一样，合作炫耀行为一旦存在，就成为性选择的对象，并且带来了新的择偶偏好。这种机制可以解释一种强制性合作炫耀行为的进化过程，它出现在红顶蓝背娇鹟属侏儒鸟中。在红顶蓝背娇鹟属侏儒鸟的祖先中，可能频繁地出现雄性协同完成炫耀行为的情形，于是雌性开始专门选择这种充满刺激性的新炫耀形式，然后它们的偏好就与这种新奇的行为发生了协同进化。一次偶然的社交行为就这样成为炫耀表演中不可缺少的一部分，再次体现了基于审美的配偶选择产生的一系列进化效应。

◎

我们如何验证协同炫耀本质上是一种合作性的社交行为，在雌性配偶选择的推动下进化而来的假说呢？科学家从一个全新的视角去研究侏儒鸟的社会关系，得出了两个有趣的新数据集，可以有力地支持这个观点。最近，戴维·麦克唐纳率先使用网络分析追踪求偶场中雄性间的社会关系。网络分析是用一张由节点（即个体）和节点间连线（即关系）组成的图，来描述个体间的相互关系的一种方式。执法、安全和情报机关正在使用网络分析工具，从手机记录、电子邮件和元数据中发现和追踪犯罪集团及恐怖组织。我们可以用同样的方法来调查社会关系对雄性侏儒鸟交配成功起到的作用。

麦克唐纳利用从协同完成侧手翻炫耀的长尾娇鹟那里获得的10年数据集，证明了年轻雄性未来交配成功与否的最佳预测指标，就是它与雄性社交网络的连通性。换句话说，那些社会关系最丰富的年轻雄性（也就是最常参与不同雄性群体的合作炫耀的雄性），将来最有可能坐上雄性首领的位置，而且在接下来的几年中会有更高的交配成功率。同样地，布雷特·赖德（Bret Ryder）及其同事还证明，年轻的雄性线尾娇鹟（Wire-tailed Manakins）的社会关系广度能有效预测其未来的社会地位和交配成功率。

这些数据表明，丰富的雄性社会关系（是兄弟情，而不是统治与侵略）是雄性侏儒鸟成功实现交配的途径。那些不能与其他个体和睦相处的孤独或反社会的雄性，将成为侏儒鸟求偶场中的失败者。

当然，这引发了一个问题：雌性线尾娇鹟如何知道哪些雄性有最丰富的社交生活？就算它们看过雄性的协同炫耀表演，也只有几次而已，而且它们无法了解每只雄性的社交网络中有多少好友。不过，尽管雌性只能通过自己直接看到的雄性炫耀行为进行选择和评估，但它们间接上选择的还是那些社会关系最复杂和最持久的雄性。如果说熟能生巧，那么雌性以最佳炫耀者为标准选择的雄性，或许正是那些参与过最多样化、最频繁和最持久的合作炫耀表演的雄性。所以，如果我们问侏儒鸟要获得社交和性方面的成功需要什么条件，那么答案很可能是遗传、发育和社交经验的结合。

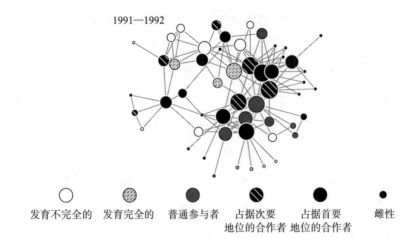

1991—1992

　发育不完全的　发育完全的　普通参与者　占据次要　　占据首要　　　雌性
　　　　　　　　　　　　　　　　　　　地位的合作者　地位的合作者

图7-4　一年内雄性长尾娇鹟的社交网络，不同的圆圈代表不同的社会地位

资料来源：图片来自麦克唐纳2007年在《美国科学院院报》上发表的论文。

在侏儒鸟中，雌性的配偶选择行为从根本上改变了它们很少到访的雄性世界的本质，目的就是促进雌性的性幻想和选择自主权。其结果是求偶场本身的进化，以及在许多物种中发现的数量和形式都很惊人的雄性协同炫耀行为的进化。

在《人类的由来及性选择》出版近150年之后，我们一定会怀疑达尔文提出的"鸟类似乎是除人类之外的最美的动物"这一论断是不是太绝对了。如果我们按照专门用于审美表达的能量和投入所占的份额，来衡量某个个体或某个物种的美学素养，那么侏儒鸟将远远超过人类。占整个物种1/2的雄性侏儒鸟在排练、完善和表演一整套精心编排的歌舞节目，并以两只雄性协同、一群雄性协同和一只雄性单独表演的形式呈现的过程中，花费了大部分的时间和精力。按照达尔文的标准，侏儒鸟和园丁鸟的美学素养已经远远超过人类了！

第 8 章

人类之美的发生
与演化

查尔斯·达尔文的《人类的由来及性选择》本质上是一本关于人类进化史的长篇著作，其中只有少数几个章节谈到了鸟类和其他动物。达尔文将鸟类（和其他动物）纳入其中，只是为了更好地支持他的假设，即性选择在人类进化过程中发挥了关键性作用。这本书也采用类似的写法，但人与鸟的篇幅比例正好相反。今天，这种混合法和过去一样重要且有效。通过应用在探索鸟类进化史的过程中学到的有关配偶选择的知识，我们可以更全面地了解它在塑造人类物种的外表和性行为方面的作用。

我们在鸟类身上看到的驱动力（"总有美会发生"机制、两性冲突和审美重塑），它们也在人类及其灵长类祖先身上发挥了作用，在接下来的章节中，我们会对具体的过程进行推测。我之所以说"推测"，是因为人类的审美进化是一门新学科，我在这里提出的大部分理论都需要用数据进行验证和分析，数据的来源主要是对比研究和社会学调查。不过，我们在鸟类的例子中已经看到，审美进化有强大的解释力，而且更重要的是，它让我们摆脱了坚决主张自然选择无所不能的这种乏味且有限的适应主义思想。

事实上，对于人类配偶选择的研究目前正处于适应主义思想的控制之下，形成了一个叫作进化心理学的领域。当代的进化心理学在推动用自然选择解释一切进化过程方面产生了深刻的影响，而且往往起到了过分狂热的决定性作用。将适应性的概念应用于人体生物学，正是这一领域的组织原则。进化心理学家认为，人类大量的性装饰器官和行为既是反映个体素质的诚实指标，也是适应策略。从来没有人怀疑过进化心理学研究得出的任何结论。唯一的问题在于，研究需要进行到什么程度才能得出那样的结论。

　　这项学术研究任务的危害是什么呢？最让我担心的，不只是进化心理学的大部分内容都是伪科学，因为伪科学会随着时间的推移得到纠正。更糟糕的一点是，进化心理学开始影响我们对自己的性欲、行为和态度的看法。进化心理学告诉我们，有些配偶选择的结果在科学上被视为有适应性的（即普遍适用），有些则不是，这些观点正在改变我们对自己的看法。

　　当然，雌性莺鹪鹩（House Wrens，*Troglodytes aedon*）对某种雄性叫声的偏爱，到底是因为这种叫声仅从审美角度来说比其他个体的叫声更动听，还是因为它反映出雄性出众的遗传素质或繁殖投资能力，这对我来说是一个很重要的问题。但是，这种鸟类学方面的争论，影响力极为有限。不过，当我们将适应主义者的逻辑错误地应用于人体和我们自己的性欲时，我们将会看到，确保科学过程不要成为知识运动的牺牲品，就成为一件对每个人来说都很重要的事情。

◎

　　在我们开始探究人类与性有关的进化之前，需要先把人类与性有关的生命现象放在历史和史前背景下。我们已经知道，生命的历史是一棵树，人类属于这棵生命之树上的一个独特分支。人类是由类人猿，或者具体来说是由非洲猿进化而来的。类人猿是旧大陆的一种灵长类动物，包括长臂猿、猩猩、大猩猩和黑猩猩。类人猿的近亲或者姊妹群是各种旧大陆的猴子，包括长尾黑颚猴、猕猴、狒狒、山魈和叶猴。在非洲猿中，人类与黑猩猩（chimpanzee，拉丁名为 *Pan trolodytes*）和倭黑猩猩（bonobo 或 pygmy chimpanzee，拉丁名为 *Pan paniscus*）的亲缘关系最近。人类、黑猩猩和倭黑猩猩共同构成了大猩猩（gorilla，拉丁名为 *Gorilla gorilla*）的姊妹群。

人类的进化史很复杂，这使得人类与600~800万年前我们和黑猩猩最近的共同祖先相比，已经发生了巨大的变化。在离现在更近的进化时期中，也就是在过去的5万年间，人类进化的步伐加快，经历了全球性的大规模扩张，形成了多种多样的人口、语言、种族和文化。

由于这种复杂性，所有关于人类进化的假说都必须被限定在以生命之树为基础的人类进化史的背景之下。我们可以把任何进化特征或者进化观点都划归到以下4种不同进化背景中的一种：

1. 在人类和各种哺乳动物、灵长类动物和类人猿的共同祖先生活的时期，或者在此之前发生的进化；

2. 从人类和黑猩猩最近的共同祖先开始，到形成专门的人类谱系期间发生的进化；

3. 当今生活在世界各地的人类已经发生和正在发生的进化；

4. 文化变迁或者文化进化的过程起步较晚，还在全球的人类种群间和种群内部继续发生。

人类进化出骨骼、四肢和毛发，但是没有尾巴，这些都是发生在进化背景1下不同时间点的事件。人类有发达的大脑和直立行走的能力，这是发生在进化背景2下的事件。

人类仍在进化的观点应归属于进化背景3。第4种进化背景与第3种虽然发生在同一时期，但前者包含了一种全新的现象——人类文化，这种现象可能出现在过去100万年中的某个时刻。（文化并不是一成不变的，所以我们无法确定具体的时间点。）文化与生物进化共同发展，有时还会相互作用，在这个过程中，以共同理念、观点、信仰和做法的形式存在的文化形成了自身的变化机制，有时还会对人类的思维方式、行为方式和精神状态产生深远的影响。

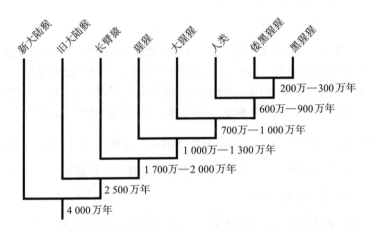

图8-1　根据谱系繁衍的估计时间绘制的猴子与类人猿的谱系发生图

由于人类性行为是类人猿性行为中的一种，所以了解我们与类人猿在性行为和社会行为方面的共同点是很重要的。同样重要的是，了解我们是如何分化的。如果我们观察其他类人猿，特别是黑猩猩的行为，就能由此调查出从人类与黑猩猩的共同祖先开始，人类进化出了哪些独特的行为方式，再去探究人类为什么会进化出这类行为方式。对我们来说，除此之外，还要研究在这些变化中，有没有哪一个是审美进化和性自主权推动的结果。

包括人类在内的大多数灵长类动物都依靠社会关系团结在一起，从而进化出了群居的生活习性。在各种灵长类动物的繁育体系中，有

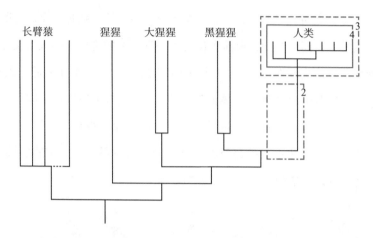

图8-2　类人猿的谱系发生图，图中大致勾勒出了人类进化的4种不同的背景：1.与其他多个物种（都属于比人类更低级的分支）共享的进化事件，2.从我们和黑猩猩的共同祖先到形成专门的人类谱系过程中的进化事件，3.在现存的人类种群内部发生的进化事件，4.在人类种群内部发生的文化进化

很多不同种类的性行为，这是由群体组成、规模和社会关系的差异造成的。在非洲猿的部分物种（大猩猩、黑猩猩、倭黑猩猩和人类）中，这种差异可以说相当惊人。

　　大猩猩群包括多只雌性和一只担当首领的雄性银背大猩猩。银背大猩猩控制着这个群体中所有雌性的性生活，雌性除了偶尔能决定加入哪个群体以外，几乎没有选择配偶的机会。相比之下，黑猩猩群包含多只雄性黑猩猩和雌性黑猩猩，规模更大。雄性黑猩猩会在群体中争夺首领的地位，然后利用自己的统治权对发情期雌性的繁殖过程进行控制。雌性黑猩猩会与不同的雄性黑猩猩多次交配，有时会组成临时的"夫妻"，在雌性黑猩猩受孕期间，这对"夫妻"会离开群体生活。

　　除非有雌性进入发情期，否则大猩猩群和黑猩猩群对性完全不感兴趣。雌性黑猩猩每4年左右会进入一次发情期，为期两周，在此期间，它会进行多次交配。黑猩猩的发情期与性活动周期之间的巨大差异是因为在交配和受孕之后，雌性会先经历7个月的妊娠期，再对每个孩子进行3年左右的母乳喂养。在哺乳期间，发情和排卵都受到抑制。人类在哺乳期间也会发生排卵受到抑制的情况，不过除此之外，女性的性生活显然与黑猩猩、大猩猩完全不同。

与黑猩猩一样，倭黑猩猩群也是由雄性和雌性组成的复杂群体。但是，雄性倭黑猩猩并不会争夺对群体的控制权，不管是在群体内部还是在群体之间，它们的攻击性都很小。与前文描述的其他类人猿不同，雄性和雌性倭黑猩猩会自由地与群体中的许多个体（包括同性个体）频繁地发生性行为，有些甚至发生在雌性还没有生育能力的时候。在整个成年期，它们会一直这样做，完全不受繁殖期或者生育能力的限制。在发情期，雌性倭黑猩猩会与多只雄性交配，并且展现出多变的择偶偏好。

除了以繁殖为目的的性行为之外，倭黑猩猩还会在缓解由于食物导致的社会冲突、缓解群体内的紧张情绪和促进个体之间的和谐统一时，发生短暂的性行为，而且是在无视性别、地位或年龄的情况下。不妨想象一下，倭黑猩猩正在进行紧张的商务谈判，突然双方出色的雄性"交易官"暂停谈判，开始交配或者相互摩擦生殖器，之后它们各自让步，达成了统一意见。倭黑猩猩的性行为就是这样的。

重要的是，我们要认识到这种不以繁殖为目的的性行为仍然是性行为。生殖和非生殖的性行为从根本上都是由它们带来的感官愉悦驱动的。这些行为的后果，无论是社会性的还是生殖性的，始终都是为了追求性本身的感官愉悦而产生的下游效应。

与倭黑猩猩一样，人类在女性有限的生育期之外，也会经常发生性行为。这种现象不仅在类人猿中很罕见，即使在整个动物界中也极不寻常。尽管如此，我们和倭黑猩猩在很多方面也不一样。虽然我们在整个成年期也会有不受繁殖期或者生育能力支配的性行为，但我们对发生性关系的对象是非常挑剔的（至少与倭黑猩猩相比是这样的）。

◎

在试图理解人类性行为的过程中，切记人类有很多关于性和性别的观点都受到文化的影响，或者像有些人说的"处在文化建构之下"。由于所有人类都浸淫在其特定的文化中，所以他们的态度、行为和性等方面必然会反映出他们的文化进化的方式（进化背景4）。因为全世界的人类种群都发展出了丰富多样的语言、物质、经济、民族、国家、伦理和宗教文化，所以与性有关的信仰和做法也相应地呈现出惊人的多样性。不过，这个基本真理并没有掩盖进化的生物学过程（进化背景1~3）仍然是与人类的性行为、繁殖和社会行为密切相关的事实。人类面临的巨大挑战，就是了解人类的生物历史和文化历史如何相互作用，从而创造出我们今天看到的各种性表达。

虽然这个问题的复杂程度已经超出了这本书的范围，但我还是想集中讨论几个有关生物学／文化相关性的问题，而且是那些通过研究审美进化能得到充分理解的问题。我尤其会关注从我们与黑猩猩的共同祖先生活的时期到大约1.5万年前的农业（可能还有财富）革命期间，人类性行为发生的进化和演变（进化背景2）。

即使在这个有限的背景下，人类的性行为也是非常复杂的，因为它是在多种性选择机制之间的相互作用下形成的。这些机制往往同时发挥作用，包括：

雄性间的竞争
雌性间的竞争

双方在择偶时对两性共有的装饰特征的偏好

雌性在择偶时对雄性炫耀的偏好

雄性在择偶时对雌性炫耀的偏好

雄性性胁迫

雌性性胁迫

两性冲突

考虑到这些性选择机制的多样性和复杂性，难怪我们对人类与性有关的进化的理解会如此混乱和晦涩。应该从哪里开始呢？由于我的目标是探索审美选择在人类进化过程中的作用方式，所以我会重点考虑有可能是通过配偶选择进化而来的那些装饰性特征。到目前为止，我们研究的主要是雌性在择偶时对雄性炫耀特征的偏好，因为在我们讨论过的鸟类中，是雌性推动了性选择的过程和极致审美主义的进化。但很明显，人类和某些鸟类物种（比如海鹦和企鹅）一样，两性都参与了配偶选择。

所以，我们先来看看人类的那些通过双向配偶选择进化而来的性特征和偏好，除了男女的特征和偏好都是一样的以外，选择机制的原理并没有变。达尔文提出，几乎裸露的人类皮肤（即体毛在进化过程中减少）是在性选择作用下进化出的一种审美特征。或者，人类体毛减少也有可能是为了在长距离跑动时更高效地冷却身体，而进化出的一种适应性特征。不管体毛减少是不是审美特征，都不会影响另一种独特特征具有装饰性的事实，那就是腋下、耻区、头皮和眉毛等特定区域保留的毛发。而且，两性保留毛发的区域是相同的（生物学家把这种现象称为"性单形"）。这一事实强烈暗示这一特征是通过双向的配偶选择进化来的，就像雄性和雌性的海鹦、企鹅、鹦鹉和犀鸟都有鲜艳的喙及羽毛一样。腋毛和阴毛直到青春期才开始发育的情况，进一步验证了这些部位的毛发是作为一种性征进化而来的假说。这些特殊位置的毛发,很可能是为了配偶间利用信息素进行性交流,这在哺乳动物中是很常见的现象。

腋毛和阴毛通过皮肤分泌物与微生物的结合,"培养"能吸引异性的气味。人类皮肤为各种各样的微生物提供了一个复杂的生态系统,其中许多微生物一直在与人类协同进化。皮肤微生物学家伊丽莎白·格赖斯(Elizabeth Grice)及其同事在论文中写道:"多毛潮湿的腋下和光滑干燥的前臂之间只有一小段距离,但这两个生态位就像热带雨林和沙漠一样差别巨大。"事实上,在这些生态方面的差异中,有一些很可能就是协同进化产生的审美特征。(未来,关于腋毛和阴毛的微生物群研究,很可能集中在皮肤菌群对体味的贡献上,从而开创出人类协同进化的微生物美学这一令人兴奋的新领域。)

在生命之树上,雄性在择偶时对雌性性装饰器官的偏好,显然是人类分支上独有的进化结果,因为这在灵长类动物中很罕见。雄性有强烈偏好的事实似乎违背了进化心理学中一个更加令人厌恶的"真理":由于精子易得且数量多,而卵细胞难得且稀有,所以男人性生活放荡,女人则相对保守。这种模式化观点的问题在于它不能反映人类的行为。尽管适应性的观点认为男性放荡不羁,女性羞怯腼腆,但至少在西方社会,男性和女性一生中性伴侣的平均数量几乎没有差别。

此外,希望与随机遇到的陌生人发生性关系,这种开放式的欲望和人类的进化史不可能有太大的关系。直到几百代人之前,农业发展使得人口密度增大时,人类群体仍然小而分散,在战争之外的时间里,随机发生的性行为是极其罕见的。所以,男性与陌生人发生性关系的行为,不可能是通过特定的选择过程进化而来的。事实上,男性的性行为已经朝着相反的方向进化了,也就是说变得挑剔了。

我们能从文艺界对性的带有渲染的描述中看出这一点。如果詹姆斯·邦德或者唐璜这些著名的登徒子和他们遇到的任何一个女人发生性关系，他们的传奇故事就没那么有趣了。但是，詹姆斯·邦德和唐璜在性方面是"英雄"，他们实现了男性的性幻想，成功地与许多最有魅力的女性发生性关系，而不是和任何女性发生性关系。事实上，邦德在性方面的挑剔制造了很多笑点，尤其是他对妩媚动人的办公室秘书莫尼彭尼小姐始终毫无感觉。尽管莫尼彭尼小姐很可爱，但她太不矜持了，无法满足男性对性选择的幻想。

与人类不同的是，其他所有雄性类人猿都表现出开放式的性欲，不会拒绝任何繁殖的机会，雄性大猩猩、黑猩猩和猩猩会把握住每一次可获得的交配机会。男性在性方面的挑剔，是在类人猿谱系图中仅出现在人类分支上的一种衍生特征（进化背景 2）。因此，与急于为男人的性生活放荡找理由的进化心理学家不同，我们真正需要做的是从进化角度解释男人的挑剔。

关于男人在性方面的挑剔，的确有一种从进化角度来说意义相当深刻的解释，而且和造就人类的独特素质有关。就目前而言，我们只需要知道这种挑剔与一个事实有关，那就是男人和其他雄性类人猿不同，他们进行了大量的繁殖投资；也就是说，男人在保护、照顾和喂养后代，以及让后代适应社会的过程中，投入了很多资源、时间和精力。一旦繁殖过程需要这种不间断的付出，男人就有可能对自己想要与之生儿育女的对象变得挑剔。真实的情况是：男人的基于审美的性偏好随着亲本投资的增加而进化（进化背景 2）。男性在性方面变得挑剔，促使女性的性装饰器官明显地发生了协同进化，比如永久性的乳房和与众不同的体形，其他类人猿则没有类似的特征。

永久性的乳腺组织、相对纤细的腰部和较宽的髋部，以及髋部和臀部沉积的脂肪，都是从人类与黑猩猩的共同祖先生活的时期开始，女性进化出的特征，因此也需要从进化的角度进行解释。可以肯定的是，所有这些特征的基本"版本"都在强大的自然选择的控制之下。较宽的髋部对分娩人类婴儿来说很有必要，因为婴儿的头部已经进化得比人类的近亲类人猿的头部大了。乳房是不可缺少的产出母乳的器官，对喂养婴儿至关重要。在人类进化史的大部分时间里，资源一直处于有限或者难以预测的状态，所以在自然选择的强烈影响下，人类开始有效地储存体脂。不过，这些特征中的每一种还在男性配偶选择的影响下具有了装饰性，这些装饰器官在某些方面的夸张程度由于远远超出了自然选择状态下的最优结果，所以无法仅通过自然选择来解释。

在地球上的 5 000 多种哺乳动物中，只有人类拥有永久性的乳腺组织。其他哺乳动物的乳房只在排卵期和哺乳期才会变大，在生命周期的其他时间则不会增大。女性在性成熟阶段发育出丰满的乳房，自此便一直拥有丰满的乳房。然而，超过 1 亿年的进化史证明，原始哺乳动物"根据需要变大"的乳房设计非常适合哺育后代。这告诉我们，永久性的丰满乳房并不是繁殖过程必需的特征，也没有自然选择上的优势。更确切地说，女性永久性的乳房很可能是在男性的配偶选择的影响下进化出的一种审美特征。

同样地，女性纤细的腰、较宽的髋部和臀部脂肪可能也超出了自然选择需要的程度。体脂在女性身体中的分布是有明显差异的。特别是臀部的脂肪，会让由胸部、腰部和髋部形成的沙漏型身材更加突出。尽管这些特征对很多人来说无疑都具有吸引力，但这并不意味着它们像那些进化心理学家说的那样，已经进化为反映配偶素质的适应性指标。即使一定量的体脂能真实地反映遗传素质或者健康状况，但这并不能解释它在女性身体中的具体分布方式。但还是有一些研究人员致力于证明丰满的乳房和低腰臀比实际上是被进化心理学家称为"配偶价值"的诚实信号，是衡量特定个体的适应性遗传素质和健康状况时的一种客观标准。

配偶价值概念的一个问题在于，它认为性吸引力一定有超越其本身的更大价值，而且排除了随意的审美特征产生性吸引力的可能性。我们讨论过，进化心理学家就像主张恢复金本位制度的人一样，坚信每一种进化产生的装饰器官都一定有某些外在价值，也就是以优良基因或者直接好处形式存在的一系列进化优势。他们认为，性吸引力一定有基因编码层面的意义，美的个体客观上在某些方面更优越。尽管有许多研究人员都在努力寻找支持适应性人类配偶选择的证据，但事实上，证明这种机制存在的数据出奇地少。

比如，尽管他们在验证人们普遍偏爱的低腰臀比与女性的遗传素质或健康状况有关的观点时下了很大功夫，但却没有找到证据。有一项著名的研究以波兰妇女为样本，结果表明，较丰富的乳房和较低的腰臀比与月经周期中较高的雌二醇和黄体酮激素的峰值水平有关。这些激素又与女性的繁殖力有关，因此其研究结果被视为在支持适应性假说。但没有迹象表明，研究中记录的激素水平的变化足够明显，或者在某种程度上确实影响了生育能力。事实上，参与研究的所有女性都没有避孕，这项研究也没有发现体形对女性生育能力有任何显著的影响。因此，这项研究实际上证明了体形与生育力相关的假说是错误的。然而，它仍然经常被用作支持这一假说的研究。这就是以信仰为基础的科学学科的运作方式，为了让大家继续相信一个已经失败的理论，一定要找到新的理由，不管这个理由有多么不充分。

类似地，还有大量的进化心理学文献把面孔的女性化程度作为反映女性"繁殖价值"或者个体一生中剩余繁殖潜能的进化指标。所谓女性化的面孔，是指小下巴、大眼睛、高颧骨和厚嘴唇。这组特征被认为在青春期时达到最佳状态，之后随着年龄的增长而衰退。这个观点的问题在于，年轻是不能遗传的！每个人一开始都是年轻的，然后随着时间的推移而变老。因此，偏好年轻配偶对男性来说是有利的，因为对方未来的繁殖潜力还很大，但这种偏好本身不会推动女性进化，其唯一合理的进化反应就是出现能隐瞒真实年龄的特征。因此，针对男性择偶时重点关注繁殖价值的情况，我们应该预测会进化出一些掩盖真实年龄的、有吸引力的随意特征。因此，对女性化的面孔的偏好很好地证明了配偶选择过程不是适应性的，而是随意的。

尽管漂亮的人确实会有更多的朋友、更好的工作和更高的收入，但这些事实只证明了美的社会效益，而无法证明漂亮的人在客观上比其他人更好。

要纠正对配偶选择适应性力量的盲目信仰，就需要用到"总有美会发生"的零假设模型。"总有美会发生"假说认为，女性的性装饰器官（比如，永久性的乳腺组织，以及髋部和臀部形成的明显曲线），是与男性对这些特征的偏好发生随意的协同进化的结果，并不能反映个体的遗传素质或健康状况。"总有美会发生"模型并不排除装饰特征真实反映个体素质的可能性，但它要求美丽背后存在的进化优势有充分的科学依据（即能推翻零假设模型），而不是仅靠意识形态上的狂热来支持。到目前为止，"总有美会发生"机制给出的解释似乎还没有什么问题。

◎

奇怪的是，有关女性对男性身体吸引力的偏好的文献，比有关男性对女性身体吸引力的偏好的文献少得多。进化心理学家史蒂文·康格斯特（Steven Gangestad）和格伦·夏德（Glenn Scheyd）已经承认："探究女性对男性体型特征偏好的研究太少了。"考虑到进化心理学领域一直以来的活跃程度，这种数据的缺失相当出人意料。如果较少的卵子数量促使女性对性更加挑剔，她们就应该对很多高度进化的男性的装饰特征产生偏好，而且这种偏好会更极致、更精细和更易于衡量。从科学的角度说，研究女性的择偶偏好应该是一件很容易的事情。

那么，为什么对女性择偶偏好的研究会如此之少呢？针对这个研究缺口，有几种可能的解释。第一，研究人员可能没有发现研究女性性偏好的价值，对此我表示怀疑。第二，对于女性择偶偏好的研究根本无法支持适应性的配偶选择理论，因此相关研究成果未被公开。我认为这种可能性更大。由于进化心理学的目的是解释人类的配偶选择为什么是适应性的，所以与这个目的相悖的数据集往往会被封存在实验室的笔记本和硬盘中，无法发表。公开发表的研究成果暴露出的不足很可能意味着有大量尚未发表的证据，这些证据一旦公开，就能有力地证明"总有美会发生"机制的存在。

即使是那些已经公开的数据，也很难被用作适应主义观点的论据。比如，有一个反复被提到的论据是，女性不喜欢过度"男性化"的面孔，其特征包括：突出的方下巴、宽大突出的额头、浓浓的眉毛、瘦削的脸颊和薄嘴唇。大量的研究表明，女性更喜欢中性甚至是女性化的面孔。其中一项研究表明，女性更喜欢留短胡须的男人，而不喜欢更男性化的络腮胡。根据康格斯特和夏德提到的少数几项不同的研究，女性偏好的这些面部特征似乎和她们偏好的男性身体特征是一致的。她们最喜欢清瘦但有点儿肌肉的男性身体，还要有宽大的肩膀和 V 型躯干，最不喜欢体型庞大、肌肉过分发达的男性。

这些发现给适应性主义者带来了一个难题，因为男性化特征原本是反映个体力量和优势的指标，每一个思想健全、追求健康的女性都应该喜欢。那么，女性不喜欢的这些男性化特征为什么仍然存在呢？一种可能的解释是，这些特征是在男性间争夺配偶和社会地位的过程中出现的，而不是在女性配偶选择的驱动下进化来的。进化心理学家还提出，女性可能更喜欢男性化特征较弱的男性，因为这意味着这个男人会在后代身上进行更大的亲代投资。然而，他们从未解释为什么那些有着宽广的额头、突出的下巴、高睾酮的男性就不能成为好爸爸，而是直接将其当作显而易见的事实。

进化心理学家之所以很难解释清楚女性偏好明显的不一致性，原因之一是，他们对于配偶价值的定义过于狭隘，以至于抓不住人类配偶选择的真正复杂之处。在某种程度上，配偶价值的概念正是文化理论家所说的男性凝视（male gaze）的一种科学化的表达。男性凝视观点认为，女性和女性的身体只是男性获得性爱快感的来源和操控对象。事实上，进化心理学对女性配偶价值的研究几乎都是通过让年轻男性凝视计算机生成的女性脸部和身体的图像进行的。难怪这个概念在理解女性性偏好的过程中不起作用。进化心理学将男性凝视当作一种适应性的结果，并将性别歧视写入人类进化生物学，这显然无法解释女性的择偶偏好。

进化心理学家忽略的社交互动，在人类的配偶选择过程中发挥着非常关键的作用。事实上，社交互动对我们如何感受性吸引力、与谁发生性关系和如何坠入爱河至关重要。实验社会心理学领域的一项新研究表明，人类的社交互动有可能比我们用眼睛获取到的信息还重要。心理学家保罗·伊斯特威克（Paul Eastwick）在他的著作中着重讨论了社交互动如何改变人们对性吸引力的感知。在一系列的实验和元分析中，伊斯特威克及其同事证明了一些我们完全凭经验知道的事情：随着互相了解的增加，我们对性吸引力的感知也会发生变化。

在进行任何社交互动之前，人们倾向于认同自己对他人性吸引力的最初（即表面）判断。但是，一旦他们有机会与对方进行社交互动，就会产生不同的判断，并且开始注意到对方吸引自己的特质。最终，当人们判断对方到底哪里有吸引力时，这些主观的社交感知的作用要远大于外表的吸引力。保罗·伊斯特威克和露西·亨特（Lucy Hunt）在论文中写道："事实证明，幸好有社交互动的存在，因为它几乎让每个人都有机会与别人建立一种彼此都认为对方有独特魅力的关系。"尽管有各种各样的身体吸引力，但人们的目标总体来说还是要和另一个人在社交和性的方面找到幸福，这真是一个美好的想法。"配偶价值"并不是一个通用的客观衡量标准，而是一种主观的相关性体验。

有趣的是，伊斯特威克的研究还表明，男性和女性在评估对方的吸引力时，人际关系对他们的影响程度是没有区别的。在有关女性配偶价值的进化心理学研究中，那些通过凝视着电脑屏幕给出数据的男性，实际上也有可能像女性一样，受到在社交互动中展现出的特质的影响。看起来，男性凝视并不是男人获得幸福的好方法。

在现实世界里，人类的配偶选择显然发生在一个复杂的环境中，因为每个个体不但在身体素质上存在差异，性格和个性也各不相同。归根结底，我们有能力与他人以越发复杂的方式进行社会交往，这种进化过程已经影响了人类的择偶标准。随着文化、物质文化、语言和复杂社会关系的出现，人类对吸引力的审美有了一个得到极大扩展的新维度——社会人格。社会人格包含所有的品质（幽默、善良、同情心、体贴、诚实、忠诚、好奇心、自我表现等），现在都是我们互相吸引的部分原因。事实上，这些特征的进化很有可能正是因为它们有吸引力，而且有助于加强两性关系的社会稳定性。且不说坠入爱河时的紧张、愉悦和有可能令人心碎的感受，光是这个过程已经变得越来越复杂了，因为这是数百万年来男女双方基于审美进行配偶选择并发生协同进化的结果。尽管大猩猩和黑猩猩确实也有类似于社会人格的属性，但我认为它们不会像人类一样坠入爱河，因为这些物种并没有经历过这种协同进化的过程。

进化心理学对配偶价值的定义暗示我们可以看着电脑屏幕上的一张潜在配偶的照片，然后向左或向右滑动鼠标，就能做出符合进化趋势的决定。尽管这种方式在一段时间内可能很有趣，但要作为一种长期策略的话，通常会失败，因为配偶价值是不可能根据任何以表面特征为基础的客观尺度来定义的。真正的"配偶价值"只在双方相知相爱的过程中才会出现，而且坠入爱河是需要时间的。对于今天年轻的城市居民来说，时间是有限的，性选择的机会却几乎是无限的。然而，在人类进化的大部分时间里，我们都生活在非常小的种群中，性选择的机会很少，而且时间很充裕。人类配偶选择的进化是为了在后一种情况下发挥作用，而非前一种。

男性外表明显缺少装饰特征的真正原因是，在人类进化的过程中，女性在择偶时把重点放在社会特征，而不是身体特征上。直到不久之前，女性的社会分工还只是负责照顾孩子，所以她们更关注那些表明男性可能有耐心维系一段稳定的婚姻关系的品质，这是说得通的。从长远来看，女性的择偶标准已经变为：男性既是她们的好伙伴，又是孩子们的好父亲。然而，这并不意味着女性在寻找配偶时无须货比三家。

◎

尽管如此，女性的配偶选择可能还是对男性身体的一个主要特征的进化起到了决定性作用，即阴茎。我们可能不会把这个关键部位当作"装饰器官"，但就像女性的乳房一样，男性的阴茎在进化过程中，同时受到了自然选择和性选择过程的影响，所以我们有必要搞清楚哪些特征是通过哪种机制进化来的。

达尔文也曾试图区分自然选择和性选择对个体身体部位的影响。

比如，某些雄性甲壳纲动物在交配过程中专门用来抓住雌性的执握肢究竟是自然选择的结果，还是性选择的结果。达尔文认为，如果某个器官的功能是繁殖过程必需的，就会在自然选择的推动下进化。然而，同一种器官通过交配竞争或配偶选择衍生出的任何特征，都是在性选择的推动下进化来的。

人类阴茎是体现这两种进化机制同时作用的极好例子。考虑到哺乳动物体内受精的事实，我们知道阴茎对繁殖过程来说是绝对必要的。因此，人类阴茎的存在和保留可以单纯地归因于自然选择。但是，人类阴茎形态上的多种特征已经超出了交配和受精所需，所以很有可能也受到了性选择的影响。

在灵长类动物中，阴茎是最具多样性的器官之一，不同物种阴茎的长度、宽度、厚度、形状、表面纹理和细节都存在根本性差异。而且，所有的变体都超出了繁殖所需。那么，为什么不同的物种会进化出差别如此巨大的阴茎呢？

当然，在这里我主要关注的是人类阴茎。不管用哪一种标准来衡量，人类的阴茎都有很多需要解释的地方。尽管人类的体型介于大猩猩和黑猩猩之间，但阴茎的绝对尺寸和相对尺寸都比其他类人猿大得多。大猩猩阴茎勃起时有 1.5 英寸长；黑猩猩阴茎勃起时有 3 英寸长，而且又细又光滑，顶端很尖；人类阴茎勃起时平均长约 6 英寸，比其他类人猿的阴茎更长也更粗。人类阴茎的另一个特点是尖端有明显的球状龟头和冠状脊，虽然其他灵长类动物也有类似的结构，但非洲猿却没有。我们还应该注意到，与更大、更复杂的人类阴茎形成鲜明对比的是，人类睾丸的相对尺寸和绝对尺寸都比我们的近亲黑猩猩小。

贾雷德·戴蒙德在《第三种黑猩猩》（*The Third Chimpanzee*）中，用一幅令人难忘的漫画描绘了雄性大猩猩、黑猩猩和人类"在彼此眼中的样子"，以及三者在生殖器上的差异。漫画中的大猩猩在一个很大的圆圈里，但睾丸很小，阴茎更小。黑猩猩的体型虽然小得多，但有巨大的睾丸和很小的阴茎。人类的体型介于大猩猩和黑猩猩之间，但睾丸很小而阴茎很大。这种生殖器特征的组合体是在每个物种不同来源的性选择的驱动下进化来的。因此，这些变化讲述了阴茎形态的动态进化史，对此可以有多种解释，有些解释比其他解释更为合理。

睾丸和阴茎的大小常被视为在雄性间精子竞争的推动下进化的结果。根据这种假设，当雌性有多个配偶时，雄性为了在竞争中胜出，就会在性选择的驱动下产生更多精子，从而使睾丸变大。黑猩猩繁育体系的特征是多次交配的情况普遍存在，精子竞争激烈，因此雄性黑猩猩的睾丸很大。大猩猩繁育体系的特征是雄性控制着一群有繁殖能力的雌性，几乎不存在精子竞争，或者说雌性选择配偶的机会很少，因此雄性大猩猩的睾丸很小。

人类的大阴茎也被解释为精子竞争驱动进化的产物。因为阴茎越大，精子在性交过程中被释放出来时就越接近卵细胞，受精的概率也越大，或者说理论上是这样的。同样地，人类阴茎突出的龟头和冠状脊的作用被解释为，清理其他男性在女性阴道中留下的精子。进化心理学家戈登·盖洛普（Gordon Gallup）及其同事在实验中利用各种形状的人工阴茎、一个人造阴道（都是从好莱坞爱乐奇情趣用品商店购买的）以及用水和玉米淀粉制成的人造精液验证了这一假说。果然，有突出龟头和冠状脊的人造阴茎比表面平整光滑的人造阴茎能把更多的人造精液挤出人造阴道。人类阴茎是移除精子的工具这一假说得到了证实。

遗憾的是，为了解释人类阴茎大小和形状的进化而提出的移除精子假说与生命之树展现的情况完全不相符。自我们与黑猩猩的共同祖先生活的时期以来，人类的睾丸就一直在朝着变小的方向进化，这个事实告诉我们男性之间的精子竞争也在减少。因此，那些用精子竞争和移除机制来解释人类阴茎进化过程的理论，实际上是在解决一个随着时间的推移而变得越来越不重要的进化问题。如果顶端有突出球状物的更大阴茎可以移除之前其他雄性的精子，那么黑猩猩为什么没有进化出这样的结构呢？用阴茎移除其他雄性留下的精液，应该是一种与审美无关的基本生理机能，如此简单的物理机制应该在所有参与精子竞争的灵长类动物中得到广泛应用。就像雀鸟的喙一样，很多灵长类动物也应该趋同进化出能发挥相同作用的类似器官。那么，为什么尽管黑猩猩的精子竞争很激烈，但它们的阴茎却又小又细（尺寸和人类的小拇指差不多），而且是表面光滑的锥形呢？显然，阐述人类生殖器进化过程的精子竞争论与人类的灵长类近亲的情况并不相符。

那么，当我们需要"诚实阴茎"假说的时候，它们在哪里呢？说来奇怪，进化心理学家并没有热切地接受阴茎大小能真实反映男性素质这一观点。尽管女性身体的几乎每一个可感知的特征（腰臀比、乳房大小和对称性，以及面部对称性和女性化程度等），都作为反映女性遗传素质和配偶价值的潜在指标被详细地研究过，但非常重要的人类阴茎却没有受到这样的关注。或许男性进化心理学家不愿意像研究女性身体那样仔细检查自己的身体结构，又或许他们缺乏证实自己观点的勇气？

当然，我们很难想象人类阴茎的尺寸居然是反映身体素质的一个指标。毕竟，在松弛的状态下，人类阴茎的平均重量只有4.3盎司（约121.9克），即使尺寸增长一倍，也不会是一项代价高昂的投入，或者成为扎哈维所谓的"不利条件"，因为它仍然只占人类体重的很小一部分。如果阴茎是由动物很难获取的、罕见且有限的材料制成的，那么尺寸的增大或许能反映个体的优良素质。但是，阴茎并不包含任何特殊的成分，而只有结缔组织、血管、皮肤和大量的神经。而且，更大的阴茎也不存在难以控制的问题，没有证据证明勃起功能障碍在阴茎较大的男性中更常见。

尽管进化心理学家普遍对阴茎缺乏研究兴趣，但我们会看到，人类阴茎的一个特征至少已经吸引了一位倡导"诚实指标"的理论家，而且这种特征与人类阴茎的另一项生物创新有关。男性与其他雄性灵长类动物的显著差异在于，前者没有阴茎骨（*baculum*或*os priapi*），阴茎骨是哺乳动物阴茎中的骨头。

阴茎骨被视为"所有骨头中最多变的"。雄性海象（walrus，拉丁名为*Odobenus rosmarus*）的阴茎骨是最大的，有点儿像用象牙制成的警棍。再举一个体现阴茎骨多样化的例子，许多松鼠的阴茎骨顶端是铲状的，还有复杂而清晰的尖齿，就像微型世界里用来吃意大利面的勺子一样。

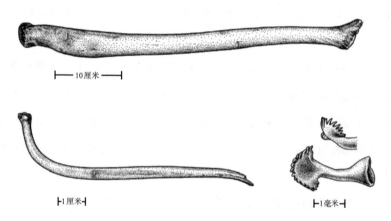

图8-3 （上图）雄性海象、（左下图）雄性浣熊（raccoon，拉丁名为*Procyon lotor*）和（右下图）雪斑地鼠（spotted ground squirrel，拉丁名为*Xerospermophilus spilosoma*）的不同阴茎骨

哺乳动物学家开发出一种帮助我们记忆哪些哺乳动物进化出阴茎骨的方法：PRICC是灵长类动物（primates）、啮齿类动物（rodents）、食虫类动物（insectivores）、食肉动物（carnivores）和翼手目（Chiroptera，即蝙蝠）的首字母缩略词。虽然我认为很少有读者会对人类没有阴茎

骨的事实感到惊讶，但有些人可能会因接下来的事实而感到吃惊，那就是只有两种灵长类动物在进化过程中失去了阴茎骨，人类是其中之一，另一种是蜘蛛猴。在其他灵长类动物中，阴茎骨的存在意味着在阴茎内有硬质的骨头来确保阴茎勃起。不过，除了人类之外，还有许多雄性哺乳动物没有阴茎骨（从负鼠到马，从大象到鲸鱼），它们的阴茎都能在没有阴茎骨的情况下顺利勃起。所以，尽管我们不知道阴茎骨到底是什么，但它的功能绝不只是让阴茎勃起。事实上，我们知道阴茎骨还能在两次勃起之间起到收缩阴茎的作用。其他功能我们尚不清楚。

但是，在当前讨论的背景下，我更感兴趣的问题是人类为什么会失去阴茎骨，而不是有些哺乳动物为什么会有阴茎骨。显然，这不是一个新的学术难题。从《创世记》中为犹太–基督教文化奠定基础的夏娃创世的故事开始，人类就对这个神秘的问题进行了探索。2001年，两位备受尊敬的学者——美国斯沃斯莫尔学院的发育生物学家斯科特·吉尔伯特（Scott Gilbert）和美国加州大学洛杉矶分校的圣经学者齐奥尼·泽维特（Ziony Zevit）——对这个问题展开了合作研究，并在《美国医学遗传学杂志》（*American Journal of Medical Genetics*）上发表了一篇题为《人类先天阴茎骨缺失：〈创世记〉2章21–23节中有生殖力的骨头》的科学论文。在《创世记》中著名的创世故事诞生约2 500年后，吉尔伯特和泽维特提出上帝创造夏娃使用的并不是亚当的肋骨，而是亚当的阴茎骨。他们坚持认为，所有古犹太人都会看出"肋骨的故事"是错误的，因为他们很清楚地观察到男人和女人的肋骨数量是一样的。吉尔伯特和泽维特认为亚当的肋骨毫无意义，因为肋骨"不具有任何内在的生殖能力"。显然，创世故事需要有比英国詹姆士国王钦定版《圣经》更加有效的情节。吉尔伯特和泽维特用一些令人印象深刻的语言证据来支持他们大胆的假说：

在希伯来语中，被翻译为"rib"（肋骨）的名词"tzela"（由希伯来语中的第18、第12和第16个字母组成）确实可以指肋排。它也可以指山脊（《撒母耳记下》16章13节）、旁屋（正如在《列王记上》6章5—6节提到的像肋骨一般围绕着神殿的旁屋），还有用松木和冷杉制成的支柱或者建筑物的支架（《列王记上》6章15—16节）。所以，这个词可以用来表示一种结构支撑梁。

"结构支撑梁"是对阴茎骨的一种非常简洁的描述。之后，吉尔伯特和泽维特找到了解开谜团的确凿证据，他们在《希伯来圣经》中意外发现了清晰的解剖学证据：

> 《创世记》2章21节中提到了另一个病因学的细节："上帝将肉体合起来。"（The Lord God closed up the flesh）这一细节反映了人类男性阴茎和阴囊独有的可见特征——中缝。在人类的阴茎和阴囊上，泌尿生殖褶的边缘与泌尿生殖窦（也就是尿道沟）合拢形成一条缝……上帝将亚当的肉体合起来的故事，就"解释"了外生殖器中缝的起源。

在这篇跨学科的旷世杰作中，吉尔伯特和泽维特重新审视了这个古老的故事，并从犹太—基督教的创世神话中得出了革命性的新观点。出于某些无法解释的原因，他们的论文还未获得应有的关注。在我看来，从罗马教会到女权主义者都应该了解这个理论并进行思考。然而，这篇论文在15年间只被引用了3次。也许在我们支离破碎的智育体系中，已经没人愿意花时间去思考这些问题了。难道不应该有更多的人关心上帝到底是不是用亚当的阴茎骨创造了夏娃吗？

如果《创世记》中亚当失去阴茎骨的故事体现的是神力，那么进

图 0-1　在缅因州北部，一只栖息在香脂冷杉上的雄性橙胸林莺，这里是它的
繁殖场

资料来源：吉姆·齐普（Jim Zipp）拍摄。

图0-2　在巴布亚新几内亚的中部高地，一只雄性华美极乐鸟正在向造访它的炫耀原木的一只雌鸟进行炫耀表演

资料来源：由爱德温·斯科尔斯三世（Edwin Scholes Ⅲ）拍摄。

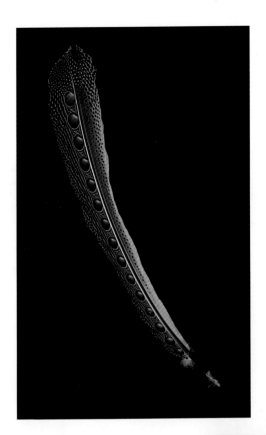

图0-3　一只雄性大眼斑雉的第4枚次级翼羽

资料来源：由迈克尔·杜利特尔拍摄。

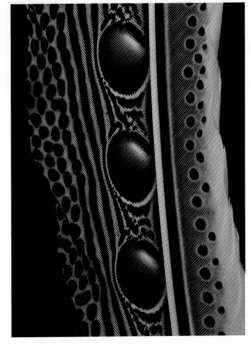

图0-4　一只雄性大眼斑雉第4枚次级翼羽上三维金棕色球形图案复杂配色的细节

资料来源：由迈克尔·杜利特尔拍摄。

图 0-5　法属圭亚那低地雨林中的一只雄性圭亚那动冠伞鸟

资料来源：由唐吉·登维尔（Tanguy Denville）拍摄。

图0-6　在亚马孙北部的树林中，一只栖息在炫耀领地上的雄性金头娇鹟

资料来源：由胡安·何塞·阿朗戈（Juan José Arango）拍摄。

图0-7　在森林中一片干净的场地周围的小树苗上炫耀的雄性白须娇鹟

资料来源：由罗德里戈·加瓦里亚·奥弗雷贡（Rodrigo Gavaria Obregón）拍摄。

图0-8　在倒下的长满青苔的树干上炫耀的雄性白喉娇鹟

资料来源：由唐吉·登维尔拍摄。

图0-9　在森林的下层植被中发出叫声的雄性白额娇鹟

图0-10　雄性金翅娇鹟的翅膀上有亮黄色的斑块，当它栖息时通常是看不到的，但在进行原木飞行炫耀时会非常鲜艳夺目

资料来源：由胡安·何塞·阿朗戈拍摄。

图 0-11　在对针尾娇鹟的近亲白喉娇鹟和金翅娇鹟的炫耀行为的进化进行分析的过程中，针尾娇鹟的行为特征提供了关键性证据

资料来源：由拉斐尔·贝萨（Rafael Bessa）拍摄。

图0-12　雄性梅花翅娇鹟通过快速地在背部上方左右振动内侧的翼羽，用翅膀发出声音

资料来源：由蒂姆·拉曼（Tim Laman）拍摄。

图0-13　图片下方的雄性威氏极乐鸟向图片上方来访的雌鸟炫耀自己光秃头顶上的亮蓝色皮肤。雌鸟的头顶上也有一块是光秃的，只不过呈现出更深的蓝色

资料来源：由蒂姆·拉曼拍摄。

图0-14　一只橙色的雄性圭亚那动冠伞鸟（左）和一只棕色的雌性圭亚那动冠伞鸟（右）正在吃棕榈果。雌鸟和雄鸟的羽冠都是由从两边朝着头顶中线方向生长的羽毛构成的

资料来源：由唐吉·登维尔拍摄。

图0-15　晚侏罗世手盗龙类恐龙赫氏近鸟龙的羽毛色彩，根据对其羽毛化石中的黑色素微粒，或者说黑素体的电镜照片分析后得到的再现效果

资料来源：由迈克尔·迪乔治亚（Michael DiGiorgio）绘制。

图0-16　一只交配后的雄性黑腹树鸭，它那形状像红酒开瓶器一样的阴茎在缩回泄殖腔之前会短暂地悬垂着

资料来源：由布莱恩·法伊弗（Bryan Pfeiffer）拍摄。

图 0-17　雄性缎蓝园丁鸟建造了一个林荫道求偶亭，并用在周围环境中找到的很多藏蓝色物品来装饰求偶亭前的空地

资料来源：由蒂姆·拉曼拍摄。

图 0-18　雄性大亭鸟通常会用变白的骨头和树枝来装饰自己的林荫道求偶亭，但这只大亭鸟却用蛤蜊壳化石来装饰求偶亭

资料来源：由理查德·普鲁姆拍摄。

图 0-19　这只生活在新几内亚西部阿尔发可山脉的雄性褐色园丁鸟在它的棚
屋求偶亭前长满苔藓的空地上堆了很多奇怪的物品和材料，从左上方沿顺时针
方向分别是：球状的红色果实、被绿色真菌渗透的朽木碎片、炭黑色的真菌和
腐烂变黑的红色果实、藤露兜树属植物的红花、亮黑色的甲虫翅鞘、蓝色浆果
和大树琥珀色的凝胶状分泌物

资料来源：由布雷特·本茨拍摄。

图 0-20　在巴西东南部，5 只成年的雄性燕尾娇鹟一起向到访的雌鸟（图左）进行协同侧手翻炫耀表演。如果雌鸟喜欢它们的表演，它就会与其中占首要地位的雄鸟交配

资料来源：由乔奥·肯塔尔（João Quental）拍摄。

图0-21　在加拿大新布伦瑞克省的玛基亚斯海豹岛，一只返回自己巢穴的大西洋角嘴海雀。在繁殖期，雌鸟和雄鸟的喙的颜色是一样的，而且十分鲜艳

资料来源：由吉姆·齐普拍摄。

化生物学家又应该如何解释这个问题呢？尽管总体上有关人类阴茎进化，特别是阴茎骨缺失的理论较少，但有一位勇敢的生物学家还是毅然地承担起解决这个问题的重任。理查德·道金斯推测，人类阴茎之所以在进化过程中失去阴茎骨，是因为阴茎可以真实地反映健康状况和遗传素质：

> 那些像优秀的医生一样只选择最健康的男性作为配偶的女性，将会为自己的孩子争取到健康的基因……自然选择促使女性的诊断技能逐步提高，她们可以从男性阴茎的弹性和耐受力中获取所有有关男性健康状况和抗压能力的线索。这个过程从表面上看没什么问题，但是，有根骨头会成为阻碍！任何男性都可以在阴茎里长出一根骨头，而不需要特别健康或者强壮。所以，来自女性的选择压力迫使男性失去了阴茎骨，这样一来，只有真正健康或者强壮的男性才能展现出真正坚挺的阴茎勃起，女性也可以顺利地完成诊断……如果你顺着我的逻辑继续思考下去，就会发现阴茎骨的缺失妨碍了男性的进化，这不只是偶然。勃起机制（类似于液压系统的工作原理）有效性的提升正是因为有时勃起会失败。

为公平起见，道金斯承认这个假说"不应该受到太过认真的对待"，原因在于他提出这个假说只是为了更加巧妙地引出扎哈维的不利条件原理（即斯马克原则）及其与优良基因之间的联系。然而，当道金斯承认这个观点"不太可信"时，他实际上不经意地揭示了整个适应性配偶选择研究领域的问题。

从道金斯的"女人像医生的故事"中，可以看出他对阴茎勃起是反映男性遗传优势和身体条件的独特进化标志这一假说是很满意的。在他看来，男性性器官充血肿胀这种奇妙的体验，已经从科学角度被定义为体现男性优势的一种进化指标，青春期男性对勃起威力的幻想足以解释人类进化的过程了。从这个角度说，道金斯的"女人像医生的故事"就是进化生物学界强调男权观点的杰作。

然而，正如道金斯承认的那样，这种假说并不是很"可信"。也许其中最主要的原因是，对适龄的一般男性来说，完成勃起（哪怕是一次"真正坚挺的勃起"）和我们灵长类近亲阴茎里长出的骨头一样，都不能作为反映身体健康状况的指标。几乎所有男性，只要处于一定的年龄段，就都能做到，"你完全不需要特别健康或者强壮"。单纯由血流动力学引起的阴茎勃起，实际上对任何成年男性来说都不是一个挑战。大多数的人类勃起功能障碍都是衰老的结果，而且在更新世（约200万年前至1万年前，那时地球表面多被冰层覆盖）的非洲大草原上，大多数人类早在他们发生勃起障碍之前就死去了。制药公司铺天盖地地宣传增强阴茎勃起功能的药物，似乎在暗示勃起功能障碍的情况陡然增多，但事实上当今世界并不存在男性阴茎勃起不足的问题。如果按照道金斯的假设，女性把男性的勃起能力作为择偶标准，那么她们会有多么挑剔呢？答案是：只有较少的老年男性会被淘汰（具有讽刺意味的是，他们优良的长寿基因也会被一起淘汰）。因此，阴茎骨的缺失不太可能是为了满足女性评估男性素质和健康状况的要求而进化出的结果。尽管道金斯本人也提醒大家注意这一点，但进化心理学家还是非常重视他针对阴茎骨缺失提出的阴茎不利条件假说。

不过，道金斯的假说中暗含着一种更加合理的可能性，也是一种完全属于审美范畴的观点，即人类阴茎骨在进化过程中的缺失是由女性的配偶选择引发的。除了"诚实指标"假说和男性间的精子竞争理论之外，还有一种解释是：阴茎骨缺失、阴茎增大和阴茎形状的改变，都是与女性对阴茎形态随意的审美偏好协同进化的结果。但是为什么女性会喜欢更大更粗，形状也更独特的阴茎呢？答案自然是全方位的性快感。

人类的阴茎是一种复杂的性装饰器官，其各种特征的进化都是为了满足两种截然不同的感官需求：视觉和触觉。审美进化形成的满足视觉需求的装饰器官，也是一件交互式的、私人的、有触感的雕塑作品。换句话说，生殖器的美也发生了。

这些不同特征的融合可能与下面这个事实有关：由于阴茎骨缺失和阴茎的收缩功能，人类和其他几乎所有的灵长类动物都有了明显的不同，即人类的阴茎在不勃起的时候不会消失。相反，人类阴茎会悬摆着，而且由于它进化得比其他灵长类动物的阴茎更大、更长，所以这种悬摆幅度也会更加明显。这表明，人类在进化过程中阴茎骨的缺失可能和阴茎的逐渐增大有关，而且都源于女性对悬摆式生殖器这种炫耀特征的偏好。在过去500万年的人类史上，男性生殖器的悬摆随着两足动物的进化成为越来越引人注目的炫耀特征。

我们观察到，人类的阴囊也比其他类人猿的悬摆幅度更明显，这进一步证实了人类男性处于悬摆状态的整个生殖器官都是有审美功能的。大猩猩和猩猩没有明显的外阴囊，黑猩猩则有一个真正悬摆的阴囊和非常大的睾丸。与黑猩猩相比，人类的阴囊更大，悬垂得也更低。反常的是，伴随人类阴囊增大同时产生的现象是睾丸的缩小，人类的睾丸不管在相对尺寸还是绝对尺寸上都比黑猩猩小。大到夸张的人类阴囊已远超睾丸的尺寸，这表明在选择过程中，阴囊不仅有其生理功能，还起到了沟通的作用。也就是说，阴囊变大可能是因为女性喜欢它悬摆的样子。

这当然不是性选择推动阴囊进化的唯一例证。很多哺乳动物都将其彩色阴囊用于性炫耀目的，这是众所周知的事实。比如长尾猴（vervet monkey，拉丁名为 *Cercopithecus pygerythrus*）和罗氏鼠负鼠

（mouse opossum，拉丁名为 *Marmosa robinsoni*），它们都有一个鲜艳夺目、像泡泡糖一样的蓝色阴囊。

◎

当然，人类阴茎的审美功能不只是体现在悬摆上，还有很多其他衍生特征也可能在性选择的影响下进化出审美功能。悬摆的生殖器会向女性暗示阴茎在勃起时的大小，那么，为什么女性会喜欢比我们所有的类人猿近亲的尺寸都要大得多的阴茎呢？这对女性有什么好处呢？既然我们已经推翻了阴茎尺寸能诚实反映遗传素质的观点，就可以从审美角度来看待阴茎。更长、更粗而且顶端有球状龟头的人类阴茎，很可能是在女性对能带来更大快感的男性生殖器官的偏好的影响下进化来的。一开始，女性的快感来自远远地观察悬摆的阴茎，这是由阴茎骨缺失带来的。在炫耀过程中，女性发现阴茎尺寸可以潜在地反映出与男性发生性关系时会获得怎样的触觉感官体验。在这种预期的快感之后，紧接着就是性交过程中直接感受阴茎带来的快感。

但这是否意味着女性普遍偏爱大阴茎呢？当然，我指的是比黑猩猩更大的阴茎，而不一定是比其他人更大的阴茎。女性对于"阴茎尺寸是否重要"这个问题的回答千差万别。有趣的是，男性阴茎的尺寸也是千差万别的。这二者之间有什么关联吗？事实上，如果阴茎尺寸是一种随意的审美特征，它就和人类的其他审美特征一样可能是千差万别的，以迎合各种不同的偏好，真实的情况也确实如此。正所谓"萝卜白菜各有所爱"。

与非常明显的阴茎相反，在悬摆状态下龟头被包皮遮盖，只在勃起和性交过程中才能看到龟头的大小和形状。如果龟头的形状也是通过女性以获取快感为目标的性选择进化而来的，就意味着有一种择偶偏好针对的是只能在性交过程中进行评估的特征，因为在其他情况下这种特征是隐藏的。当然，我们通常认为性交是在择偶之后，但恕我直言，当性行为真正发生的时候，配偶选择已经无济于事了。

居然有择偶偏好是专门针对直到性交时才能体验的特征，这或许看起来有些奇怪。但对于人类这种不受季节或繁殖期影响可以频繁交配的动物来说，配偶选择的过程没必要在性交开始的时候就结束，它甚至可以和性交同时开始。性行为给双方带来一系列丰富的感官刺激，这些刺激可以被评估，进而影响到后续的配偶选择过程。所以，审美进化的所有基本特征仍然是适用的。

和其他类人猿不同的是，人类女性已经进化出了"隐藏排卵期"的繁殖策略，使得因单次性行为而受孕的概率大大降低。因此，我们最好认为人类有反复择偶的偏好。这种反复择偶的偏好可能部分基于性行为本身的感官体验，所以一套完整的有关男性生殖器进化的审美理论，既包括那些在性交之前就能评估的特征（比如悬摆的阴茎和阴囊），也包括那些可以在性交过程中进行体验和评估的特征（包括勃起阴茎本身的尺寸和特征）。有意思的是，这种以女性为选择主体的进化机制直接驳斥了女性在性方面较为"腼腆"的理念。

女性的配偶选择对男性生殖器的"装饰性"外观产生了深远影响，而且经过数百万年的进化，该器官已经被彻底改变，和我们的类人猿近亲的生殖器几乎没有什么相似之处。但到现在为止，我们讨论的过程都只发生在进化背景 2 中，也就是从我们与黑猩猩的共同祖先生活的时期到人类谱系形成的阶段发生的进化，还没有考虑到最近以及持续进行的生物学变化（进化背景 3 ）和文化对生物学的影响（进化背景 4 ）。人类文化在双向的配偶选择中起到了非常重要的作用，在一种文化中被视为性感的特征，可能会在另一种文化中遭到谩骂。我认为，这些随意的文化偏好不仅可以重塑我们的社会行为和社会关系，还可以随着时间的推移重塑我们的身体及其多样性。

◎

　　1982年，当我在苏里南的布朗斯堡国家公园研究侏儒鸟的炫耀行为时，每天都会花几美元在工作人员居住的工棚里租一张床。这里的工人都是年轻的萨拉马卡男性，这个独特的民族起源于17世纪早期从沿海的种植园中逃脱的非洲奴隶，他们顺流而上进入丛林，然后在新大陆创建了新的非洲克里奥尔文化。每周都会有一两个旅游团暂住在公园宾馆里，当地萨拉马卡村庄里的一些年轻女性会来打扫小屋，为旅游团做饭。当她们拿着床单、毛巾、水桶和拖把在小屋间走来走去时，工人们就会站在工棚的门廊和窗户旁，对这些女人进行一连串充满性暗示的口头评论，那些女人则会用玩笑来回应。获得最多关注的年轻女子大约1.62米高，体重远超180斤。尽管她的腰臀比与任何一本进化心理学教科书给出的最佳值都相差甚远，但她对工棚里的工人来说极具吸引力，她自己也知道这一点。

　　如果人类是生物进化的结果，那么究竟是什么形成了人类多种多样的审美特征呢？到目前为止，我们关注的始终是人类性行为的生物学特征，而且我们可以负责任地推测，这些特征是从人类与黑猩猩的共同祖先生活的那个时期开始，在人类500万—700万年的进化过程中产生的（进化背景2）。现在，是时候看一下此后发生的独特进化过程了。

　　人类进化出了口语能力、高级认知能力、复杂的社会生活和社交互动。人类在非洲猿的基础上，先后经过直立人和尼安德特人阶段，之后成为现代智人，并分布在世界各地。伴随着这种分布过程，生活在不同大陆的人类继续进化，在基因方面产生了差异（进化背景3）。在越来越复杂的人类能力和经验的推动下，文化也以越来越快的速度不断改变和多元化（进化背景4）。

在文化背景下发展的审美特征，是个体的社会环境与人类历史上的偶然事件相互作用的结果。换句话说，地理上相互隔离的人类种群和亚群之间的文化之所以有差异，不只是因为要适应特定的环境，还因为之前发生的历史事件。人类语言的多样性，很好地体现了人类文化史的随意性。没有人会把英语、日语和纳瓦霍语之间的差异，归因于要适应这些语言各自不同的发源环境。由于文化，我们的个人身份会受到自己出生和生活的社会群体、社区和国家的历史的极大影响。

和其他受文化影响的特征一样，我们对人类之美的看法、求偶和性交方式、性行为的差异也都源于上述所有因素。尽管进化心理学相信万能的"配偶价值"，但没有文化就没有人类的性行为，文化唯一的通用属性就是多变性。如果我们回到几千年前，马上就能从人类进化史上的一个短暂瞬间看到这一点。

罗马和希腊的古典雕像对女性美的刻画非常偶像化，所以很适合崇拜。然而，由于流行趋势的变化，在当代西方世界，人们会觉得在这些面孔和身体中，有很多并不是特别有吸引力。这种审美观念的变化不仅会发生在几千年的时间跨度里，还会发生在更短的时间内。在短短几十年间，美国文化对男人和女人的审美观念已经发生了翻天覆地的变化。现在的电影女明星和时装模特都比较消瘦，有的甚至像患了厌食症一样，我们只需要将她们与20世纪四五十年代玛丽莲·梦露（Marilyn Monroe）或丽塔·海华丝（Rita Hayworth）的照片进行对比，就会意识到美的文化标准变得有多快。玛丽莲·梦露尽管以性感闻名于世，但她却无法进入电视真人秀节目《全美超模大赛》的第一轮。我们认为有吸引力的男性身体也已经发生了改变。为了保持事业的巅峰状态，今天的电影男明星必须保持线条分明、体格健美的身材，这与20世纪四五十年代像加里·格兰特（Cary Grant）、克拉克·盖博（Clark Gable）和加里·库珀（Gary Cooper）这样身形瘦弱的明星相去甚远。

有些文化与美国不同，它们喜欢肥胖的女性。在毛里塔尼亚和非洲的其他地区，肥胖的女性被认为非常有吸引力，以至于体重正常的女孩会被送到"增肥营"，被迫吃掉大量食物。年轻的毛里塔尼亚男人对年轻女人由于快速增重而出现在皮肤上的白纹，表现出特有的性兴奋。相比之下，美国年轻女性也会去一些机构，只不过是为了大幅减轻体重。

即使是社会群体内性关系的最短暂流行趋势，也会对人类的性欲和择偶行为产生深远的影响。几年前，一个男人匿名在八卦网站Gawker上发表了一篇文章，内容是他早些年与一位女性发生的性接触，当时这位女性正以茶党共和党人的身份竞选高级政治职务。这个男人说，在他们第一次见面的几个月之后，那位女性和另一个朋友在万圣节晚上来到他的公寓，邀请他去参加派对。他们一起去了酒吧，喝了很多酒，然后他和她返回他的公寓，最终上了他的床。然而，这个看似可预见结局的故事却意外中止了。这个男人写道："当她脱掉内衣时，我马上注意到，蜜蜡脱毛的流行趋势没有给她带来任何影响，这显然是一件令人扫兴的事，我很快就失去了兴致。"我突然对那位女性产生了同情，不过更让我感到意外的是，那个男人居然认为自己特殊的性偏好会受到读者的广泛认同。尽管这个匿名的男人承认，有选择地去除阴毛是一种"趋势"，但他还是觉得任何跟不上这种潮流的女性"显然"对像他这样在性方面适应性很强的男人来说，都是"令人扫兴的"。

不过，这个故事不仅反映了性偏好的文化差异，也再次反驳了进化心理学的观点，即男人在自然选择的塑造下，性生活普遍很放荡。事实上，男人在性方面是很挑剔的，这在很大程度上受到他们所处文化环境的影响。

◎

我对美的不同文化标准进行了深入研究，原因是它们有可能在生物学或者基因进化的层面上反映出来。当文化在进化过程中扮演一个"原因"的角色时，我们把这种现象称为"下行效应"。

人类文化对遗传学产生下行效应的一个最突出的例子，就是成人乳糖耐受性的进化，从而使一些人可以食用奶制品。乳糖是一种特殊的糖，只存在于哺乳动物的乳汁中。所有的哺乳动物幼崽都用乳糖酶来消化乳糖，但哺乳动物断奶后就停止分泌乳糖酶了。然而，在过去的1.2万—1.5万年间，不同的人类种群驯化了绵羊、奶牛、山羊和马，随之而来的大量乳汁（一种能为成人提供丰富热量和蛋白质的新食物）使基因在自然选择的影响下发生了变化，人类种群中的很多成人因此有了消化乳糖的能力。由此可见，饲养奶牛的文化实践对人类的遗传进化产生了下行效应。简言之，文化可以塑造生物学。

同样地，我认为与美和性有关的文化理念通过性选择，也可能会对人类外表和行为的遗传学产生下行效应。要收集到验证这个想法需要的比较数据是非常困难的，但是，抱着能够给这类研究带来启发的希望，我想针对这个过程的运作方式，提出一些主要依靠推测但却比较合理的思路。

不同文化背景的民族可能在外表上存在很大的差异，但只有很少的差异是在自然选择的作用下形成的。比如，皮肤颜色的差异和纬度有很大的关系，在近赤道纬度地区，颜色较深的皮肤很可能就是强自

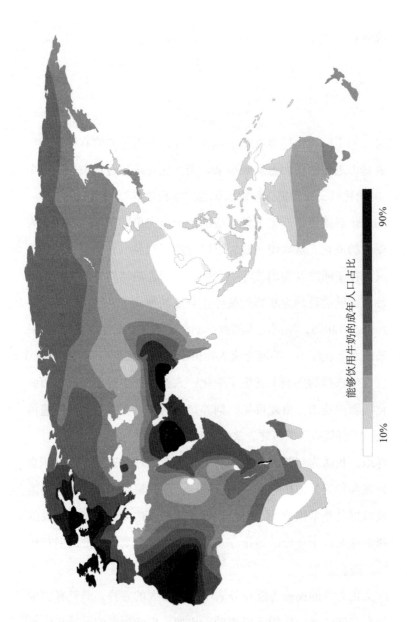

能够饮用牛奶的成年人口占比

10%　　　　　　90%

图 8-4　世界人类种群中成人乳糖耐受发生率的差异

然选择作用的结果，目的是防止皮肤癌或者（更有可能的一种情况是）保留叶酸；而在高纬度地区，颜色较浅的皮肤也是强自然选择作用的结果，目的是促进维生素D的合成。头发和眼睛的颜色通常会与肤色发生共变，因为这些相关联的特征涉及很多相同的控制黑色素沉着的基因。

然而，人类种群和种族外表上的大部分其他差异，都不太可能是自然选择作用的结果。这些特征包括毛发质感、毛发长度、鼻子形状和大小、颧骨形状、面部宽度、嘴唇厚度和形状、眼睑形状、耳朵大小和形状、有无耳垂、胸部的尺寸、女性身体脂肪的沉积模式、男性面部和身体上的毛发覆盖程度以及阴茎的尺寸。这些特征在地理位置不同的人类种群中有不同的表现，而且遗传性很强，但人类种群间的这些差异都几乎不可能是为了适应不同环境而进化来的。尽管还有其他可能的解释，但我认为我们有理由相信，文化背景下的审美能够在身体特征的进化方面产生下行效应。

我们不妨看看萨摩亚人和夏威夷人的例子，他们在太平洋群岛上各自生活了大约1 500年。以全球标准来衡量，这些人类种群有非常突出的大体型和体重。在他们的文化传统中，大块头和高体重被看作值得赞美和有性吸引力的特征。他们的国王和王后都是出了名的高大健壮，仪表堂堂。如果美的文化标准意味着群体中的某些人会比其他人在性方面成功得多，也就是有更多的后代或者更多的资源，那么符合这种文化偏好的特征（对波利尼西亚人而言，就是丰满性感的身体）在基因库中将会越来越有代表性。这样一来，与吸引力有关的文化理念就有可能推动人类外表发生较为快速的进化。

在非洲南部，还有一个体现这种下行效应的例子。古老的科伊桑族女性以臀部积聚大量的身体脂肪闻名，拥有一种臀部线条非常匀称的独特身材。考虑到大多数文化与其独有的审美特征之间都有很强的正相关关系，所以科伊桑族的男人认为这种特征非常有吸引力也就不足为奇了。现在，虽然身体脂肪堆积基本上是符合自然选择趋势的，但很难说这样特别的身材只会在某种特定的环境中受到青睐，而在另一种环境中则会被淘汰。更确切地说，特定身形很可能是完全随机的性偏好作用的结果。在科伊桑族中，有可能是文化层面上对某种女性身形的关注，推动了体脂分布这种可遗传变异的产生。换句话说，文化对这种女性身形的偏好，可能在创造这种身形的过程中起到了促进作用。

生物学家南森·贝利（Nathan Bailey）和艾伦·摩尔（Allen Moore）利用与费希尔的失控理论非常类似的数学模型，证明了文化层面的择偶偏好会创造出反馈回路，从而使某些被认为很性感但对生存或繁殖没有价值（也就是说只有审美价值）的特征在进化过程中变得更复杂。这种择偶偏好的作用不只是辅助自然选择。事实上，正如费希尔、兰德和柯克帕特里克主张的那样，从遗传学的角度来说，文化层面的失控过程有可能削弱美与诚实反映个体素质的指标之间的任何关联，从而使那些可能与生存目的相悖的特征得以进化。

这种文化-遗传进化的反馈机制能够解释人类种群和种族在外表上的多样化审美观念。人类的文化多样性很可能衍生了我们身体上丰富的多样性，这种进化机制会在完全没有自然选择推动适应性过程的情况下进行。人类文化的确让我们更难进化出能诚实反映个体素质的特征。

人类从审美角度随机进行配偶选择的可能性与渗透到西方文化中的人类配偶选择的适应性观点形成了鲜明对比。如果这一章实现了预定目标，那么我希望我已经证明了人类不能机械地认为自己外表上的差异可以反映出内在遗传价值的高低。在我们得出某个给定的装饰特征具有适应性的结论之前，必须先推翻"总有美会发生"的零假设模型。如果我们找不到证据推翻它，就必须承认人类之美也会发生。

第 9 章

快感为什么
会发生？

在希腊神话中，共同统治宇宙万物的宙斯和赫拉夫妇的婚姻生活十分艰难。宙斯总是四处寻找新方法来引诱漂亮的年轻女人，为他生下更多的孩子，而赫拉自然自始至终都对宙斯的频繁出轨行为痛恨不已。由于赫拉还是婚姻之神，所以宙斯的不忠不仅让她本人很痛苦，也让她在公众面前非常难堪。正是在这种持续的紧张状态下，宙斯和赫拉就男人和女人究竟哪一方体验到的性快感更强的问题进行了争论。他们都声称异性获得的性快感要比他们自己更强，以此捍卫自己在婚姻忠诚方面的道德立场。为了解决争论，他们决定向一位权威人士请教，这个人就是名叫忒瑞西阿斯（Tiresias）的智者。

忒瑞西阿斯是现在生物学家所说的顺序雌雄同体（sequential hermaphrodite），也就是在一生中会改变性别的个体（在某些植物和动物身上也会发生）。忒瑞西阿斯出生时为男性，在底比斯城长大。一天，忒瑞西阿斯在乡下散步时，碰到两条正在交配的蛇。他随手用手杖打了那两条蛇，随后他就变成了一个女人。7年后，作为女人的忒瑞西阿斯在同一条路上走，结果又看到两条蛇在交配。或许是希望魔法可以起到相反的作用，她再次用手杖击打了那两条蛇，结果又变回了男人。

　　赫拉和宙斯认为，忒瑞西阿斯是唯一一个直接以男人和女人的身份分别体验过性快感的人。于是，他们请忒瑞西阿斯来平息争论。当赫拉和宙斯向忒瑞西阿斯提出哪一方的性快感更强的问题时，忒瑞西阿斯马上回答道，女人获得的性快感是男人的9倍。

　　为什么是9倍呢？对痴迷几何学的希腊人来说，数字9的确是一个非常特殊的数字。9等于3^2。数字9富有诗意地告诉我们，女人的性快感不仅在量值上比男人大，在维度上也更丰富。忒瑞西阿斯用一个象征性的数字符号，说明女性获得的性快感与男性相比呈非线性的指数增长。

　　忒瑞西阿斯的故事暗示我们，在性方面，女人的性快感可能是最核心和最持久的秘密。这种性快感的目的是什么，又为什么会存在呢？即使在试图研究女性快感进化的过程中（包括女性性高潮），当代的配偶选择研究也对性快感的主观体验避而不谈。然而，在这一章你会发现，审美进化理论在这个问题上有很多可以说的话，我也一样。审美理论把快感视为配偶选择的核心组织力，把配偶选择视为进化变化的主要动力，并认为女性对快感的追求是人类在美和性方面进化的核心。

◎

　　审美协同进化理论预测，在每一个复杂、精致的性装饰特征背后，都有同样复杂的经过协同进化的性偏好。比如，如果人类阴茎尺寸和形状的进化是为了实现某项装饰性功能，那么一定有与阴茎的进化变化协同进化出的一系列女性偏好。我在前一章中说过，这些偏好与增强的性快感带来的感官体验有关。这就直接引出了有关女性性高潮的问题（即起源和目的），最后我们会详尽阐述忒瑞西阿斯给宙斯和赫拉的答案，谈谈为什么女性性高潮会是一种比男性性高潮更强大意义也更深远的体验。

或许近几十年来在对人类性进化的讨论中，没有哪个话题比女性性高潮的起源更能引发科学界的迫切关注和激烈争论了。男性性高潮的进化解释一直是很清楚的，那就是由于男性的性高潮与射精有直接的关系，所以男性的性快感必须在自然选择的作用下进化，促使男性去追求繁殖的机会。总而言之，男性性高潮很好地解决了如何使物种得以延续的问题，而且完全符合适应主义者的观点。相比之下，人们对女性性高潮的起源和功能却一直争论不休，很多理论家急切地给出各种可能的解释。然而令人惊讶的是，这些有关性快感的解释让人一点儿快感也没有。

20世纪早期，西格蒙德·弗洛伊德（Sigmund Freud）针对女性性高潮提出了一种在科学界很有影响力的解释。他认为阴蒂是少女获得性快感的位置，而阴道是成熟女性获得性快感的适当位置。根据弗洛伊德的说法，"标准"的女性性发育过程需要从通过阴蒂自慰获得性高潮，转变为在不刺激阴蒂的情况下，通过与异性性交获得阴道性高潮。那些未能完成这种转变的女性由此被贴上了"性冷淡"的标签，也就是在性方面有缺陷、在情感上不成熟，以及没有充分实现"女性化"。

弗洛伊德的假说受到米瓦特和华莱士的否认自主权、反对审美的传统思想的影响，后者认为女性的性快感只是一种适应性的生理刺激，目的是鼓励和协调两性之间的性行为，从而确保物种的繁衍。弗洛伊德、米瓦特和华莱士都排除了女性性快感本身就是一个进化目标的可能性。我们已经看到，米瓦特毫不掩饰自己对女性性自主权的敌意，他对"雌性邪恶的反复无常"可能会对进化产生影响的想法感到震惊。有意思的是，弗洛伊德的有关女性性高潮的失败理论，同样反映出他对承认女性性自主权可能会产生的结果的焦虑。

现代科学对女性性高潮进化过程的争论，以唐纳德·西蒙斯（Donald Symons）1979年出版的著作《人类性行为演化》（*The evolution of Human sexual*）为起点。西蒙斯在书中指出，女性的性高潮就像男性的乳头一样，是在对异性性功能进行自然选择的过程中进化出的副产品。这种副产品理论认为，男性的乳头之所以存在，是因为乳头是女性经历强自然选择的结果；换句话说，乳头是哺育后代必需的器官。同样地，女性性高潮之所以存在，是因为性高潮是男性经历强自然选择的结果；换句话说，性高潮提供了一种在性交过程中输送精子的途径。就像男性和女性的乳头有相同的进化起源一样，雌性的阴蒂和雄性的阴茎也是同源的。因此，西蒙斯推测，女性获得性高潮的能力基本上是一个幸福的意外，是男性性反应在自然选择作用下的副产品。

西蒙斯的副产品假说，后来得到了进化生物学家史蒂芬·杰·古尔德（Stephen Jay Gould）和科学哲学家伊丽莎白·劳埃德（Elisabeth Lloyd）的支持。劳埃德在接受《卫报》（*Guardian*）的采访时解释说："男性和女性在胚胎发育阶段的前两个月有相同的解剖结构，之后才开始分化。女性有性高潮是因为男性以后用得到，就像男性有乳头是因为女性以后用得到一样。"

支持副产品假说的一个最具说服力的事实是，人类性交本身并不适合引发女性性高潮。还有一个事实是，女性性高潮与女性的生育能力完全无关。主张副产品假说的研究人员认为，由于在性交过程中从未有过性高潮的女性也能顺利地生下宝宝，所以性高潮不能被看作一种辅助繁殖的适应性特征。人们通过观察发现，雌性性高潮在除人类之外的其他灵长类动物中也广泛存在，包括短尾猕猴、黑猩猩和倭黑猩猩，从而进一步验证了副产品假说。根据这个模型，女性性高潮从进化角度来说其实没什么可解释的。她们和其他雌性灵长类动物一样都是偶然获得了性高潮的能力，与"适应性"没有任何关系。

20世纪八九十年代，主张适应主义的社会生物学家认为副产品假说令人非常不满意，这并不奇怪。作为回应，他们提出女性性高潮是一种适应性特征；也就是说，女性性高潮是自然选择作用的结果，目的是帮助维持配偶关系。说白了，这就是"和谐性爱造就美满婚姻"的假说。不过，在20世纪80年代末期，当人们认识到女性性高潮的能力同样可以有力地促使她们与配偶之外的人发生性关系时，维持配偶关系的假说就淡出了人们的视野。这种认识上的转变与许多表面上的"一雄一雌"的鸟类不过是"社会化一夫一妻"的发现不谋而合；尽管它们在养育幼鸟的过程中的确形成了稳定的社会关系，但它们也和除配偶之外的雌性交配。20世纪90年代中期，这一发现使很多早期的进化心理学家开始关注精子竞争在性进化方面的作用，并最终将其与女性性高潮的相关理论联系在一起。

他们提出，假设女性性高潮在这些"配偶之外"的交配场景中扮演着重要角色，作为女性性高潮表现之一的子宫收缩就是一种适应性机制，目的是为了获得遗传素质比较高的男性的精子，使卵细胞受精。

那么，拥有理想精子的高素质男性又是谁呢？根据标准的进化心理学，这种进化机制之所以起作用，是因为女性在战略上营造出一种性生活混乱的假象；女性的"社会性"配偶并不是高素质的男性。更确切地说，女性选择某个人作为社会性配偶，是因为他可以为其后代提供最好的资源、关爱、保护等形式的直接好处；他是可靠的人，但并不是非常性感的家伙。她在育龄期找到的配偶之外的性伴侣才是高素质的男性，高素质意味着这个男人很性感，更吸引人，是她想要与之生儿育女的人，因为他可以为其后代带来间接的好处，即优良基因。因此，适应主义者认为，女性只在与更具吸引力、遗传素质更高的男性性交时才会有性高潮，因为性高潮的上吸机制（upsucking mechanism）会为对方的精子创造有利条件，更有可能让她的卵细胞受精。

伊丽莎白·劳埃德在她的《女性性高潮实例》（The Case of the Female Orgasm）中举了一个非常惊人的例子，来反驳上吸假说。她全面地介绍了从过去到现在的关于女性性高潮进化的激烈争论，回顾了有关人类性高潮的科学和性学文献，还提供了大量证据证明女性性高潮影响受精过程的观点根本站不住脚。而且，没有任何证据证明使女性达到性高潮的男性比其他男性更易于使卵细胞受精，或者有某种遗传优势。如果女性性高潮对生育能力或繁殖能力没有影响，男性的遗传素质和女性性高潮之间也没有相关性，就不能认定女性性高潮是一种为了提升后代遗传素质而对精子进行筛选的适应性特征。劳埃德接着指出，在"上吸"假说的相关文献中，重要论文使用的统计方法从根本上就是有缺陷的，还存在不正当的数据操纵行为，在很多方面都受到研究人员自身性别偏见的影响。

副产品假说和上吸假说在女性性高潮进化问题上的分歧，主要体现在如何利用女性性高潮多变性这个论据。劳埃德在为副产品理论辩护时指出，不同的女性在性交过程中，性高潮能力差异悬殊。也就是说，有些女性从未有过性高潮，有些女性几乎总能达到性高潮，更多的女性处于两者之间，这个事实充分证明性高潮不受自然选择的影响。如果受影响，自然选择会得出更加一致的结果。她指出，如果女性性高潮不是进化设计的结果，就应该被视为非常幸运的意外事件。

相比之下，上吸假说的拥护者坚持认为，多变性恰恰是女性性高潮存在的理由，其本身就证明了女性性高潮的适应性功能。进化心理学家戴维·普斯（David Puts）写道，女性间性高潮能力的差异反映了

"（她们）在自身条件有利性"上的差异。换句话说，女性的配偶价值（也就是性感程度）越高，她能吸引到的男性伴侣的遗传素质就越高，性交时她也越有可能达到性高潮。更有吸引力的女性拥有更好的遗传素质和健康状况，会吸引到更有吸引力的男性，这些男性的遗传素质也非常高，能更频繁地诱发女性获得性高潮，从而使高质量的精子与高质量的卵细胞结合在一起。因此，漂亮的女人不仅更好（她们有更好的基因、健康状况、地位和身体条件），而且由于她们能吸引到遗传素质更高的异性作为配偶，所以会获得更大的性快感。

很难再找到比这个理论更能体现进化心理学领域的男性偏见的观点了。上吸理论把对优秀男性的幻想视为女性性高潮的终极原因。

上吸假说的一个最根本的问题是，它无法解释不管与之发生性行为的男性的吸引力如何，女性体验性高潮的内在能力为什么有差异。最近，金姆·沃伦（Kim Wallen）和伊丽莎白·劳埃德发表了一篇论文，其中引用了体现性交过程中性高潮的频率可能与女性生殖器结构有关的证据。沃伦和劳埃德通过对20世纪20年代和20世纪40年代的历史数据集（遗憾的是，这是该课题仅有的可用数据）进行统计分析后提出，阴蒂越靠近阴道口，女性在性交中获得性高潮的能力就越强。女性在性交时获得性高潮这一能力内在结构的多变性，不仅符合他们掌握的数据，也与男性不科学的、充满逸闻趣事的个人经历一致。毕竟，一个男人的基因素质不会随时间而变化，但是与他发生性关系的不同女人在不同时期体验到性高潮的频率和难易程度却是有差异的（无论他如何反驳），而上吸假说是无法解释这种差异的。

上吸理论的另一个基本缺陷是，它假设精子竞争很重要，而且这种竞争只发生在女性采取性滥交和性欺诈战略的情况下。主张上吸假说的理论家认为，女性性高潮的进化是为了让女性在短暂的育龄期内与多位遗传素质不同的男性进行性交时，能完成获得"优良基因"的任务。如果精子竞争确实在女性性高潮的进化过程中发挥了关键作用，女性性高潮的进化就应该与精子竞争的加剧有关。但是，这一预测与对比数据揭示的情况恰恰相反。从人类与黑猩猩的共同祖先生活的时期以来，人类的睾丸尺寸（反映精子竞争进化过程的最可靠指标）显著减小，而女性性高潮在人类性行为中却变得越来越重要。相比之下，黑猩猩有非常大的睾丸和激烈的精子竞争，尽管雌性黑猩猩能够达到性高潮（表现为心跳加速，阴道和子宫快速收缩），但在交配时雌性性高潮的现象却很少发生。但是根据上吸理论，由于雌性黑猩猩与多只遗传素质各异的雄性交配，所以我们应该把雌性性高潮看作一种在交配过程中对精子进行筛选的机制。但事实并非如此。

最后一个问题是，上吸假说的拥护者居然没有充分考虑该模型背后的适应性影响。如果女性性高潮的进化是为了增大受精概率，男性就应该进化出适应性的对策，在每一次性交时都能使女性达到性高潮。如果男性不能利用智慧提升繁殖成功率，那么人类的智力还有什么用呢？为了应对女性利用性高潮对精子进行筛选的机制，男性应该对女性性高潮产生一种普遍且长久的兴趣。但许多女性可以证明，事实并非如此，而且证据不只是这些个人经历。来自不同文化背景的人类学数据表明，很多男性对女性性快感和性高潮的兴趣不大。在很多群体中，男性会以最简单的前戏开始性生活，并在不考虑女性快感的情况下达到高潮。事实上，在许多文化中，男性甚至不知道女性也有性高潮（或者说至少在互联网出现之前，很少有人知道这一点）。2000年的一项调查发现，42%的受过大学教育的巴基斯坦男性不知道女性也有性高潮。此外，很多父权文化通过割除阴蒂和其他女性生殖器来抑制女性性高潮的能力。在全世界的许多文化中，男性对女性性快感和性高潮的压倒性的冷漠态度（更不用说频繁表现出的敌意）显然是上吸理论无法解释的问题。

◎

关于女性性高潮进化问题的争论，尚未找到解决方法。这种上吸理论已经被彻底淘汰了。然而，尽管支持副产品假说（即两性生殖器的同源性和男女性高潮在生理反应上的相似性）的基本数据完全准确，但问题仍然存在，即除了副产品假说推测的过程以外，还有没有其他进化过程。女性性高潮有可能是独立进化来的吗？

有趣的是，这个问题是由女权主义者提出的，他们认为副产品假说排斥和轻视女性在性方面的主体作用，我赞同他们的观点。性快感在很多女性生活中的核心地位是否应被单纯地归因于一次历史上的偶然事件呢？女性性高潮和性快感的惊人特性和潜力，难道不需要一种比副产品理论更实质性的解释吗？

这场争论缺少的正是一种真正属于达尔文主义的审美进化观点。学术界从来没有人直接研究过女性对性快感的主观体验这一基本问题。前文中谈到的两种理论都以不同的方式排斥和忽略女性的性快感，认为它与女性性高潮的历史原因无关。

科学在解释快感方面表现得很糟糕，这并不让我们感到意外，正如我在这本书的引言中所说，其原因在于科学把对快感的真实体验排除在外。关于人类和其他动物的配偶选择的现代科学研究并不能直接解决性快感问题，因为它是从对其他动物物种的配偶选择研究中衍生出来的，所以根本不可能考虑到性快感的问题。比如，当一只雌性琴鸟听到雄性琴鸟在炫耀用的土堆上不停唱着一连串模仿其他鸟类叫声的歌曲，或者看到雄鸟把轻薄透明的尾羽展开，一边抖动一边像半张伞一样遮住自己身体的时候，我们根本无法捕捉雌鸟体验到的快感。再比如，有一只雌性圭亚那动冠伞鸟站在一只惹眼的橙色雄鸟旁边，那只雄鸟一动不动地待在自己求偶场领地的空地上，在它们周围还有很多色彩鲜艳的其他雄鸟为这个求爱场景增添了嘈杂的背景音，我们也无法理解这只雌鸟的审美体验。在这种情况下，科学家唯一能评估的就是结果，也就是雌鸟最终选择了什么样的配偶。但是，仅关注结果却导致生物学家模糊和忽视了雌鸟在做选择的过程中体验到的愉悦感及其认知标准。

不过，当研究人类的愉悦感时，我们有机会更加全面地了解性快感，因为人类和其他动物的区别就在于前者能告诉我们他们有什么体验。这种交流的能力可以改变我们对性高潮进化的分析，进化生物学是时候抓住这个机会了。幸运的是，审美进化理论在这个过程中一定会发挥独一无二的作用。

审美进化明确地强调择偶偏好的主观愉悦体验。为了理解性快感的进化过程，我们需要建立一个"总有美会发生"假说的推论，我把它叫作"总有快感会发生"机制。在"总有美会发生"机制中，重点是一方的性欲与另一方的炫耀特征的协同进化。在"总有快感会发生"机制中，我们必须关注快感的主观和引发快感的特征的协同进化。这意味着承认配偶选择过程本身就是愉悦的，这一点在有关配偶选择的科学文献中很少被提及。但是，达尔文提到了它。

尽管达尔文过于正派、害羞，或者说惧怕读者的反应，以至于没有在《人类的由来及性选择》中明确讨论人类性快感的问题，但他谈到了动物性快感的问题，指出动物性炫耀行为的进化正是因为它们带来的巨大快感。同样的道理，由于女性性快感和性高潮是配偶选择过程（包括所有涉及性行为的身体互动）的基本组成部分，所以进行性评估本质上是一个令人愉悦的过程。这个过程中的快感，尤其是性高潮的体验，是选择配偶或者多次选择配偶时依赖的数据。这又把我们带回到那个快感是如何进化的问题上。

根据"总有快感会发生"假说，女性性快感和性高潮是在间接选择的作用下进化来的（指从人类与黑猩猩的共同祖先生活的时期以来能力和强度的提升，进化背景2），推动选择的是女性在择偶时对那些能使她们获得性快感的男性特征和行为的偏好。因为人类的择偶偏好大部分都是多次择偶偏好，以重复多次的性接触为基础，所以女性的配偶选择包括对性本身的生理、感官和认知体验进行审美评估。随着女性的择偶偏好逐渐改变了男性的性行为，女性获得性快感的能力也随之协同进化和提升，变得更复杂、更强大，也更令人满意。用最直接的方式说，审美主义观点认为，女性性快感和性高潮进化的原因是，女性倾向于与那些能让自己获得性快感的男性多次发生性关系，从而间接地选择那些能提升自己快感的遗传变异。通过选择能更频繁地引发性高潮的男性特征和行为，女性的配偶选择已经从进化角度改变了女性快感的本质。

在"总有快感会发生"假说中，女性性高潮并不是一种适应性特征，也不是为了实现任何外在的经过自然选择的功能，比如精子上吸或者适应主义者有可能在研究中一味追求"逻辑和理性"而想到的其他目的。女性性高潮也不只是一次历史上的偶然事件，或者说是男性性快感的副产品。更确切地说，女性的性快感和性高潮是女性欲望和选择进化的结果，而它们本身就是进化的目的。

◎

性高潮进化的"总有快感会发生"这个假说和女性性行为及性反应的许多证据（比如其固有的多变性）相符。我很认同伊丽莎白·劳埃德的一个观点：女性间性高潮能力的差异表明性高潮并不是通过适应性的自然选择进化来的，因为自然选择应该会得到一种更可靠、功能性更强和更一致的体验。但是，我不同意劳埃德接下来得出的结论，即这意味着性高潮只是一次历史上幸运的偶然事件。我认为女性性高潮是一种高度进化的体验，既能反映一些"东西"，也是为了得到一些"东西"。这些"东西"就是通过她们的配偶选择行为进化出的快感。

虽然在很多的雌性猴子和类人猿中，还没有足够的对比证据支持这样一个结论，即从我们与黑猩猩的共同祖先生活的时期以来，女性性高潮才开始进化或者在快感上有所提升，但我希望"总有快感会发生"的假说能启发大家通过进一步的研究来验证这个结论。在此之前，我们已经看到"总有快感会发生"的假说与现有的大量数据一致。比如，驱动"总有快感会发生"机制的间接性选择在进化设计方面的效率比直接的自然选择低。此外，女性选择并不是人类性选择的唯一来源，所以这种机制在决定女性性行为进化的过程中可能并不占据主导地位。因此，"总有快感会发生"机制完全能解释女性性高潮固有的多变性。

此外，人类的性行为有很多与我们的类人猿近亲不同的进化特征，而且这些特征只能被解释为提升性快感的手段，这个事实进一步支持了"总有快感会发生"假说。比如，大猩猩和黑猩猩的交配时长以秒为单位，而人类的性交时间平均会持续几分钟，当然也可以持续更长时间。较长时间的性交会增强对女性的刺激，更有可能使她们获得性高潮，但不会发挥任何适应性功能，因为延长性交时间不能增加受精成功率，或者让某位男性成为精子竞争的赢家。从进化角度说，人类更长的性交时间本质上就是为了增强性快感。

另一个看似能体现对女性快感的重视大大推动了人类性行为进化的证据，就是性交姿势的多样性。雄性大猩猩和黑猩猩通常会从后面爬到雌性的背上进行交配。而男性和女性在性交姿势方面更富创造力，这与审美主义的假设是一致的，即人类性技巧的进化是为了创造更多刺激阴蒂及让女性获得快感的机会。同样地，性交频率增加、隐藏排卵期，以及性行为和女性生育期分离等进化特征，都让性行为和性快感在人类生活中的分量越来越重。

我们观察到女性性高潮并不是生育过程的必要条件，这一点也和审美主义的观点完全一致。性高潮不会影响女性的生育能力，因为它的进化没有任何适应性的目的。女性性高潮起不到任何作用的事实，或许能解释它的多变性，以及它为什么如此令人愉悦。可能正是因为女性性高潮没有进化出任何功能，所以它才变得如此开放和惊人。性高潮纯粹是女性追求快感产生的进化结果，目的就是性快感本身。然而，男性性高潮几乎总是伴随着射精，这是有性生殖必需的特征。男性性高潮的主观体验要受到自然选择的限制，因为有一个需要将半黏性的精液运送到输精管，再通过尿道射出的过程。从本质上讲，男性性高潮完全与体内的"管道"有关，也就是要通过"管道"运送东西。由于这种射精–性高潮的关系，男性需要补充前列腺、精囊和尿道球腺产生的精液，才能再次达到性高潮。（随着年龄的增长，这个恢复期会越来越长，年轻的男性读者可能会被这个事实吓到。）因此，自然选择限制了男性性高潮快感的强弱、频率和持续时间。

相比之下，女性性高潮不受任何生理功能的限制，也不需要运送任何东西或者完成什么任务。阴道、子宫、会阴和腹部肌肉的收缩都只是为了获得性快感，无须为了实现其他任何目的而做出妥协或者受到约束。这就能解释为什么很多女性能够在短时间内多次达到性高潮。因为女性性高潮除了获得快感以外，不需要达到任何目的，所以女性不需要恢复期。除了性欲之外，没有什么能限制她们重复体验性高潮。

因此，审美理论验证了忒瑞西阿斯的说法。因为女性性高潮纯粹是在基于审美的配偶选择驱动下进化来的，所以女性的确有能力获得比男性更强的性快感，而且女性的性快感在质量和程度上都更胜一等。当美发生的时候，快感也发生了。

女性性高潮的进化可能是体现审美进化力量的最好例证,也是体现审美进化泡沫(即除了随意的偏好之外,没有任何目的的进化过程)非理性繁荣的典型例子。幸运的是,人类性高潮的快感还没有进化到极端的程度,如果过分沉溺于享乐,就会受到自然选择过程的抵制。

◎

对于女性性快感的高度关注可能会让男性感到被冷落或者被轻视,因为他们的快感无法与女性相比,就连性高潮也被说成是为了输送精子。但是,这并不意味着男人没有在性交中获得快感。那么,为什么男性的性高潮会带来快感呢? 我说过,男性性高潮始终被解释为一种鼓励男性追求性机会的适应性特征。任何受自然选择影响的行为,通常都会带来生理上的快感。动物需要吃东西,所以在饥饿的时候吃东西才变得有意义,而且感到满足和愉快。但大多数男人会一致认为性高潮的快感远比吃东西的快感更重要、更强烈,也更有意义。因此,我们完全可以得出这样的结论,即男性性高潮的快感已经超出了繁殖需要的程度,仅靠自然选择无法解释。所以,自然选择并不是在男性性高潮的进化过程中唯一起作用的机制,审美进化也在其中扮演了重要角色。

虽然这只是一种推测,但从我们与大猩猩、黑猩猩的共同祖先生活的时期以来,男性性高潮的快感显然已经在进化过程中得到了提升。当其他的雄性类人猿像男性一样热情地追求交配机会时,他们看起来完全不像男性那样享受性爱。雄性大猩猩和雄性黑猩猩的性高潮似乎与男性的性高潮不同,它们的交配过程几乎没有前戏,极少触摸,眼神接触也很少,持续时间很短,结束后雄性和雌性便各自继续在落叶层中找食物。而且,雄性黑猩猩的性高潮平均时长为7秒,而男性的性高潮可持续几分钟。如果性高潮快感的质量真的与达到性高潮所需的时间有关（在生理学方面，这是一个合理的猜想），那么男性体验到的性快感肯定比雄性黑猩猩强。

如果这是真的，我们就会好奇男性性高潮进化的原因和方式。这次的答案很可能还是"基于审美的配偶选择"。雄性黑猩猩和雄性大猩猩在性方面不挑剔，会抓住任何交配的机会。如果没有配偶选择的参与，所有影响性快感进化的因素都只会受到自然选择过程的约束。然而，人类已经变得非常挑剔了。男女双方进行配偶选择的历史、性行为在进化过程中的发展、性交频率和持续时间等，也都为男性性高潮的审美协同进化和发展创造了机会。男性性快感在进化过程中的增强很可能是因为男性偏离了进化心理学的刻板印象，并没有变成所谓放荡不羁的廉价精子传播者。只有为了他们偏好的个体而躲避一些性机会，或者说只有通过配偶选择，男性的性快感才能超出生殖功能的范畴，完成审美协同进化。

两性之间最主要的区别，可能就是男性的性快感进化受到自然选择的限制（为了完成输送精子的任务），而女性的性快感则不受此限制。总而言之，男性和女性在性方面都比我们的类人猿近亲挑剔得多。人类在择偶时的挑剔似乎很幸运地在进化过程中得到了回报，那就是我们体验到的性快感比我们的类人猿近亲更多。

当然，男性和女性始终是站在一起的，双向的配偶选择同时在许多延长和增强愉悦感的性行为中发挥作用，很可能推动了两性性高潮的进化。进化心理学家杰弗里·米勒（Geoffrey Miller）在他2000年的著作《求偶思维》（*The Mating Mind*）中提出，在人类性高潮的进化过程中，费希尔的"失控理论"也发挥了作用。也许是因为还不适应审美思维，米勒把这个过程想象成阴茎和阴蒂之间的"一场相互促进的军备竞赛"。令人遗憾的是，这种带有竞争和军事色彩的类比模糊了两性性高潮的感官体验维度。女性性欲推动的男性阴茎形态和性行为的改变，丝毫没有减少男性的性快感，而且情况正好相反。性高潮的进化并不是两性斗争的结果，更确切地说，它可能更像一场审美协同进化的爱情长跑。

◎

另一种描述配偶选择机制的方式是，审美协同进化是通过个体在性方面的能动性推动的。因此，"总有快感会发生"假说认为，女性在获得性高潮能力的进化过程中起到了能动作用。女性的性高潮既是直接的体验，也是女性想要的进化结果。每个女性的性高潮都是一次庆典，庆祝女人在进化过程中有能力满足自己不断增长的性欲。

女人特有的性体验可能会让她们发出这样的感叹："如果不是这样，又会是什么样呢？"

第 10 章

吕西斯忒拉忒
效应

在《纽约客》上，我们经常会看到一对夫妇躺在一张双人床上的漫画。在这些漫画中，床头上方的墙上都挂着一幅平淡无奇的画，两边的床头柜上放着同样的灯，除此之外的其他细节则不同。要么两个人都穿着朴素的睡衣，看着书，毯子严严实实地遮盖着他们的身体，看起来有点儿心酸。要么床单上一片凌乱，两个人头发蓬乱，显然处于性交后的状态。年老的夫妻正在一段艰难的婚姻关系中苦苦煎熬，而年轻的夫妇则与配偶讨价还价或者四处拈花惹草。他们中的一个人都会说出一句或简练，或讽刺，或梦幻，或尖锐，或愤怒，或苦涩，或伤感的话。多样化的语言反映出现代夫妻（大部分为白人异性夫妻）充斥着忧虑、渴望、困扰和欲望的现实生活。

"今晚不行……"漫画形成了一个完整的系列：

　　她：比头痛还糟糕！我有三个孩子和一份全职工作！

或者

　　她：今晚不行，亲爱的，我今天白天上瑜伽课的时候高潮了。

而描绘性交后场景的漫画则表现了对亲密感、满足感、失望感、不忠行为，以及变幻莫测的欲望的深入思考。一些漫画甚至夸张地演绎了扎哈维的不利条件原理：

她：我的性高潮是假装的。

他：没关系。我的劳力士表也是假的。

其他漫画则探讨了性方面的脱节。一对漂亮的年轻夫妇躺在床上，他正在看苹果平板电脑，而她双臂交叉，穿着一件精美的睡衣。

她：先从触摸开始。

然后，还有一类表现不忠行为的漫画。女人和另一个男人躺在床上，这时她的身着西装的丈夫走进卧室。

她：对不起，伯特……这是业务外包。

和很多好故事一样，这些漫画中也包含冲突。这些夫妻在床上上演的喜剧抓住了两性间最原始的戏剧性冲突。当然，并非配偶间的所有分歧都能体现进化意义上的两性冲突。我们都可能有不同于配偶的个人兴趣和渴望，然而我们很容易看出，与繁殖有关的桥段，比如性、结婚、忠诚、养育子女、投资、离婚和家庭生活等，都完全可以被视为对自古以来两性冲突这一进化现象的反映。

在繁殖背景下，每当两性的进化利益出现分歧时，就会发生两性冲突。像鸟类一样，人类的两性冲突可能表现在各种问题上，包括性伴侣的数量和身份、性忠诚度、性爱频率、性行为的类型、对受精过程的控制、生育时机、后代的数量，以及双方在照顾后代时分别投入的精力、时间和资源。

当然，有性生殖本质上是一种在基因层面体现合作性和自我牺牲的行为。所有参与其中的个体都必须让自己的一半基因与另一个个体的一半基因结合，才能繁殖一个后代。只能成功地传递自己一半的基因，这是有性生殖不可避免的遗传代价。但是，以配子大小和数量为代表的两性之间的差异，始终贯穿于有性繁殖的一系列结构、生理和行为特征中，制造了很多引发冲突的机会。

总的繁殖成功率取决于你有多少个孩子，他们能活多久以及会有多少后代，等等。当然，如果发生了性选择，这些子女的吸引力就会影响到他们后代的数量。对于男性而言，更频繁地发生性行为，拥有更多的配偶、更多的孩子，并在每个孩子身上投入更多的资源，可以最大限度地提高生育成功率，女性则恰恰相反。不难想象，所有这些问题会导致怎样的两性冲突。

性冲突可能导致性胁迫，即采取武力或恐吓的方式影响两性冲突的结果。性胁迫的实施者不仅限于男性，也不仅限于性行为这种方式。一些岳父、岳母和公公、婆婆制造的社会冲突，就是一种针对其子女的配偶选择和其他生育选择的性冲突。并非只有人类才有这样的行为。在东非大草原上，有一种成群活动的鸟，叫白额蜂虎（White-fronted Bee-Eaters，拉丁名为 *Merops bullockoides*），它们的儿子一般要在家里度过几个繁殖期，以帮助父母照顾更多的兄弟姐妹。遇到干旱的年份时，如果蜂虎父母特别需要儿子的帮助，它们就会经常侵扰和阻止儿子与准儿媳组建家庭，迫使儿子回到父母的巢里帮忙。这种侵扰行为包括干扰儿子给准儿媳喂食，还有站在儿子与准儿媳的巢的入口，阻止它们进入。这样做的结果是，保障了父母在繁殖上的优势（即拥有更多的子女），却干扰了子女的性选择过程（即得到更少的孙辈）。

尽管夫妻漫画或者与丈母娘和婆婆有关的笑话很有趣，但现实世界中的两性冲突一点儿也不好笑，而是充斥着各种充满戏剧性和令人心痛的故事，主题涵盖了性暴力、虐待配偶、割除生殖器、性交易、遗弃子女、强奸、乱伦等。在这本书中，我们已经看到配偶选择如何让不同种类的雌鸟进化出各种机制来扩大自己的性自主权，降低性胁迫的危害，甚至是减少性暴力。通过探索人类和我们的灵长类祖先的两性冲突的历史，我们会发现自己已经受到类似的进化过程影响，进而解决了两性冲突，克服了性胁迫和性暴力，还扩大了女性的性自主权。事实上，我们会看到，女性性自主权的进步和男性性控制力的减弱很可能是一项关键的创新，使人类生物学中许多独特、复杂的特征的进化成为可能。

◎

现在，我们回过头谈谈鸭子的性行为。

在这本书中，我们始终探讨的都是配偶选择与审美多样性之间的协同进化的过程。我们也知道性胁迫会如何挑战、约束、破坏、颠覆和危害配偶选择的过程，以及面对持续的性暴力和性胁迫的雌性是如何进化出推进自己的性自主权的防御性机制的。

在雌性鸟类的性自主权的进化过程中，基本上有两种机制在起作用。比如，在许多水禽中，雌性进化出了物理防御机制来降低强迫交配给自己造成的伤害。阴道形态发生突变的雌性可以防止强制受精，以确保生下的雄性后代能继承父亲的控制性感审美特征的基因，从而获得更高的繁殖成功率（即拥有更多的孙辈），因为她们性感的雄性后代能吸引其他雌性。或者更确切地说，如果它们没有在强制交配中严重受伤或死亡，就会获得这样的成功。

遗憾的是，正如我们在第5章所看到的那样，在进化过程中变复杂的阴道形态也有一个很大的缺点，即在雌性的防御能力和雄性的胁迫手段及能力之间，引发了一场代价高昂而且不断加快的"军备竞赛"，从而使整个物种的繁殖成功率都受到了影响。

而像园丁鸟和侏儒鸟这样的鸟类，通过基于审美的配偶选择改变雄性，既推进了雌性的性自主权，也避免了一场性的"军备竞赛"。值得注意的是，促使对雄性的胁迫能力进行限制的协同进化过程，并没有使雌性在择偶时偏爱那种任由自己支配和控制的懦弱雄性。相反，雌性始终更喜欢精力充沛的雄性，也就是那些擅长进行引人注目、精致复杂，而且感官体验丰富的炫耀表演的雄性。从雌性的角度说，对雄性进行控制没有任何的进化优势。雌性的进化优势是它们在性选择过程中拥有更大的自由，以及更高的繁殖成功率。我们将会看到，同样的说法也可以套用到女性性自主权上，只不过其重要性和意义要大得多。

◎

人类的性行为已经和我们的灵长类祖先有了明显的区别。"一般"的雌性旧大陆猴在性方面处于被征服的状态，获得真正的性自主权的机会十分有限。在进行求偶场炫耀的鸟类中，尽管雌鸟需要独立完成孵化和抚养幼鸟的工作，但却拥有完全的性自主权，而雌性旧大陆猴在这两个方面得到的都是最差的结果。通常情况下，雌性在抚养幼崽时需要进行所有的繁殖投资；而雄性只需要在提升自己的社会等级方面进行投资即可，因为它们一旦处于统治地位，就能利用一切可以利用的性机会。

对雌性来说不幸的是，灵长类动物的社会等级天生就是不稳定的。

更年轻、更强壮的雄性总在寻求社会和身体对抗的机会，去废黜那些在社会群体中占据统治地位的雄性。这种等级制度的不稳定性对雌性来说会产生既可怕又有启发性的结果。当某个雄性推翻之前的雄性首领的统治时，它显然获得了新机会，利用刚刚赢得的在社会和性方面对雌性的控制权来提升自己的繁殖成功率。不过，这位新首领不能马上利用这些繁殖的机会，因为在任何给定的时间，群体中的大多数雌性要么已经怀孕，要么正在哺乳期。哺乳期会持续几个月甚至数年，在此期间，排卵过程被抑制，雌性是不会交配的。

因此，许多雄性灵长类动物已经进化出了创造新的繁殖机会的方法，在它们获得对群体的控制权后，杀死所有需要雌性照顾的后代。当雌性的幼崽被杀死后，不用再哺乳的事实会促使它们进入发情期，重新开始交配。杀婴是雄性进化出的一种快速利用赢得雄性间竞争所获优势的自私方法。然而，由此产生的后果对雌性的繁殖成功率，以及整个种群来说都是毁灭性的。比如，在博茨瓦纳的阿拉伯狒狒（Chacma Baboons，拉丁名为 *Papio hamadryas ursinus*）中，雄性杀死的婴儿占所有死亡婴儿数的38%，在某些年份甚至高达75%，而且比其他任何死因的占比都高。

虽然杀婴方法让新晋的雄性首领获得了交配机会，却对雌性的繁殖成功率造成了巨大的负面影响。杀婴浪费了雌性在长时间的妊娠期和哺乳期为后代进行的一切繁殖投资，而且由于雌性一生中能生育的后代数量不会超过10个，所以杀婴导致雌性失去的每个孩子对它们把基因传给下一代的能力而言都是一次巨大的打击。

雄性的杀婴行为是体现两性冲突的典型例子，以牺牲雌性的繁殖利益为代价，换取雄性首领的繁殖利益。然而，这个过程不仅对雌性不利，它在本质上也无法改善生物体对环境的适应程度，最终会导致该物种的总体数量减少。更确切地说，杀婴行为是通过雄性间竞争进化来的，是因为每个新的雄性首领都试图比之前的雄性首领获得更大的优势。但与雄性麋鹿用鹿角武力解决问题的典型雄性间斗争不同的是，杀婴行为是一种两性冲突，因为它损害了雌性的进化利益。

生物人类学家和灵长类动物学家莎拉·布拉弗·赫迪（Sarah Blaffer Hrdy）在她1981年出版的著作《从未进化的女性》（*The Woman That Never Evolved*）中，首次建立了关于雌性在进化过程中应对杀婴行为的理论。在那个时候，雌性灵长类动物通常被描述为在性和社会方面均无行动能力的个体，只能被动地接受雄性的社会支配和等级制度。赫迪根据她多年来对印度叶猴的研究，着重强调雌性旧大陆猴在追求它们的社会利益和性兴趣的过程中，扮演了活跃的进化主体的角色。赫迪观察到，许多雌性灵长类动物为了应对杀婴行为，在发情期会试图与多只占据次要地位的雄性交配。为什么呢？赫迪推测雌性是想让其他雄性相信它们可能就是孩子的父亲。这样一来，那些雄性或许就不太可能杀死有可能是自己孩子的幼崽。所以，雌性灵长类动物进化出随意交配的行为，是为了获得"保险单"，以防未来任何有可能成为群落首领的雄性采取杀婴行为。

像协同进化下的鸭子阴道形态一样，赫迪提出的这种父亲身份保障策略也是一种协同进化下针对两性冲突的防御反应。实际上，雌性灵长类动物并没有通过多次交配获得性自主权。确切地说，它们正在充分利用糟糕的局面。雌性之所以要与多个雄性进行交配，并不是因为它们喜欢对方，而是因为这样做或许可以使自己的孩子免遭杀戮。灵长类动物学专著《从未进化的女性》详细描述了雌性的策略，它们在不威胁雄性首领的性控制权的前提下，哄骗其他雄性，让后者误以为自己就是孩子的父亲。但就像鸭子防御性的阴道形态一样，这种防御性的交配策略也有一个很大的缺点，即会引发一场激烈的"军备竞赛"。占据统治地位的雄性会用更具侵略性的方式应对雌性的滥交行为，从而控制雌性的繁殖期。这些变本加厉的胁迫策略包括保护配偶、暴力体罚和社交恐吓。从性方面来说，一般的雌性旧大陆猴会处于进退两难的局面。

在非洲猿中，大多数与我们亲缘关系最近的物种的情况也差不多。大猩猩也有类似的雄性统治的群体结构，在一个由多只雌性组成的社会群体中，通常有一只体型高大、占据统治地位的雄性。由于雄性首领实际上已经把所有（或几乎所有）其他雄性都逐出了群体，所以在交配方面很少会发生性冲突。然而，雄性仍然会用暴力营造一种社交胁迫的氛围，从而强化自己的统治地位。因此，新加入某个群体的雌性大猩猩会受到雄性侵略性更强的攻击，正如一位灵长类动物研究人员说的那样，雄性"迫切地想与这些新加入的雌性成员建立关系"。这真是不怎么好的关系！

如果有新的雄性大猩猩接管了这个群体，或者一个大的群体被拆散，有新的雄性把一些雌性带回了自己的群体，就会经常出现雄性杀婴的情况。我们很难搞清楚这种情况有多普遍，因为除非你亲眼看见真实的谋杀，否则你不能确定突然失踪或被发现时已经死亡的幼崽，是不是被新的雄性首领杀死的。可以说，当你研究类人猿的杀婴行为时，你就成了一名调查幼崽谋杀案的侦探，在你身处的这片茂密丛林中，没有任何目击者会告诉你线索。这是一项艰难的工作。尽管如此，还是有经过检验的估计值表明，在所有死亡的大猩猩幼崽中，约有1/3是由雄性的杀婴行为所致。这对大猩猩整体的繁殖成功率是一种巨大的、不利于适应性的损害，很可能对种群的增长能力产生重大影响。

黑猩猩生活在由雄性和雌性组成的大群体中，在几个小时、几天或几周的时间内，这个群体就会经历分裂和融合。在这样的社会群体中，存在着复杂的统治等级和大规模的雄性间竞争，这会导致雄性父权与雌性投入之间的两性冲突。当一只雌性黑猩猩进入发情期时，雄性黑猩猩会从它明显肿胀的会阴看出它的生育能力。有多只雄性黑猩猩想与这只雌性黑猩猩交配，而这只雌性黑猩猩会默默地顺从所有雄性黑猩猩。然而，当它的生育能力在发情的第10天达到巅峰状态时，占据统治地位的雄性黑猩猩会加强对雌性黑猩猩的保护，使它远离其他雄性，并严密控制它的性行为。这样一来，即使雌性黑猩猩接受了所有雄性黑猩猩的交配请求，占据统治地位的雄性也有约50%的概率使雌性成功受孕。还有一种可能出现的情况是，在雌性发情期间，某个雄性个体会带它暂时离开这个比较大的社会群体，这种"私奔"的行为可能是雌性配偶选择的一种表现。但因为雄性有时会用暴力攻击和恐吓的方式强迫雌性离群，所以我们不知道"私奔"行为中有多少是雌性的自主选择。在离群的这段时间里，其他雄性不可能妨碍它们的交配，这样就确定了父亲的身份。

尽管在黑猩猩中还没有发生过强迫交配的现象，但这并不是因为雌性有性自主权。更确切地说，这是因为雌性实际上从不拒绝任何雄性的交配要求。与大猩猩一样，雄性黑猩猩也会对雌性施暴，营造出一种性恐吓的氛围。事实上，当雌性黑猩猩处于生育能力巅峰时，它们会在整个发情期里跟对它们最有攻击性的雄性关系最紧密，也最频繁地寻求与后者交配的机会。

有大量记录证明雄性黑猩猩有杀婴行为，但大多数具体的观察还只是传言。因此，与大猩猩一样，我们很难对黑猩猩的杀婴行为做出实际估计，但雄性杀婴行为显然是黑猩猩生命中普遍存在的一种风险，对雌性黑猩猩的繁殖成功率也是一项严峻的挑战。

和黑猩猩一样，倭黑猩猩也生活在由多只雄性和雌性组成的大群体中，但它们的性行为与其他黑猩猩或者其他所有的哺乳动物截然不同。我们之前讲过，倭黑猩猩已经进化到利用性行为来缓解社会冲突的程度，而且它们会与任何性别、年龄和社会地位的个体发生性行为。

通常，雄性和雌性的社会地位是平等的（或者说处于共同统治的状态），共享所有的生态资源。雌性间建立了强大的社会联系或者友好关系。因此，在倭黑猩猩中实际上并不存在针对受精过程的性胁迫，也没有证据表明有杀婴行为，或者其他任何群体内的极端暴力行为。不过，与黑猩猩和大猩猩一样，还是由雌性倭黑猩猩负责完成从妊娠到照顾孩子的所有工作。

总之，在与我们亲缘关系最近的两种黑猩猩中，雌性滥交的情况都很普遍（尽管是出于不同的原因），只会偶尔表现出特定的择偶偏好，并负担所有的亲本投资。但只在黑猩猩群体中存在雄性杀婴的情况。

◎

尽管在地球上几乎所有的人类社会中都发现了性冲突和性胁迫的现象，但它们发生的频率、规模和致命性都和我们在类人猿近亲身上看到的完全不同。特别是当我们看到雄性的杀婴行为时，就会发现我们和大多数猴子及类人猿近亲之间的巨大差别。从人类生物学的角度看，一般的雄性狒狒、大猩猩或黑猩猩都是在等待机会的杀婴狂。在狒狒群体中，雄性杀死的婴儿占死亡婴儿总数的38%；在大猩猩群体，这个比例大约是33%。而在人类社会中，几乎没有发现这种行为。尽管男性仍然要对绝大多数人类的暴力行为负责，包括偶然发生的儿童死亡事件，但男性并不会为了自己的繁殖利益而杀害年幼的孩子。事实上，大多数有关杀婴行为的人类学文献讲的都是母亲的杀婴行为。

人类几乎根除了雄性杀婴的行为，这成为灵长类生物进化史上的一次重大转变。这种转变包括男性间的性竞争减弱、性胁迫行为减少，以及女性性自主权的质变和量变。这一切都是怎么发生的？

真正的问题在于，男性会在什么情况下交出自己的武器呢？什么样的进化机制能对抗会加剧性胁迫的男性间竞争呢？对人类来说，进化的风险确实很高。大多数使我们成为人类的特征（包括智力、复杂的社会意识、合作的社会行为、语言、文化和物质文化），都在很大程度上取决于较长时间的儿童期发育和大量不间断的亲本投资。发育出一个更加复杂的大脑来实现所有这些创新性的认知能力，需要更多的时间和更多的亲代投资。如果婴儿最常见的死亡原因是雄性暴力杀婴，人类的祖先怎么可能进化成在每个后代身上投入更多资源的人类呢？答案就是，这是不可能发生的。在进化过程中，消除杀婴行为对人类生物学的进化至关重要。

进化人类学的主流观点认为，复杂的人类社会行为是通过男性间的竞争和对觅食生态学（即在环境中对食物进行更高效的利用）的自然选择之间的相互作用进化来的。比如，进化人类学家和灵长类动物学家布莱恩·黑尔（Brian Hare）、维多利亚·沃伯（Victoria Wobber）和理查德·兰厄姆（Richard Wrangham）提出，倭黑猩猩与众不同的体现成熟和合作的社会气质是通过"自我驯化"进化来的，自我驯化是基于生态学的自然选择过程。他们认为这个过程是由倭黑猩猩觅食生态学的独特特征驱动的，比如存在高质量的陆生草本食物来源或者没有大猩猩与之竞争。尽管有些细节还没有确定，但我们可以说，合作性更强的群体更稳定，而且能够提高整体的生态效率。简言之，"自我驯化"假说提出社会宽容性与合作性的进化是物种的一种生态适应性，而不是男性社会行为和性行为的一次转变。

黑尔和迈克尔·托马塞洛（Michael Tomasello）进一步扩展了这个观点，提出对觅食生态学的自然选择也可能有利于降低人类的攻击性，提高人类社会的宽容性。他们认识到，倭黑猩猩和人类在历史上是各自独立地进化出社会合作行为的，并提出人类的社会气质可能是通过一种类似于"自我驯化"的机制进化来的。然而，黑尔和托马塞洛却在证明人类的自我驯化是如何起作用的过程中，遇到了不小的麻烦。他们推测这个过程可能涉及合作性攻击，也就是多个级别较低的个体联合起来杀害、排挤或惩罚那些过于放肆或专横的（男性）个体。但目前我们还不清楚为什么合作性攻击行为非但没有导致个体的攻击性更强，还让人类放下了武器。此外，这种合作性社会气质的起源机制恰恰需要他们正在试图解释的合作过程，也就是每个人都要有能力合作，从而联合起来对付那些他们试图抑制其攻击性的人。最后一个问题是，他们没有描绘出这一假说依赖的有利于人类自我驯化的生态环境。

除少数情况以外，人类进化生物学从未把女性配偶选择、性冲突和性自主权纳入人类起源理论。此外要注意的是，人类的社交商与合作性的进化要求男性攻击性、男性气质和男性行为（特别是杀婴行为）的转变。因此，那些明显只关注男性的暴力行为和在其转变过程中获益最大的进化主体的进化机制，是不是就没有探究的意义了呢？

◎

与很多关于人类性行为进化的基本问题一样，我们再次发现古希腊人确实对这个问题有一些见解，但并非体现在科学理论上，而是体现在喜剧作品中。在阿里斯托芬（Aristophanes）的戏剧《吕西斯忒拉忒》（*Lysitrata*，公元前411年首演）中，雅典的家庭主妇吕西斯忒拉忒联合雅典和斯巴达这两个敌对城邦的女性，共同承诺在男人们同意进行和平谈判并结束代价高昂、危害百姓的伯罗奔尼撒战争之前，不与丈夫及情人发生性关系。女性的性罢工增强了两性冲突的喜剧效果，最终男性完全屈服于女性的条件。通过女性有组织地主张自己的性自主权，希腊重获和平。

虽然吕西斯忒拉忒的行为没有被设定在进化时间表上，但这部戏剧的确包含一些与进化有关的观点。女性对暴力的容忍度远低于男性。尽管死于暴力的男性要比女性多，但从繁殖成功率来说，女性付出的代价更高，因为她们在抚养因战争和其他暴力行为而死去的儿子的过程中，比男性的投入更多。像杀婴行为一样，在战争中失去孩子对女性这一生的繁殖成功率都是一个巨大的打击。此外，这部喜剧还表明，女性的性决策可以发挥强大的作用，足以对抗男性的暴力行为。性罢工之所以有效，是因为雅典和斯巴达的所有女性都达成了统一意见，女性间的共识赋予了她们力量。吕西斯忒拉忒改造男性的方式不仅与性有关，显然也与审美有关。在这部戏剧中，吕西斯忒拉忒向雅典和斯巴达的女性提出建议，如果丈夫强迫她们性交，就要使男人获得的快感尽可能少。她指出，男人们很快就会感到厌倦，会想念两情相悦的性爱中那种完美的审美体验。因此，女性一旦遭到强迫，就会拒绝给予男人性快感。最终，雅典和斯巴达的女性成功地消除了男性的侵略性，而且没有引发代价高昂、侵略性的"军备竞赛"。

因此，在回答"男性会在什么情况下交出自己的武器？"这个问题时，吕西斯忒拉忒告诉我们，对抗男性暴力的最有效方法就是攻击男性最脆弱的地方，即腰带以下的部位。

这正是我推测的男性攻击性降低、合作性社会气质和人类社交商的进化机制。我认为这些改变不是在自然选择的作用下发生的，而是在女性的基于审美的配偶选择推动下发生的。

想象一下在人类原始祖先的种群中，一部分受精过程是由男性的暴力胁迫决定的，而另一部分是由女性在择偶时对特定的男性炫耀特征的偏好决定的。就像园丁鸟或侏儒鸟一样，如果女性对男性的某种新的炫耀特征产生了偏好，这种特征又恰巧与推进女性性自主权有关（就像园丁鸟搭建的保护性的求偶亭，侏儒鸟求偶场里高度合作性的社会关系），这些新的择偶偏好就会继续进化，因为这样的特征和偏好会增加种群中所有女性在非强迫的情况下选择配偶的频率。换句话说，女性的选择将进一步加强女性的选择自主权。女性对这些特征的偏好会削弱男性通过外力和胁迫让女性受孕的能力，使越来越多的受精过程是通过女性的选择发生的。我们从很多其他的身体和行为特征中已经看到，审美协同进化的自组织机制将会创造一个新的反馈回路，增强女性在面对性暴力和性胁迫时维护自己的配偶选择自主权的能力。

根据这个假说，女性在进化过程中达成了具有侵略性和性强迫特征的男性并不性感的共识，从而改变了男性社会行为的本质。

但是，如果我们的类人猿祖先不存在雌性配偶选择行为，那么这种行为是如何在人类中出现的呢？不幸的是，研究人类配偶选择的起源非常困难，因为它很可能就出现在我们与黑猩猩的共同祖先生活的时期刚刚结束的时候。然而，尽管大猩猩和黑猩猩在雌性的择偶方式上并没有发生明显的进化，但我们能从类人猿祖先身上看出相关的认知潜力。不管是生活在野外还是处于圈养状态的黑猩猩和大猩猩，熟悉它们的人都会生动地对它们丰富的社会个性和个体好恶的强烈表达进行描述，这表明它们具有识别和评价彼此的认知能力。在大猩猩群体分裂或者黑猩猩夫妇私奔的行为中，雌性类人猿能进行某种程度的配偶选择。因此，雌性类人猿有形成择偶偏好并做出配偶选择的认知能力，但它们缺乏把这种欲望付诸实践的社交机会。人类远古祖先进行配偶选择的生态环境和社会环境的细节无论是什么，都不难想象，原始社会的女性一旦获得了社交机会，就有能力进行配偶选择。

◎

我曾把这种进化机制称为审美重塑，因为这个过程包括利用基于审美的配偶选择来改变或重塑雄性，使其不再具有强迫性、破坏性和暴力性。对人类来说，审美重塑涉及一个特有的审美去武器化的过程。去武器化本质上是要通过女性配偶选择减少男性的武器（这些武器是通过男性间的竞争进化来的）。在人类进化史上，有两个体现这一过程的典型例子，它们都是雄性灵长类动物用来对其他雄性、雌性和需要照顾的幼崽实施暴力控制的身体特征：更大的体型和细长锋利的犬齿。

尽管男性的体型通常比女性的大，但我们的进化史上曾经出现人类体型性别二态性的大幅减弱，即两性的体重差异有所减少。雄性猩猩和大猩猩体型庞大，是同类雌性的两倍多。在黑猩猩和倭黑猩猩中，雌雄个体在体型上的差异较小，雄性体型只比雌性大25%~35%。在人类群体中，这种差异变得更小，男性的体型平均只比女性大16%。这意味着男性在与女性发生冲突时，身体上的优势大大减少了。当然，单纯从体型大小来看，在肢体冲突中男性还是比女性有优势。毕竟，在拳击和摔跤比赛中，为了确保公平而划分了体重级别，每两个级别间的体重差只有2.5%~5%。所以，男性在体重上的优势很可能在与女性的身体对抗中起决定性作用。

尽管如此，人类体型的性别二态性显著减弱并非一次意外，因为随着体型的增大，性别二态性通常会变得越发明显，而不是越来越弱。但自从我们与黑猩猩的共同祖先生活的时期以来，人类两性的体型就一直在增大。随着体型的增大，两性的体型差异会越来越大，这个结论被称为伦施法则，以提出这一观点的哺乳动物学家伯恩哈德·伦施（Bernhard Rensch）的名字命名。

显然，女性更喜欢体型与自己相差不大的男性，因为这意味着男性在体型上的优势会比较小，女性就更有把握对抗男性的性胁迫和其他形式的暴力行为。也有可能是女性的配偶选择缩小了男女体型的差别，从而使男性与之相关的行为发生了变化，尤其是男性的攻击性减弱，社会宽容度提高。有趣的是，我们在家犬身上发现了能充分证明多种让人类觉得可爱的审美特征（比如卷曲的尾巴、耷拉的耳朵、更短的鼻子和更小的牙齿）与行为气质（比如更低的攻击性、更高的社会宽容度和对社交信号更强的认知敏感度）之间，在基因层面有相关性的证据。比如，在苏联进行的长达数十年的狐狸驯化过程中，只针对社会宽容度进行了筛选，结果进化出了与家犬一样拥有可爱身体特征的狐狸。我们继续探讨灵长类动物的话题，黑尔、沃伯和兰厄姆指出，倭黑猩猩在进化过程中攻击性的减弱与物种中很多其他变化有关，包括两性体型差异减小、成年个体如婴儿般的粉红色嘴唇、较为缓慢的社会发展、更被动地应对社会压力，以及对人类发出的社交信号表现出比黑猩猩更强的敏感性（在针对圈养个体的实验中）。因此，雌性依据雄性的身体特征（比如体型大小）进行的配偶选择，有可能对雄性性行为和社会行为的进化产生巨大影响。

在大多数旧大陆灵长类动物身上，还有另一种性别二态性的特征，即雌雄两性在犬齿（尖牙）形态上的巨大差异。在猕猴、狒狒、猩猩、大猩猩和黑猩猩中，雄性的犬齿比雌性的犬齿更长，根部也更宽。这种细长的犬齿可以通过持续不断地与下颌骨上的第三颗前白齿相互打磨来保持锋利，和旧大陆猴的情况一样，在猩猩和大猩猩中，雌雄两性的犬齿差别极大，这表明身体对抗对雄性在性方面的成功而言十分重要。在两种黑猩猩中，犬齿的两性异形程度都比较适中，很符合它们较小的体型。

只要简单地看一下任何男性的笑容，你就会发现从我们与其他类人猿的共同祖先生活的时期开始，男性的犬齿在进化过程中明显缩小了。尽管人类的体型增大了，但男性和女性的犬齿实际上是一样的，这又是一个违背伦施法则的例子。在人类与黑猩猩的共同祖先生活的时期刚结束不久，原始人类的犬齿异形程度就在进化的过程中减弱了。

乍得沙赫人（Sahelanthropus tchadensis，生活在700万年前）和始祖地猿（Ardipithecus ramidus，生活在440万年前）的犬齿与黑猩猩相比，下宽上尖的程度更低，而且没有任何犬齿与前臼齿相互打磨的迹象。在320万—350万年前，也就是以著名的露西为代表的阿法南方古猿生活的时期，犬齿二态性的情况已经跟现代智人差不多了。按照惯例，人类古生物学家会把雄性阿法南方古猿的犬齿缩小解释为一种适应性特征，目的是为了咀嚼复杂的植物性食物。然而，最近我们发现，在人类的进化史上，犬齿从很早之前就开始缩小了，而且已经在像始祖地猿（被亲切地称为"阿迪"）这样的物种身上体现出来了，这与阿法南方古猿特殊的饮食习惯完全无关。既然无法从适应性、生态学和饮食习惯上解释原始人类犬齿二态性的减弱，就说明需要一个新的进化假说，即雌性配偶选择。

图10-1　一只雄性低地大猩猩（左）、黑猩猩（中）和人类（右）的犬齿尺寸的差异

资料来源：左图来自素材供应商 Shutterstock 公司，中图和右图由罗南·多诺万（Ronan Donovan）拍摄。

关键在于，大多数雄性旧大陆猴和雄性类人猿的口中都有雌性没有的致命武器。雄性变大的犬齿并不是用来觅食的工具，而是捍卫性控制权的社会武器。正如达尔文假设的那样，这些武器的进化并不是因为它们有利于生存，而是因为它们能有力地控制雌性配偶和其他雄性对手，从而帮助个体获得性优势。非人类的雄性灵长类动物会在向其他雄性挑衅、对雌性实施暴力胁迫和杀害幼崽时使用这些武器。如果雄性阿拉伯狒狒发现它的处于发情期的雌性配偶离自己远了一点儿，或者靠近群体中四处闲逛的其他雄性时，就会用犬牙撕咬或者威胁雌性阿拉伯狒狒。雄性山地大猩猩（mountain gorilla）会在雄性间争夺群体控制权的斗争中和杀死群体中雌性的幼崽时使用犬齿。在黑猩猩群体中，雄性为争夺雌性而发动的攻击中包括凶猛的撕咬。

就像雌性在择偶时更喜欢与自己体型相当的雄性一样，雌性偏爱犬齿攻击性比较低的雄性，会让它们获得更大的选择自主权。减少雄性的武器能减少雄性胁迫和杀婴行为造成的伤害，给雌性提供更多成功择偶的机会。偏好小犬齿特征的雌性会获得间接的遗传优势，因为它们的后代很有吸引力，其他雌性也可以更加自由地选择自己偏爱的配偶。结果是，从审美角度看，雌性在社会和性方面的自主权得以扩大。

同样，随着性别二态性的减弱，审美去武器化的过程并不会使雄性变得柔弱、怯懦或顺从。相反，雌性的择偶偏好会继续进化，它们仍然看重像身体比例和强有力的性刺激这样有吸引力的雄性特征。在进化过程中，雌性个体并不会得到性控制权，而会得到选择自主权。所以，这个过程也不是适应性的，也就是说，它不会帮助生物体更好地适应环境。更确切地说，发生审美去武器化的原因是，雌性性自主权会降低雄性性胁迫对雌性的伤害，幼崽的存活率更高，从而促进种群增长。

人类进化的审美重塑/去武器化假说尽管只是推测，但比较合理。这个模型对人类进化过程中的许多无法从适应性和生态学的角度给出满意解释的特征进行了有效且详细的说明，比如，人类两性体型差异的大幅缩小，包括杀婴在内的男性暴力胁迫行为的大幅减少，女性配偶选择权的扩大，以及男性性装饰器官的进化。但是，这个模型能得到验证吗？有任何支持或者反对这个模型的证据吗？

我们面对的第一个挑战是，确定这个假说在理论上是否可行。塞缪尔·斯诺和我正在研究一种反映审美重塑过程的数学遗传模型，我们发现，考虑到特征和偏好上的遗传变异，的确有可能突变出恰好能提升雌性性自主权的炫耀特征。这个模型当然无法证明这种进化机制确实存在于人类进化过程中，只是提供了一种可能性。

或许现在最能证明女性审美重塑确实发生在男性身上的证据，就是一组数据，这组数据表明，当代女性在择偶时通常不会偏好那些与男性的身体优势相关的特征。确切地说，当代女性更喜欢"男性化"程度适中的特征，即更加修长、肌肉较少的身材，不太突出的额头，面部和身体上的毛发适量。男性身上仍然存在的那些男性化程度较强的特征则说明，其他的进化动力（有可能是雄性间竞争）偏好更加男性化的特征。

另外，随着进化人类学家在进行灵长类动物的比较行为生态学分析、研究人类进化的化石记录、完成进化考古学和比较人类学分析时，引入审美进化、性自主权和审美重塑等概念，可能会有更加详细的验证审美去武器化假说的方法。目前已知的是，认为古人类进化是男性间竞争与适应性的自然选择相互作用结果的主流观点，不足以解释人类认知、社会和文化复杂性的进化过程中发生的关键创新。我认为，如果把基于审美的女性配偶选择、性胁迫和女性性自主权纳入人类进化的研究范畴，我们就能更好地解释人类进化的过程。

◎

　　到目前为止，关于人类两性冲突的探讨都集中在围绕受精过程产生的性冲突上，也就是由谁来决定孩子父亲的身份问题。然而，在孩子出生后，针对谁来照顾他们，以及父母双方分别在照顾孩子方面投入多少精力、时间和资源等问题，也会产生两性冲突。继雄性杀婴行为在进化过程中逐渐减少之后，面对基于亲本投资的持续不断的性冲突，女性的权利有了第二次重大发展。在旧大陆猴、猩猩、大猩猩和黑猩猩中，雄性基本上不会照顾自己的孩子。即使是在非常和平和平等的倭黑猩猩群体，雄性除了像对待群体中的其他个体一样会给孩子分享食物以外，不会进行其他亲本投资。在所有这些物种中，雌性在争取让雄性参与亲本投资的斗争中逐渐走向失败。事实上，在这些灵长类动物中，亲本投资的问题并没有引起明显的性冲突，因为雌性独自完成了所有的亲本投资。显然，人类不是这样的。在几乎所有的人类社会和环境中，男性都会在孩子身上进行大量的投资，包括食物、经济资源、保护、父亲的身份认同和情感投入等。在农业社会之前的进化阶段，双亲的持续照料显得更加重要。因此，人类特有的合作育儿模式是人类生殖生物学方面的另一项重大创新，需要我们从进化的角度进行解释。

　　情况有可能是这样的：当我们的女性祖先获得足够的性自主权，能够大幅减少或消除男性的杀婴行为时，她们就在与男性持续不断的性冲突中运用配偶选择权获得其他方面的额外收益。具体来说，女性的选择范围从潜在配偶的瞬间可感知的身体特征扩展到男性更广泛的社会人格和社会关系，最终推动男性亲本投资的进化。伴随这种转变发生的是性行为本身在审美方面的发展，变得更频繁、持久、多变、复杂、愉悦和动人，不再只是为了繁殖，父亲的身份也越发模糊（通过隐藏排卵期实现），还被赋予了新的情感内涵和意义。在女性选择那些社会参与度高、擅长人际交往的男性作为伴侣的过程中，男性亲本投资的内容也在不断升级，除了食物和保护，他们还要与配偶及孩子建立合作性社会关系。最终，男性的繁殖投资会由于男性间的竞争而进化，也就是争相取悦挑剔的女性，只有这样才能获得持久的性接触和与配偶关系同时发生的社会关系。

当然，男性对孩子的繁殖投资能彻底改善后代的健康状况、幸福水平和生存能力，帮助他们在进入性成熟期和育龄期之前好好地生存。同时，还能提高女性的生存能力、幸福水平和生育能力，有助于缩短她的生育间隔（与其他类人猿类相比，人类的生育间隔明显缩短了），并提高她的繁殖成功率。生育间隔的缩短恰恰是人类种群增长的能力远超其他类人猿的原因。因此，男性亲代抚育是女性配偶选择带来的一种适应性的直接好处。

在人类进化的这个阶段，配偶选择通过人与人之间的一系列双向的社交互动和情感交流不断进化。这样一来，我们在寻找合适配偶的时候，就有机会仔细研究和评估对我们个人来说非常重要的社会、情感，甚至心理属性。正因为如此，建立一段持久的两性关系并非依靠强制性的法律就能实现。这也是为什么婚前协议如此不浪漫和令人不快的原因之一。确切地说，坠入爱河是一种深层次的审美体验，涉及双方在社交、认知和身体方面的魅力。

一些文化理论家指出，这个进化模型意味着人类的配偶关系并不是通过男性强行控制女性的生育自由权进化来的。换句话说，现代社会的配偶关系与旧时男性与妻妾之间的关系不同，它是为了让女性在与男性围绕亲本投资问题发生的两性冲突中获得的更大利益而进化的。从根本上说，人类的配偶关系是一种通过审美协同进化产生的社会关系，通过这种关系，男性和女性各自的繁殖利益都得到了提升。当然，人类的配偶关系从来都不是绝对的，或者不容侵犯的。这并不是一夫一妻制的进化理论，不会强调生死相许。为了进化，配偶关系只需要持续到足够对后代的发育和生存产生决定性的积极影响的程度即可。在男性繁殖投资的进化过程中的某个阶段,文化进化开始了,自此社会的复杂性和多变性也发生了全新的变化。

通俗地说,人类进化出父本行为是一件很重要的事。不管是在灵长类动物中,还是在哺乳动物中,雄性参与育儿都是很罕见的。父本行为在人类进化的过程中非常关键,这是因为人类的后代需要很多的关爱和投入,需要较长的时间才能成熟,比其他灵长类动物面临的社会、文化和认知发展的挑战更大。在解决了杀婴问题之后,我认为人类认知和文化复杂性起源的下一个最重要的进化挑战就是父本行为的起源。有趣的是,第二次重要的进化转变也涉及女性在两性冲突中不断扩大的优势。

我认为,我们完全可以肯定女性配偶选择在人类进化过程中发挥的作用。通过对男性进行审美重塑,既解决了男性性暴力、性胁迫和杀婴问题等进化挑战,还给女性带来了更大的性自主权。男性的去武器化可能也是一次关键的创新,推动了人类社会、认知和文化复杂性的后续发展。攻击性更弱、更善于合作的男性能与女性建立起更长久的关系,会为成长中的后代创造一个社会稳定性更强的环境。这种环境反过来又可以让每个后代都有可能获得更长的发展时间和更多的亲本投资,最终拥有人类的所有宝贵财富:智力、社会认知、语言、合作、文化、物质文化和技术。尽管这种人类进化的新观点需要做大量的检验工作,但不会有太大的风险。

第 11 章

同性性行为的
进化假说

几十年来，在《纽约客》刊登的那些标志性地表现夫妇俩床上场景的漫画中，清一色地都是异性恋伴侣。不过，与美国的许多文化机构一样，《纽约客》也开始逐渐承认同性恋伴侣的存在，偶尔还会把他们作为夫妇漫画的主题。与漫画中常见的异性恋伴侣性交后的凌乱场景相比，最早描绘同性恋伴侣的漫画相当古板，其中有一幅以男同性恋伴侣为主题的漫画从男同性恋伴侣同床这件简单的事情入手，深入探讨了对不同文化间沟通不畅的焦虑。威廉·赫斐利（William Haefeli）在 1999年画了一幅很棒的漫画，画中的情景发生在一家大型百货商店的展销厅，有两个穿着棉大衣的男人并排躺在一个短小的别无他物的床垫上。其中一个男人对他的同伴说："我还是觉得我们应该买一个大号床垫，尽管这一定会引来销售人员的嘲笑。"

　　与《纽约客》上传统的漫画一样，这本书中有关人类性行为进化的前几个章节，都可以被视为旨在强化一种把对性别的刻板印象当作"人类本性"的观念，即认为异性性行为才是唯一"符合自然规律"的性行为，也是唯一一种被进化科学认可的性行为。然而，性偏好的多样性是人类的一种深层特征，是任何有关人类欲望自然发展过程的研究都无法回避的问题。

　　从进化的角度解释性偏好的多样性，是很有难度的。进化论该如何解释与生殖过程（精子与卵细胞的结合）无关的性行为呢？审美进化这一新兴理论中最令人兴奋的一个方面，就是它揭示了长久以来人类性欲变幻莫测的奥秘。要理解性欲变化的起因，我们就需要特别关注个体主观欲望的进化过程，即个体对性吸引力的审美体验。

　　我不会在这里讨论性身份——异性恋、同性恋、双性恋等的概念类别——的进化过程。实际上，认为性行为是一个人的身份标记或者定义的观点，是一种相当现代的文化产物，可能只有150年的历史。由于我们生活在一个习惯于根据性身份来设想性行为的社会中，所以总会认为性身份的类别在生物学上是真实存在的，因此需要进行科学的解释。但问题在于，与"同性恋"起源有关的科学研究都在设法解释社会建构的进化。密歇根大学英语教授戴维·霍尔珀林（David Halperin）向我解释说："提出一个有关同性恋进化的理论，就像提出了一个有关黑人颓废派或者雅皮士进化的理论一样牛头不对马嘴！"毫无疑问，许多有关"同性恋进化过程"的科学文献都是错误的，结果就是动摇了文献本身的权威性。

　　确切地说，我要在这一章探讨人类同性性行为的生物学史和进化史。具体来说，我想研究从人类与黑猩猩的共同祖先生活的时期到出现性身份的现代文化建构之前（进化背景2），性欲的多样性在进化过程中的演变。不过，在整个讨论过程中，切记和很多无生殖力的性行为（如亲吻、爱抚、口交等）一样，即使同性性行为不涉及精子与卵细胞的结合，但仍属于性行为。

◎

　　从那些只进行同性性行为的个体，到经常、有时或偶尔进行同性性行为的个体，再到那些只进行异性性行为的个体，人类的性取向构成了一个连续统一体。与很多其他复杂的人类特征一样，人类性取向在基因层面受到的任何影响都是基于很多不同的基因发生的很多不同的变异，这些基因在发育过程中与环境以及彼此发生复杂的相互作用，由此产生的性取向、性吸引力、性欲和性行为的广度和特异性就会存在很大的差异。个体在不同的性取向构成的连续统一体中所处的位置，在一定程度上取决于很多像这样的微小遗传因素产生的综合效应，也取决于社会、环境和文化方面的诸多影响。

目前，大多数有关人类"同性恋"进化的科学文献存在一个更基本的问题，即以进化过程会陷入困境这一假设作为出发点。然而，在引入性身份这种现代概念之前，我们并不清楚同性性偏好与较低的繁殖成功率到底有没有关系。人类的性行为与我们的类人猿祖先相比，已经变得更加频繁、持续时间更长、快感更强、方式更多样，而且其中很多性行为对繁殖产生了直接的促进作用，完全符合繁殖成功的要求。进行口交的异性恋者的繁殖成功率会低于那些不进行口交的异性恋者吗？显然，这是一个相当愚蠢的问题，我们没有理由这样认为。但在探讨同性性行为时，我们却遇到了这个问题。之前的很多相关研究都在试图从进化角度解释某种属于文化范畴的性行为，而没有研究关于性吸引力的主观体验（即性欲）多样性的进化起源和维持过程，只能说是没有抓住要领。

到目前为止，大多数有关同性性行为进化的理论在试图解释这种行为的时候，都会提出解决由此导致的繁殖成功率降低的适应性方案。比如，很多人推测，具有同性性偏好的个体可能对更大范围的种群中其他相关个体的生存和繁殖成功有促进作用。这种亲缘选择假说认为，同性性行为持续存在的原因是，具有同性性偏好的无生殖力的个体会在照顾自己年幼的兄弟姐妹、侄女侄子和表（堂）兄弟姐妹的过程中做出很大的贡献。因为这些乐于助人的"叔叔（舅舅）们"或者"姑姑（姨妈）们"与他们的亲属有相同的基因，所以很可能将控制同性性偏好的基因通过种群中的其他成员间接地传递给下一代。

亲缘选择假说的问题在于，同性性吸引力和帮助亲属抚养子女的意愿之间并没有显著的相关性。亲缘选择假说完全没有考虑需要从进化角度做出解释的最突出的事实，即人类性欲的多样性。

简言之，没有任何证据表明同性性行为会促使个体对有亲缘关系的后代进行繁殖投资。一种更直接地完成这种投资的途径是，进化出完全不进行任何性行为的无性个体，就像雌性工蚁和工蜂一样，但性欲缺失又与同性性行为中需要解释的现象完全相反。亲缘选择假说无法回答性欲本身的多样性如何进化和维持的这一核心问题。

◎

在这里，我要提出人类的同性性行为和比前三章中讨论的很多性特征和性行为一样，有可能是在女性配偶选择的驱动下进化而来的一项机制，目的是促进女性性自主权，缓解因受精过程和亲代抚育问题而产生的两性冲突。根据这种审美假说，人类同性性行为的存在是另一种应对雄性灵长类动物实施性胁迫的这个痼疾的进化反应。虽然我认为人类所有同性性行为的进化目的，都可能是为女性的性选择带来更大的自主权和自由度，但我会分别阐述女性同性性行为和男性同性性行为的进化过程，因为我认为两者的进化机制在细节上有很大的差别。

首先我们要知道，灵长类动物的社会行为和性行为在很大程度上受到一个因素的影响，即哪种性别的个体在达到性成熟的年龄后会离开自己出生的社会群体。年轻的成年个体从一个社会群体到另一个社会群体的迁移，对防止近亲繁殖很有必要。许多灵长类动物都是通过哺乳动物惯用的模式来避免近亲繁殖，雄性在性成熟后会分散到不同的社会群体中，而雌性动物则继续待在原生群体中。不过，非洲猿和其他一些旧大陆猴进化出了完全相反的模式，即雌性在性成熟后分散到不同的社会群体中。雌性分散的模式从人类祖先生活的时期就有了，在当今世界的很多人类文化中还在延续着。雌性分散模式产生的一个重要结果，就是年轻的雌性类人猿在加入新的社会群体时，必须切断与原生社交网络的联系。因此，在雌性分散的群体中，所有的雌性灵长类动物都是在社会群体中处于极度弱势地位的情况下就开始了性生活，原因在于没有成熟的社交网络帮助它们抵抗雄性的性胁迫和社交恐吓。分散后的雌性必须建立新的社交网络，以帮助它们减少性胁迫带来的各种危险。

雌性即使留在原生群体中，也必须建立保护性的社交网络。比如，灵长类动物学家芭芭拉·斯玛茨（Barbara Smuts）和其他研究人员已经证明，雌性狒狒在群体中的雄性朋友会帮助雌性保护其后代免遭其他雄性杀害。最近，生物人类学家琼·西尔克（Joan Silk）及其同事发现，雌性间的友谊有助于保护它们的后代免遭杀害和其他威胁。

由于雌性灵长类动物通过友谊来构建这种相互支持和保护的社交网络，所以我推测女性的同性性行为是作为一种构建和加强女性间新的社会同盟关系的方式进化来的，以弥补女性在离开她们的原生社会群体时失去的社交网络。以女性对同性性行为的偏好为目的的自然选择，会使女性间的社会纽带更加紧密，从而更有效地抵御男性的性胁迫，包括杀婴、性暴力和社交恐吓等。根据这一假设，女性的同性性行为是为了应对男性对繁殖过程的强行控制所造成的直接和间接伤害，而产生的一种防御性兼具审美性和适应性的进化反应。它的防御性体现在能够直接降低性胁迫对女性繁殖成功率的不利影响，它具有审美性是因为涉及女性性偏好的进化，它具有适应性是因为它是通过对女性偏好的自然选择进化来的，从而将性胁迫造成的直接伤害（以暴力和杀婴行为的形式存在）和间接伤害（以限制女性选择配偶和强迫受精的形式存在）减至最小。

男性的同性性行为也有可能是为了促进女性的性自主权而进化来的，不过我认为它的背后是一种不同的进化机制，即男性审美重塑过程的延伸。这种审美进化的观点认为，女性的配偶选择不仅影响了男性的身体特征，还影响了男性的社会特征，并以这种方式重塑男性的行为，也改变了男性间的社会关系。换句话说，女性在择偶时对男性的亲社会人格特征的偏好，促使男性性欲朝着更多样的方向进化，包括男性的同性性偏好和同性性行为。

一旦男性的同性性行为在一个种群中产生，就会以多种方式促进女性的性自主权。首先，即使在一个社会群体中只有较少的男性会被同性吸引，也可能引发社会环境的巨大变化。当一些男性进化出对同性的性偏好时，男性满足性需求的渠道被拓宽，这可能会减少男性在性和社交方面控制女性的意愿和投入，同时减少男性间性竞争引发的暴行。因为男性在性方面的竞争对手可能也是自己的性伴侣，这可能会进一步缓解男性间的紧张关系，避免他们的繁殖成功率遭受损失。事实上，我认为男性性偏好在进化过程中发生变化的具体原因是，女性在择偶时偏爱那些具有同性性偏好相关特征的男性。因此，我们没有理由认为这些男性的繁殖成功率会受到损害。一旦人类大多数的性行为都摆脱了女性短暂的育龄期的限制，变得无生殖力，同性间的吸引力就可以被看作对性行为及其社会功能的进一步拓展。

其次，男性的同性性行为可能促进了男性在性行为之外的后续情境下表现出来的攻击性减弱、合作性增强的社会关系的进化。这种同性关系也可能促进了合作狩猎、协同防御及其他对彼此和群体都有益的行为的发展，这正是人类"自我驯化"假说想要解释的一系列社会行为。

再次，由于女性的审美偏好会与男性身上那些体现性偏好多样化的特征继续协同进化，所以审美重塑的过程可能会使少数男性对同性的性偏好超过对异性的性偏好，甚至变得只喜欢同性。这些男性接下来会与女性建立起以支持和保护为目的而不涉及性的关系（当然，在性身份的概念出现之前，性偏好的排他性是一个没有定论的问题）。如果和人类其他复杂的特征一样，在基因层面对性偏好的影响是很多不同基因的很多微小变化产生的结果，那么一些男性后代就会比一般的男性后代继承更多与女性偏好的社会行为特征有关的遗传变异。这些更喜欢或者只喜欢同性的个体最终会落在性取向连续统一体的一端，并且可以在社会群体中与女性结成无生殖力、无竞争性和非强制性的社会同盟。在狒狒的群体中，雌雄之间的友谊就是以这种方式发挥着保护雌性免受性胁迫，阻止杀婴行为和在群体中提升雌性及其后代利益的作用。因此，我认为更喜欢同性的男性与女性之间的社会同盟关系，可能并不是在人类性偏好多样化的过程中偶然出现的或者纯粹与文化因素有关的特征，而是在人类性变异的过程中逐步进化出的一项功能。

同性性偏好的进化对男性繁殖成功率造成的任何损失，都不会导致进化过程陷入困境，因为女性配偶选择势必会使男性间的繁殖成功率存在差异。在配偶选择的游戏中，总会有赢家和输家。男性繁殖成功率可能遭受的任何损失只能说明，男性同性性偏好的进化并不是为了让男性更适应环境，而是为了促进女性的性自主权。

我在上一章中提出，人类进化在很大程度上受到女性对男性进行的审美重塑的影响，因为这个过程促进了女性的选择自主权。我在这一章要说的是，男性的同性性行为是通过对这一过程的延伸进化来的。

同样地，这个假说并不意味着男性同性性行为的进化是因为女性偏爱那些她们能在社会和身体方面支配的比较虚弱、恭顺、女性化或者缺乏男子气概的男性，尽管这些女性的择偶偏好确实会降低男性后代支配女性的能力。更确切地说，这种女性选择机制会降低男性性胁迫行为的整体破坏性，从而使配偶选择决定的受精过程在未来占据的比例更大。越来越低的性胁迫发生率将使女性选择的成功率越来越高，性自主权像雪球一样越滚越大。

男性同性性行为进化的审美理论，并不意味着更喜欢同性的男性有任何不同于其他男性的生理特征或者社会人格特征。事实恰恰相反。这个假说认为，喜欢同性的男性没有什么特别之处，因为伴随着同性性偏好进化而来的特征已经成为人类男性普遍具有的典型特征。因此，只喜欢同性的个体只是因为性偏好的排他性，而不是因为他们对同性的欲望。

◎

当然，这些关于人类同性性行为进化的审美理论都是高度推测性的。然而，我认为这种推测是可靠的和有保证的，因为这个问题的根本重要性、当前的适应性解释无法直接解决同性性欲进化问题的事实，以及这种适应性理论产生的不利影响，已经在公共和文化领域对人类性行为的探讨中逐渐凸显，尤其是大家越发把自己看作（有缺陷的）性对象，而不是自主性的、值得得到赞赏的性主体。显然，这个问题需要一种新的进化理论来解决。不过，我们可以通过检验这种审美理论的合理性以及与现有的人类和非人类动物在性方面的数据是否一致，来验证这些假说。首先，我要通过检验理论中的假设来评估其合理性。

比如，这种审美进化理论假设在性偏好及与性偏好有关的行为特征中存在可遗传的基因变异。与人类许多其他的社会行为特征一样，有充分的证据表明，更喜欢同性的性偏好（即自我认定的同性恋）是高度遗传的。

至于女性的同性性行为的进化过程，女性在自然选择的推动下结成社会同盟这一进化机制的合理性基本上已经确定了。所以，这个观点只不过是把一套众所周知的进化机制应用于一个新的情境。

然而，女性配偶选择可能推动男性的社会行为朝着促进女性性自主权的方向进化的假说是一个新观点。萨姆·斯诺（Sam Snow）和我正在开发一种数学遗传模型，这个模型能够确定之前提到的园丁鸟、侏儒鸟和人类的审美重塑机制的有效性，从而证明某种进化机制可能发生在某些符合实际情况的假设之下。

这种审美理论还认为，女性的配偶选择也能改变男性的社会行为，而且不只是以男女之间社交互动的方式，这正是我们在求偶场鸟类中看到的情况。雌性侏儒鸟的配偶选择改变了雄性社会竞争的本质，以至于兄弟情成为求爱成功的关键。男性的同性性行为可能是女性对男性的社会关系进行审美重塑的另一种形式，也是从进化角度解决男性性胁迫问题的另一种方法。

最有力地支持人类同性性行为具有抗胁迫社会功能的证据源自倭黑猩猩，它们是我们在生命之树上亲缘关系最近的物种之一。倭黑猩猩最为人知的特点就是频繁、随意地发生性行为，其中大多是非生殖性的，而且包括大量的同性性行为。倭黑猩猩的性行为能缓解各种社会冲突（尤其是食物方面的冲突）。因此，倭黑猩猩群体是平等且和平的。值得注意的是，尽管雄性倭黑猩猩与雌性倭黑猩猩在体型上的差异要比人类两性之间的差异大，但在倭黑猩猩中几乎从未发现性胁迫的现象。因此，倭黑猩猩证明同性性行为能够削弱雄性在性方面的统治地位，减少灵长类动物群体内的性胁迫。而且，雌性的同性性行为可以加强雌性间的社会同盟关系，减少雄性在性和社会方面的竞争。此外，同性性行为还可以减少竞争，增强群体的社会凝聚力。尽管倭黑猩猩和人类的同性性行为在社会功能上是相似的，但二者是各自独立进化的，进化机制也完全不同。

有关同性性行为进化的审美假说，与从我们与倭黑猩猩及黑猩猩的共同祖先生活的时期开始，已知的人类性行为的进化过程一致。大猩猩和黑猩猩只会在雌性短暂的生育期，抓住每一次与雌性交配的机会；相比之下，男性在女性育龄期以外的时间，也表现出对性的挑剔和兴趣。同样地，其他雌性类人猿很少有机会选择配偶，而女性已经进化得很挑剔了。

人类的进化也涉及性行为的很多其他变化。除了在女性有限的育龄期以外的时间性行为的发生频率增加了，而且性行为带来的感官和情感体验也在不断扩展和深化。由于人类的性行为兼具社会和生殖功能，所以有可能把这些功能扩展至同性关系中。隐藏排卵期的进化过程和性快感在审美进化过程中的不断加强，也会进一步推动性行为与人类繁殖期的分离进程。

◎

之前有关人类同性性行为进化的理论要么只关注男性的同性性行为，要么把女性和男性的同性性行为混在一起作为同一种现象。相比之下，我提出的假说认为两性的同性性行为有不同的进化机制。由于这些机制互不相同，所以我们可以预测这些同性性行为的频率和社会功能应该也存在差异。

比如，由于男性同性性行为是通过性选择进化来的，它有利于女性而非男性，所以进化出无生殖力个体的可能性并不是进化过程中的困境，而是性选择的预期结果。与此相反，女性的同性性偏好是通过对同盟关系的自然选择进化来的，这个过程不应该让女性的繁殖成功率遭受任何重大损失。因此，只喜欢同性的男性的出现频率应该比只喜欢同性的女性高得多。事实上，这个预测已经被证实了，男性中出现真性同性恋者的频率是女性中的两倍。审美重塑机制推测，与男性同性性偏好相关的身体和社会人格特征之所以会进化产生，正是因为这些特质被女性偏爱。因此，尽管同性性偏好的进化可能会导致某些男性个体的繁殖成功率下降，但这些损失是由他们同性性偏好的排他性导致的，而不是因为这些男性无法成功地吸引到女性伴侣。我们在前文中说过，这类男性没有什么特别之处，因为伴随着同性性偏好一起进化的特征会成为男性的一种普遍特征。这表明女性通常更喜欢那些身体特征的"男性化"程度适中的男性。这个预测也与观察结果一致，即大多数更喜欢同性的男性会非常容易吸引到他们喜欢的女性伴侣。

性自主权假说还预测，非排他性的广泛的同性性吸引力在人类群体中就算不是无处不在，也应该是非常常见的。由于在许多文化中长期存在对同性性行为的道德谴责和社会谴责，所以我们很难验证这个预言。我们不知道在没有这种强大的文化阻力的情况下，大多数人会做何表现。不过，我们有充分的理由相信同性性吸引是相当普遍的现象。比如，在20世纪四五十年代，阿尔弗雷德·金赛（Alfred Kinsey）对5 000多位男性和5 000多位女性组成的样本进行了研究，他发现有37%的男性和13%的女性都有通过同性性行为达到性高潮的经历。我们知道金赛的样本并不能代表整个美国人口，不过金赛的研究结果充分证明，同性性吸引和性体验的发生频率比那一小部分只喜欢同性的人的发生频率更高。由此可见，在生物学上，同性性吸引广泛地存在于人类两性之中。

此外，在某些文化和制度中，同性性行为是一种常见现象，不会受到谴责或者压制。比如，关注女权主义文化的人类学家格洛丽亚·威克（Gloria Wekker）对苏里南帕拉马里博的城市文化、工人阶级文化和克里奥尔文化进行了有趣的研究，结果表明，大约3/4的女性有长期的同性性伴侣，也与自己孩子的父亲保持着长期的性关系。处于这些关系中的女性非常认真地帮助自己的女性伴侣照顾孩子，同时为对方提供情感支持和性快感。

审美理论还推测，女性可以通过与只喜欢同性的男性建立友谊和社会同盟关系来提升自己的性自主权。考虑到当代人类文化中由性别、性身份和社会关系形成的复杂的社会建构，我们很难对这个观点进行研究。不过，我们知道这种友谊在我们的文化中是一种被普遍接受的特殊的社会关系。美国全国广播公司（NBC）播出的热门情景喜剧《威尔和格蕾丝》（*Will & Grace*）讲述了住在同一屋檐下的男同性恋律师威尔和异性恋室内设计师格蕾丝之间的友谊长存的故事。不过，这种现象不只是出现在西方文化中。1992年上映的日本电影《喜与男同性恋者为伍的女子》（*Okoge*），讲述了一位异性恋的年轻女职员、她的男同性恋朋友及其情人之间的友谊故事。这部电影的片名来自一句日本俚语，字面意思是"糯米饭"，指的是与男同性恋者关系密切的异性恋女性。这个俚语的存在表明，这种现象在日本的受认同程度与在西方文化中是一样的。

最后，认为同性性行为的进化是为了减少性暴力的审美假设还预测，男性的同性性行为与异性性行为相比，会让性胁迫、性暴力和家庭暴力的发生率更低，2010年美国亲密伴侣与性暴力调查报告显示，在处于同性恋关系的男性中，一生中可能遭遇的所有类别的性暴力行为（包括强奸、肢体暴力和跟踪）的发生率，都比处于异性恋关系中的女性低得多。

◎

　　我提出的进化模型假设同性性吸引力、同性性偏好和同性性行为中，都存在某种遗传变异。然而，对许多人来说，提到遗传学和性偏好，就会让他们联想到未来检测"男同性恋基因"，或者健康保险公司、准父母进行基因筛查的可能性。然而，考虑到我们在遗传学上对其他复杂的人类特征的了解程度，这种担心是毫无根据的。

　　基因组研究正在试图证明，大多数复杂的人类特征（从心脏病的发病风险、音乐能力、社会人格、害羞到孤独症）都受到很多基因变异的相互作用的影响，这些变异发生在基因组中的不同位置或者不同的基因上，它们各自产生的影响都很小。因此，即使这些复杂的特征有可能高度遗传，体现在不同个体身上也是基因、基因相互作用和发育环境的独特组合产生的结果。比如，最近有人对几千人的基因组进行了研究，结果表明82%的最简单的DNA序列变异（被称为单核苷酸多态性或SNiPs）发生的概率不到1/15 000，或者说低于0.006%。一个人只需要有3~4个这样的变异，他的基因在全世界的70亿人口中就是独一无二的。然而，你的基因组中实际上有成千上万个这样的变异。因此，我们很难准确地估计每个人到底有多么与众不同。

　　就这样，现代基因组学发现了证明人的个体性（human individuality）的决定性事实。因为有无数独特的基因组合影响着每一种复杂的特征（包括性偏好在内），我们可以确定的是，根本不存在"同性恋基因"。在基因层面，对个人性偏好的影响几乎都是独一无二的。遗传学无法对人类的性吸引力进行简化和归纳，因为其背后的原因实在太多样化了。

　　综上所述，人类的同性性行为是以扩大女性的性自主权为目的，通过自然选择和性选择进化而来的假说，与大量有关人类性偏好和性行为多样性的证据一致。然而，这一假设似乎与我们在许多文化中观察到的现象不一致，比如在古希腊和新几内亚的各种原住民部落中，男性同性性行为的发生伴随着女性高度受限的社会自主权和性自主权。不过，这些文化很可能是规则之外的个别情况。要在这种高度强调长幼尊卑有序的文化中构建男性的同性性行为，通常需要一位活跃、有洞察力且在群体中占据主导地位的年长男性和一位被动顺从、在群体中处于从属地位的较为年轻的男性。同性性行为的严格等级结构似乎是要将同性性行为纳入男性的强制性等级制度的一种文化机制，目的是控制同性性行为固有的对女性性自主权的促进作用。

虽然这些有关同性性行为进化的理论仍是推测性的，但我认为它们证明了将审美进化、性自主权和性的多样性结合起来，能形成一个新的卓有成效的研究领域。更令人惊讶的是，我提出的进化假说完全符合或支持了当代性别理论中的一些基本要素。比如，关于人类同性性行为进化的审美理论就分别支持了目前在女同性恋、男同性恋和双性恋群体之间进行的最重要的一场争论的双方观点。一方面，一些同性恋权利倡导者认为，同性恋者在本质上和异性恋者一样，区别只在于性欲和性伴侣。最能代表这个思想流派的是安德鲁·沙利文（Andrew Sullivan），他在1995年出版的《乃是正常》（*Virtually Normal*）中对这个观点进行了精彩阐述，这种思想也为美国和其他许多发达国家中同性婚姻的合法化做出了重大贡献。审美进化假说预测同性间的性吸引力是一种大多数人类都有的进化特征，因此支持了《乃是正常》这本书中的观点。同性恋者在本质上确实"和其他人一样"，两者的不同之处仅在于他们的同性性偏好的排他性和特异性，而不在于他们拥有同性性偏好。

然而，很多同性恋者反对这种社会同化主义的观点，因为他们认为性取向、性欲和性行为的多样性在本质上是对异性恋社会的一种合理破坏。这一观点的代表人物是《正常的麻烦》（*The Trouble with Normal*）的作者迈克尔·沃纳（Michael Warner）和《如何成为同性恋者》（*How to Be Gay*）的作者戴维·霍尔珀林（David Halperin），他们认为同性性欲本质上是对标准异性恋文化、等级和权力制度的颠覆。有趣的是，有关人类同性性行为进化的审美理论也有力地支持了同性性行为固有的颠覆性。根据我提出的观点，同性性行为的进化就是为了颠覆男性的性控制权和社会等级。因此，人类物种在进化过程中出现同性恋者，很有可能是因为女性渴望摆脱男性的性控制权。

此外，如果同性性欲是作为一种颠覆男性性控制权的手段进化来的，就能解释为什么许多父权文化会从道德和社会层面，对同性性行为进行如此严厉的制裁。从这个角度看，对同性性行为的禁止是另一种加强男性在性和社会方面对女性及其繁殖过程实施控制的手段。

因此我希望，审美进化和性冲突理论能与进化生物学、当代文化和性别研究相结合，形成一个有学术价值的新领域。在精简主义盛行几十年之后，社会生物学和进化心理学领域提出的适应主义观点，要么忽视同性性行为，将其视为一种畸变，要么错误地把同性性行为从性行为中排除出去。谁能想到进化生物学和酷儿理论（queer theory）居然会出现在同一篇文章中？事实上，我认为未来这两者之间还会有更多值得探索的共性。

第 12 章

审美生命观与
生物艺术世界

约翰·济慈（John Keats）在他的著名诗歌《希腊古瓮颂》（*Ode on a Grecian Urn*）中，用古瓮上的几句话作为结尾：

> 美即是真，真即是美——这就是
> 你们知道，和应该知道的一切。

在济慈写完这首诗的几十年后，达尔文才提出进化论，尽管济慈显然对进化论一无所知，但他的诗歌结尾却异常恰当地概括了进化生物学长久以来把美与诚实等同起来的传统。的确，这可能是有史以来最简洁也最令人难忘的宣传诚实理论范文了。

尽管这可能是一首诗中不朽的名句，但很难带领我们欣赏世界的美。济慈的这句诗体现的一种平整化的态度，也就是通过摧毁这个世界在思想上的复杂度来表达所谓深刻的错误见解，在声称可以完美解决一切问题的同时也造成了损害。

相比之下，比达尔文生活的年代早几个世纪的莎士比亚却以更丰富的视角看待真实与美丽，并由此塑造出一个人物。在《哈姆雷特》第三幕第一场中，丹麦王子哈姆雷特遇到了他心爱的奥菲莉亚，她最近一直在躲着他，而且没有做出任何解释。奥菲莉亚在她父亲的指示下，归还了哈姆雷特写给她的情书，还说她不再喜欢他写的诗了，因为"当发现赠予人心不诚的时候，再华贵的礼物也会变得轻贱"。哈姆雷特被奥菲莉亚的所作所为伤害，并怀疑起她的动机来，因为他知道奥菲莉亚的指控毫无根据。奥菲莉亚还像以前一样美丽，但她显然在说谎，所以哈姆雷特决定自己去探查真实与美丽的关系。

> 哈姆雷特：哈哈！你诚实吗？
>
> 奥菲莉亚：殿下？
>
> 哈姆雷特：你美丽吗？
>
> 奥菲莉亚：殿下是什么意思？
>
> 哈姆雷特：如果你既诚实又美丽，那么你的诚实就应该和你的美丽断绝来往。
>
> 奥菲莉亚：殿下，除了诚实以外，难道美丽还有什么更好的搭配吗？
>
> 哈姆雷特：是的，美丽会让诚实变为淫荡，但诚实却未必能感化美貌。这句话在过去听起来像悖论，但现在已经得到了时间的验证。我曾经确实爱过你。

在这里，足智多谋的哈姆雷特对美与诚实之间"关系"的解读比济慈诗中的"古瓮"更令人难以置信。他说，美可以把诚实变为淫荡，也就是像妓女那样只付出虚伪和肤浅的爱。的确，哈姆雷特提出了一个明显的费希尔式命题，即真正颠覆诚实的是美的力量。哈姆雷特的悖论是我们所有人在协调美的诱惑力和把美视作一种更高的目标、一种绝对的优点和一种能反映一切客观素质的强烈渴望时都要面临的挑战。

一方面，我们有济慈的诗，其中的诗句完美地表达了我们内心深处渴望将美视为一种反映素质或优点的"诚实"象征。但另一方面，哈姆雷特的生活经历告诉他美并不代表真实；美就是美，没有其他意义，而且往往与诚实相悖。一方坚持认为美是有"意义"的，而另一方则认为美的力量会破坏诚实。这些相互矛盾的观点，正是我在这本书中探讨的当代科学之争的核心。

以赛亚·伯林（Isaiah Berlin）在《刺猬与狐狸》（*the Hedgehog and the Fox*）一文中探讨了这种思想上的分歧，他用古希腊的一句格言来类比这种智力风格上的差异："狐狸知道很多东西，但刺猬只知道一件大事。"

根据伯林的说法，一只聪明的刺猬在寻找"和谐宇宙"的过程中，会从单一的"中心视角"看待这个世界，而刺猬的知识使命则是抓住每一个机会来传播这种伟大的视角。相比之下，聪明的狐狸对单一观点的吸引力完全没兴趣。这只狐狸并不会试图迎合单一的包罗万象的框架，而是追逐微妙且复杂的"各种不同的经历"。刺猬肩负着使命，而狐狸是为了获得快乐。狐狸像孩子一样，只要碰到想玩的，就会放下手里的玩具，开始一场新游戏。

伯林所说的刺猬和狐狸的智力风格，让我们更加了解自然选择的共同发现者：达尔文是狐狸，而华莱士是刺猬。他们都凭借自己的直觉认识到自然选择推动的适应性进化机制，却在如何阐述这一重要见解的问题上产生了根本性分歧。达尔文为了解决他在自然界中观察到的多样性问题，提出了关于谱系发生、性选择、生态学、传粉生物学，乃至生态系统服务（比如，他研究过蚯蚓的生态影响）等方面的生物学理论。每种理论之间都有微妙的差异，都需要新的论证、新的思考方式和新的数据。但是，尽管华莱士经验丰富，却一直试图构建"纯粹的达尔文主义"，也就是用单一万能的自然选择推动的适应性进化理论来解释所有的生物进化过程。

在进化生物学中，刺猬与狐狸之间的冲突一直持续到今天。在最近几十年里，谱系发生学和进化发育生物学领域的那些像狐狸一样拥护达尔文理论的研究人员，一直在努力地恢复这些分支学科在进化生物学领域的位置，改变多年来进化生物学被像刺猬一样的适应主义者主宰甚至操纵的状况。在这本书中，我曾经提出达尔文的审美进化理论也应该被重新划归进化生物学的范畴。达尔文主义的每一个分支学科都聚焦于多样性本身，也就是"各种不同"的特定实例，而不是像法律条文一样死板的对适应性过程的概括。

◎

达尔文在《物种起源》的结尾，用一种充满启发性和诗意的方式感叹了"生命的恢弘壮观"。后来，在《人类的由来及性选择》中，他又从审美角度洞见了生命那撼动人心的壮丽。我的目标始终是恢复达尔文的审美进化理论，并且呈现出这种审美生命观完整而独特的丰富性、复杂性和多样性。在最后一章，我想探讨一下审美生命观如何对科学、人类文化，以及二者之间刚刚建立的相互尊重和卓有成效的关系产生积极的影响。

达尔文提出的"动物在选择配偶时进行的审美评估构成了自然界中一种独立的进化动力"的观点，不管是在大约150年前他提出这个论点之时，还是在今天，都很激进。达尔文发现进化不仅与适者生存有关，还与个体主观体验中的魅力和感官愉悦有关。这个观点对研究和观察大自然的人产生了深远影响，让我们相信，黎明时分鸟儿的欢唱、红顶蓝背娇鹟属侏儒鸟协作完成的群体炫耀、雄性大眼斑雉光彩夺目的羽毛和自然界中许多其他的奇妙景象和声音，不仅会令我们愉快，它们还是动物自身长期的主观评估的产物。

达尔文推测，随着感官评估和选择过程的进化，会出现一种新的进化主体，即个体的判断能力可以驱动进化过程本身。审美进化意味着动物在自己的进化过程中发挥着审美主体的作用，当然，这个事实会让像刺猬一样的华莱士主义者感到不安，因为他们认为自然选择这个观点的影响力就在于它的全能性，即能够解释一切。然而，我恐怕要引用《哈姆雷特》中的另一段话来反驳他们了："天地间有太多的东西……是你的哲学不能解释的。"

理查德·道金斯曾将自然选择推动的进化过程描述为"盲眼钟表匠"，也就是一种与人力无关的不可撼动的力量，这种力量能通过变异、遗传和差别生存来进行功能设计。这个比喻没错，但由于自然选择并非自然界中生物体设计的唯一来源（达尔文是第一个认识到这一点的人），所以道金斯的比喻是对进化过程和自然界的一种不完整的描述。盲眼钟表匠不能真正地观察大自然，或者看到其未做过的以及无法解释的东西。事实上，大自然已经进化出了自己的眼睛、耳朵、鼻子等，还有用来评估这些感官信号的认知机制。之后，无数生物体经过进化，也能够利用它们的感官做出性、社会和生态方面的选择。尽管动物们没有意识到它们扮演的角色，但它们已经变成了自己的设计师。它们不再是盲的了。基于审美的配偶选择创造了一种新的进化模式，它既不等同于自然选择，也不只是自然选择的一个分支。审美配偶选择的概念是达尔文审美理论的核心，至今仍是一个革命性的观点。

◎

进化生物学由于未能认识到动物个体的审美主体作用而受到阻碍，

而审美生命论则为摆脱这种困境提供了新方法。比如，我们可以看到，很多对性行为的科学研究通常都表现出对性快感和性欲等主观体验的极度担忧，尤其是在谈及女性性快感的问题时。这种担忧导致的一种现象就是，进化生物学家基本上都在竭尽全力地避免进行有关性快感和性欲的研究。在达尔文针对配偶选择提出的审美观点遭到否定之后，性欲和性快感就被解释为自然选择产生的次要结果。

不幸的是，这种急切地将性科学与性快感割裂的行为却成为科学的客观性结构，也就是科学本身的组成部分。把动物当作有自己主观偏好的审美主体的观点，则被视为一种拟人化，科学的"客观性"要求我们忽视或忽略动物的主观体验。为了解释动物的交配行为和繁殖过程，有人提出了不涉及快感的适应性配偶选择理论，而且他们认为这些理论也足以解释人类性行为的进化。性快感不仅被排除在科学解释的范围之外，还作为一种研究对象被"放逐"。结果就是，反审美的性生物学一代又一代地发展，比如扎哈维的不利条件原理，还有女性性高潮的上吸理论都完全忽视和否认了性快感这种主观体验的存在。

科学界对性快感的焦虑，在当今的很多有关配偶选择的研究中依然存在，以致性科学都是经过净化的，缺乏必要的理论和术语来研究和解释自然界中及我们自己的性快感。

这种传统框架的一个奇怪后果是，自然的合理性发生了令人费解的反转。因为动物作为审美主体的角色不被认可，所以我们得出了动物的选择反映出自然选择的普遍性和合理性这一结论。但是，我们知道，当涉及性和爱的时候，人类是非常不理性的。由于动物缺乏摆脱适应性逻辑的野蛮法则的认知能力，所以这些不能说话的动物竟然表现得比我们更加理性。讽刺的是，这意味着人类的认知复杂性不过是给我们提供了失去理性的机会！

◎

　　进化生物学审美观点的另一个重要意义，与20世纪反映政治弊端和道德弊端的优生学的痛苦历史有关。优生学是一种主张人类种族、阶级在遗传、身体、智力和道德品质上都进化出了适应性差异的科学理论。优生学也是一项有组织的社会和政治运动，目的是利用这种有缺陷的科学理论，通过对配偶选择和生殖过程进行社会和法律层面的控制来"改善"人口。由于优生学特别关注配偶选择的进化结果，所以它仍然与人类的性选择和审美进化过程有着深层次的关联。

　　出于多种原因，就连进化生物学家也不愿意讨论优生学问题。首先，从19世纪90年代到20世纪40年代，美国和欧洲所有专业的遗传学家、进化生物学家要么是优生学的热情支持者，要么是优生社会项目的忠实参与者，纯粹的支持者。我们当中很少有人愿意面对这种难堪、可耻而且发人深省的真相。其次，优生学为对人权的各个层面的侵犯行为（从常见的种族主义、性别歧视、对残疾人的偏见、强制绝育、监禁和美国的私刑，到纳粹对犹太人和吉卜赛人的种族灭绝大屠杀，以及在欧洲对智障患者和同性恋者的大屠杀）提供了一个伪科学的理由。优生学是人类历史上对科学的滥用造成最恶劣后果的例子之一。科学变质了，而且很严重。

　　最后，一个令人不安的事实是，当代进化生物学大部分的知识框架都是在整个领域疯狂追捧优生学的时期建立起来的。大多数进化生物学家都愿意相信，在第二次世界大战后，优生学就不再属于进化生物学了，因为从那时起进化生物学家便不再承认主张种族优越性的优生理论。但令人不安的是，优生学的一些核心和基础部分已经"融入"了进化生物学的知识结构，而且正是它们构成了优生学的错误逻辑。

在这里，我不会就这一点进行详细分析，我只想说明审美进化将如何在纠正这段被误导的学术历史的过程中发挥关键作用。

在优生学和种群遗传学产生的时期，配偶选择理论要么完全被人们拒绝，要么被视为在本质上与自然选择完全一致。也是在这一时期，达尔文主义中的"适合度"被重新定义，并且涵盖了所有的性选择过程。我们已经知道，达尔文说的"适合度"指的是个体完成有助于生存和繁殖的任务的能力，与身体素质的概念差不多。在20世纪早期，适合度被重新定义为一种抽象的数学概念，即个体基因在后代中的相对成功率。这种新的定义将生存、繁殖能力和交配/受精成功率融合为一个单一的概念，模糊了达尔文主义中自然选择和性选择概念之间的差异。尽管经过了重新定义，但适合度这个词与适应性之间的最原始的关联仍然存在。就这样，现代进化生物学为了推翻达尔文的随意的审美配偶选择概念，利用自己领域内的术语对其进行改头换面，使得我们除了适应性之外，几乎无法谈论有关繁殖和配偶选择的话题。

广义的适合度意味着所有的选择过程都能提升适应性。随意的配偶选择则被视为是不存在，这就是随意的配偶选择理论从那时起就在这个学科中举步维艰的原因。这种学术立场直接赋予了优生学理论在逻辑上的必然性。如果一个人接受人类种群内部和种群间自然选择、人类进化和可遗传变异，以及人类"适合度"和"素质"有差异的事实，就几乎不可避免地会接受优生学的逻辑。事实上，在整个领域中没有一个人例外。优生学框架和所有进化生物学都没有涵盖的就是随意的审美配偶选择的可能性。

虽然我认为当代的性选择理论或研究实际上不是优生学，但进化生物学并没有因为在20世纪否认宣扬人类种族优越性的理论而完全摆脱被优生学控制的那段历史，或者说是我们的优生学历史。在思想方

面，优生学与当前的适应性配偶选择理论存在着明显且令人不安的相
似性。优生学理论及与之相关的社会项目都关注后代的遗传素质（即
优良基因），并把家庭的文化、经济、宗教、语言和道德状况作为人
类繁殖过程的控制点（即直接好处）。优生学对基因品质和环境质量
的双重关注，在今天有关适应性配偶选择的论述中仍然存在。现在我
们说的"优良基因"（good genes）实际上与"优生学"（eugenics）有
着相同的词源，它们都源自希腊语中表示出身名门或者贵族的词语
"eugenes"（eu代表好的，健康的；genos代表出身）。优生学也明确地
反对审美学，并对性欲的诱惑力造成的不良后果感到焦虑。总的来说，

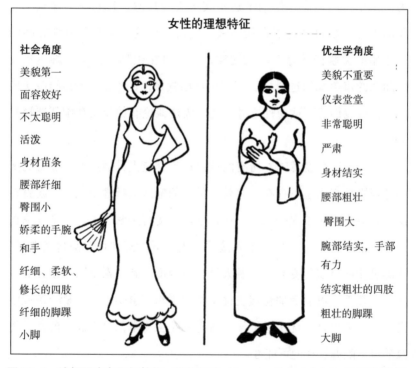

图 12-1 这幅图来自阿姆拉姆·善菲尔德（Amram Scheinfeld）于1939年开
展的著名的优生检测项目"你与遗传"，从中可以明确看出优生学社会项目的
反审美目标。这幅图对比了"社会角度和优生学角度下的女性理想特征"。与
性有关的激情和欲望都被视作失控的配偶选择造成的适应不良的后果

优生学中认为所有配偶选择过程都是能改善适应性的观点，仍然存在于今天适应性配偶选择理论的术语和逻辑中。

现在，大多数研究人员对适应性理论的信奉，使得对人类装饰性特征差异的研究变得很困难，因为要完成这样的研究需要从遗传素质和物质条件的角度对各个人类群体做出判断。进化心理学之所以关注人类共性（所有人类在行为上都具有的适应性）进化，其中的一个原因是，用同样的适应主义逻辑来研究人类群体间的差异，显然会唤醒人们对优生学研究的记忆。

为了从根本上永久地将进化生物学从优生学中分离出来，我们需要接受达尔文的审美生命观，并充分考虑到性选择推动的非适应性的、随意的审美进化过程的可能性。这不仅需要默认像费希尔的失控理论这样的数学模型的存在，还要消除华莱士主义者对达尔文主义的篡改，并放弃所有配偶选择都有内在适应性的期望。为了切断我们与优生学之间的历史联系，进化生物学家应该通过将自然选择和性选择定义为不同的进化机制，并将适应性的配偶选择作为这两种机制之间具体又特别的相互作用的结果，从而恢复达尔文的观点。所以，进化生物学应该采用性选择推动的择偶偏好和炫耀特征进化过程中，非适应性的"总有美会发生"的零假设模型。

审美进化与进化生物学的再次联手，可以永久性地避免这一学科受到过去的优生学谬误的影响。采用"总有美会发生"的零假设模型，可通过形成对无适应性甚至不利于适应环境的进化结果的预期，打破优生学思想在逻辑上的必然性。这样一来，真正的达尔文进化思想会让任何人都有机会在包括人类在内的任何动物身上进行适应性配偶选择研究，但是适应性配偶选择的举证责任将会适当地重一些。进化生物学将会更好地适应这种变化，整个世界也是一样的。

◎

　　接受达尔文的审美观点对个人产生的真正出乎意料的结果是，形成了有关性胁迫和性自主权进化影响的新观点。当帕特丽夏·布伦南第一次提出要和我一起做鸭子生殖器的进化研究时，我心想："好吧，反正我也从来没研究过鸟类的那个方面"。我想到了我们会学到很多有意思的解剖学知识，但我从未想过这个项目会如何发展，或者研究结果将会如何深刻地改变我对进化论的看法，并带来如此多令人惊讶的新方向和新理念。

　　当然，我们都很清楚性胁迫和性暴力会直接危害雌性动物的身心健康。但从审美角度看，我们会发现性胁迫也侵犯了雌性个体的选择自主权。一旦我们认识到性胁迫行为损害了个体的性自主权，就会马上发现，选择自主权对动物来说至关重要。性自主权并不是女权主义者和自由主义者编造的一种虚构的、漏洞百出的法学概念。更确切地说，性自主权是许多有性繁殖物种的群体进化出的一种特征。我们从鸭子和其他鸟类身上已经看到，当性自主权遭到性胁迫或性暴力的限制或破坏时，配偶选择本身就可以提供进化力量来维护和扩大选择自主权。

　　在这本书的最后几章中，我提出女性性自主权在人类的性行为和生殖进化中扮演了重要的角色，是人类本身进化的一个关键因素。如果这是真的，为什么世界上的女性没有享受到这种进化过程产生的成果（即普遍性和社会自主权）呢？在很多文化中，不断发生的强奸、家庭暴力、女性生殖器被割除、包办婚姻、荣誉谋杀、日常性别歧视、经济依赖，以及女性在政治上的从属地位，似乎都在直接证明这种有关人类进化史的观点是错误的。难道我们不得不承认这样的行为是"人性"中不可避免的一部分，是人类永远无法克服的进化遗留问题吗？我并不这样认为，性冲突理论可以帮助我们理解其中的原因。

性冲突理论告诉我们，女性的审美重塑过程并不是唯一的进化动力。男性也在通过男性间的竞争（另一种形式的性选择）发生进化，还会维持和促进性胁迫。这个过程发生的原因是，女性配偶选择的力量是有限的。虽然女性配偶选择可以扩大女性的性自主权，但不能使女性权力或者对男性的性控制力发生进化。只要男性不断地通过进化机制来提升其实施性胁迫和性暴力的能力，女性就会一直处于不利地位。我在讨论鸭子性行为的时候解释过，这种"两性间的战争"是高度不对称的，根本就不是一场真正的战争。男性进化出了用来控制女性的武器和工具，而女性却只有维护自己的选择自主权的防御性机制。这场较量并不公平。

尽管人类的审美重塑过程极大地促进了女性的性自主权，但我认为人类文化的后续进化却导致新的性冲突文化机制出现。换句话说，我认为男权、性统治和社会等级制度（即父权制）等文化意识形态的形成，就是为了重新确立男性对受精过程、生殖过程和亲本投资的控制权，以对抗女性不断扩张的性自主权，其结果就是引发一场人类性冲突方面的新"军备竞赛"。

更具体地说，从我们与黑猩猩的共同祖先生活的时期以来，在数百万年间（进化背景2），女性性自主权的推进受到两种出现时间较晚的文化创新的挑战，即农业及与农业一起发展的市场经济（进化背景4）。这两项发明出现于不到600代人之前，创造了第一次获得财富和财富差异化分配的机会。当男性在文化层面获得对这些物质资源的控制权时，就拥有了巩固男性社会权力的新机会。在世界上的许多文化中，相互独立且平行发展的父权制使男性几乎控制了女性甚至是所有人生活的方方面面。因此，父权文化的进化使得现代女性无法充分巩固之前在性自主权方面取得的进化成果。

◎

　　这种文化层面的性冲突理论在审美进化、性冲突、文化进化、当代的性和性别政治之间，形成了一个卓有成效且令人兴奋的新学术领域。从这个角度看，父权制的意识形态如此专注于控制女性的性行为和繁殖过程，同时谴责和禁止同性性行为，这绝非偶然。女性的性自主权和同性性行为的进化都是对男性等级权力和控制力的破坏，这些破坏性的影响很可能就是在文化层面创造和维持父权制的驱动力。

　　尽管男性在文化层面的支配地位几乎无处不在，但这个观点暗示父权制并非不可避免，也不是人类在生物学上的"宿命"。父权制不是人类进化史的产物，也不是人类生物学的产物，而是人类文化的产物。人们已经开始对男性长期占据支配地位所产生的诸多弊端（侵略、犯罪、性暴力、强奸、战争等）做出反应："男孩终究是男孩。"然而，这些"男孩"更可能是父权制文化的产物，而不是人类进化史的产物。通过对人类性冲突的历史进行分析，我们发现男性在进化过程中已经去武器化，但在文化层面上进行了重新武装。你一定还记得，男性和女性的体型差异比以爱好和平闻名的雄性倭黑猩猩和雌性倭黑猩猩的体型差异小。目前，男性在社会和性方面享有的优势，并不能被视为人类生物进化史的必然结果。

　　如果父权制是文化层面上性冲突军备竞赛的一部分，那么我们应该预测一下会出现哪些文化上的应对措施，来恢复和保护女性的性自主权和社会自主权，而且她们确实有这样的对策。从19世纪为女性争取选举权、受教育权、财产权和继承权的女权运动开始，在文化层面上为抵制父权及重申和推进女性性自主权、选择自主权而付出的努力就没有停止过。尽管花了上千年的时间，但成绩斐然：女性拥有了法律认可的投票权、人权，法定的奴隶制也被废除了，这些都证明对在生物学上被误以为"理所当然"的父权制，是有可能被彻底根除的。

文化层面上由性冲突引发的持续军备竞赛的概念，有助于我们理解在当代女权主义者和对人类性行为持保守的男权主义观点的人之间进行的斗争，其关键问题是什么。归根结底，对生殖过程的控制（包括节育和堕胎）才是两性冲突的核心。

与鸭子在进化过程中拥有的性自主权一样，女权主义并不是一种旨在统治和支配他人的意识形态，而是一种倡导选择自由权的意识形态。父权制的目标是提升男性的支配地位，而女权主义则致力于选择自由权，这种目标的不对称性是所有两性冲突固有的特点，不管是鸭子还是人类。但在当代女性争取普遍的性平等权利的过程中，这种不对称性仍然令人沮丧。

似乎是为了证明权力和特权使用的正当性，父权制的捍卫者们经常将女权主义曲解为一种争取权力的意识形态。他们声称，女权主义者试图控制男性的生活，否认他们在生物学上天生具有的特权，还将男性置于从属地位。比如，一名反女权主义的法学学者甚至错误地指责有关"性自主权"的法律原则（已经成为大多数强奸和性犯罪法的基础）包括将个人的性欲强加给他人的权利。然而，我们可以看到，这些观点从根本上误解了性自主权的含义，以及它在生物学或文化层面上的产生过程。

在目睹了近年来美国国内围绕避孕和生育权展开的政治斗争之后，很多有经验的观察家都指出："我认为所有这些问题早在几十年前就解决了！"遗憾的是，如果这些事件属于文化层面的性冲突军备竞赛的一部分，那么我们可以预测，女性争取性自主权的斗争将会继续下去，因为双方都在制定新的应对措施，来抵消对方之前取得的进展。

另一方面，女权主义者常常对美的标准、性美学和性欲的讨论表示不满。美一直被视为一种严格的男性标准，也就是将女性和女孩视为性客体，并说服女性采用同样的自我毁灭式标准来评判自己。性欲一直被视为另一种让女性发现她们处于男权之下的途径。然而，审美进化理论提醒我们，女性不仅是性客体，也是有性欲并有能力寻求满足的性主体。性欲和性吸引力不仅是征服的工具，也是社会赋权个人和集体的能够促进性自主权扩张的工具。对于理想配偶的规范统一的审美观可能形成一股强大的力量，去影响文化变迁的过程，这一点在吕西斯忒拉忒的故事中已经表现得很清楚了。个人是可以通过积极的性选择权来改变人类社会的。

◎

这本书从人文科学中汲取了美的概念，并通过将美定义为欲望与特征之间协同进化的结果，而将美与科学结合在一起。现在，我想把这个过程反转过来，探讨一下从协同进化的角度看，美会在人文科学尤其是艺术中产生怎样的影响。

事实上，理解大自然审美进化的过程为进化生物学和审美哲学（即艺术哲学、审美属性、艺术史和艺术批评）创造了一个学术交流的新机会，这也是我在新的研究中一直追求的结果。几个世纪以来，"自然美学"都只是研究人类对自然的审美体验，比如，看到某一处风景，听到玫胸白翅斑雀（Rose-Breasted Grosbeak）的鸣唱，或者是预测兰花的形状、颜色和气味。但是，审美进化告诉我们，玫胸白翅斑雀的叫声和兰花（不包括风景）都是根据非人类主体的评估（在上面两个例子中分别是雌性玫胸白翅斑雀和传粉昆虫），协同进化出各自的审美形态。人类可以欣赏它们的美，但我们在塑造这种美的过程中没有起到任何作用。传统上，审美哲学并未领会到自然界在审美方面的丰富性，以及其中大部分的美都是通过动物的主观评价产生的。过去，我们总用纯粹的"人类凝视"来观察大自然的美，所以无法理解很多非人类动物在其中发挥的强大的审美主体的作用。审美哲学想要成为一门更加严谨的学科的话，就必须努力解决生物界各方面的复杂性。

这种审美生命观的另一个激动人心的意义是，让我们认识到在协同进化过程中发生的改变，是包括人类艺术在内的所有审美现象的基本特征。在这本书中我反复提到，像雄孔雀尾屏这样的性装饰器官的进化，离不开雌孔雀相应的认知审美偏好的协同进化。择偶偏好的变化改变了尾屏形态，尾屏形态的变化又改变了择偶偏好。在艺术作品中，我们也能看到类似的协同进化过程在发挥作用。比如，莫扎特创作的交响曲和歌剧，改变了观众对音乐及其影响力的预期。这些新的音乐偏好又会对未来的作曲家和表演者产生影响，从而推动西方音乐古典风格的发展。同样地，马奈（Manet）、凡·高（Van Gogh）和塞尚（Cézanne）的画作使欧洲绘画的风格突破了之前的界限。这种变化后的审美偏好又对新一代的艺术家、收藏家和博物馆产生了影响，最终引发了 20 世纪早期的立体主义、达达主义和其他的现代派艺术运动。在人类艺术中，这种审美变化的文化机制本质上也是一种协同进化过程。

一旦我们理解了所有的艺术都是观众与艺术家之间协同进化的历史过程（即特征与欲望、表达和品位之间的协同进化）产生的结果，就必须扩展我们对艺术是什么和艺术可以成为什么的概念。我们不能用一件艺术作品的客观品质来定义艺术，也不能用观察者的个人体验（艺术不应该只是"情人眼里出西施"）来定义艺术。成为一件艺术品，就意味着成为审美协同进化历史过程的产物。换句话说，艺术是一种与其自身的评价标准协同进化的方式。

这种定义意味着艺术必然出现在一个审美共同体，或者由创造美的人和审美者组成的群体中。阿瑟·丹托（Arthur Danto）在 1964 年写了一篇至今仍被奉为经典之作的审美哲学论文，在文中他把这种创造品位的审美共同体称为"艺术世界"。艺术的协同进化定义打开了进化生物学和艺术之间全新的联系。

也许这种定义产生的最具革命性的结果是，它意味着鸟类的鸣叫、性炫耀、依靠动物传粉的花朵和果实等也都是艺术。它们是在无数个"生物艺术世界"中出现的"生物艺术"，每一个审美共同体都随着时间的推移，完成了动物审美特征与偏好之间的协同进化。

当然，有人可能会说任何艺术定义都应该遵循我们在人类艺术世界中看到的思想文化传播的原则。人类艺术是一种文化现象，会因为社会网络中人与人之间传播的审美观念而转变，这就是审美创新和审美影响的文化机制。如果我们接受了一种文化层面的艺术定义，可能就意味着审美协同进化的遗传实体不可能是艺术品。但是，这个定义并不会消除生物艺术。比如，地球上近一半的鸟类都是从它们物种中的其他成员那里学习鸣唱技巧的。这些鸟类拥有超过 4 000 万年的欣欣向荣且多样化的鸟类文化。因此，它们学到的鸣叫呈现出地域性差异（方言），文化传播也可能促使这些鸣叫快速发生变化，有时甚至是根本性的改变，这种现象在人类艺术中也时有发生。类似的审美文化过程，还发生在鲸鱼和蝙蝠身上。

简言之，当我们走出艺术博物馆和图书馆，仔细观察大自然的审美复杂性，并思考这一切都是如何形成的时候，我们会发现很难以任何方式来定义艺术，因为没有一种方式能涵盖被我们视为人类艺术的一切，而不包括任何非人类动物的审美产物。

一些审美哲学家、艺术史学家和艺术家可能会发现，接受无数新的生物艺术形式对他们所处领域来说，与其说是贡献，不如说是烦恼，甚至是冒犯。但是，我认为我们有理由把这种更具包容性的、"后人类"的艺术观点当作一次发展审美学的真正机会。一开始，人类认为自己是万物的中心，太阳和星星都围着我们转。然而，在过去的500年里，科学发现促使我们重新审视宇宙以及我们在宇宙中的位置。伴随着每一项发现，人类离宇宙中心的位置越来越远。现实是，我们生活在一个非常普通的太阳系里，太阳系又位于一个闭塞无趣、极其普通的星系中。尽管地球的大小及它与太阳之间的距离很特殊，但在其他方面，我们在宇宙中的位置是完全随机、不可预测的，而且一点儿也不特别。虽然许多人认为这种认知上的改变令人不安，但我认为这些知识有助于提升我们的领悟力，让我们对生物界、人的存在、人类的意识经验以及技术和文化成就中令人震惊和出人意料的丰富性，产生更加深刻的认识。

　　同样地，我认为把人类从审美哲学这个学科的组织中心移走，使其完全涵盖人类和非人类动物的审美产物，有助于增强我们对人类艺术不可思议的多样性、复杂性、审美丰富性和社会功能多变性的欣赏能力。后人类的审美哲学能将我们、我们的艺术世界与其他动物置于同一背景之下，这样一来，我们就会对人类形成的过程，以及作为人类的真正特别之处产生更加深刻的理解。

◎

　　1974年6月，在一个雾蒙蒙的早晨，一艘大型捕虾船从缅因州的西琼斯波特港驶出，我站在船上，手里紧紧地抓着我的双筒望远镜。当时我们正要前往玛基亚斯海豹岛，当时那里是大西洋角嘴海雀（Atlantic Puffin，拉丁名为 *Fratercula arctica*）最靠南的筑巢地。当我们驶入芬迪湾的深水区时，雾开始消散，巴尔纳·诺顿（Barna Norton）船长很快就认出那些从灰暗的海面上掠过的正是大䍄、灰䍄和威尔逊风暴海燕，它们都是擅长长途飞行的信天翁的近亲，只不过体型比信天翁略小。

这个长满杂草的岛屿占地15英亩①，有基岩海岸和像明信片风景一样的白色灯塔。当我们逐渐靠岸的时候，太阳终于出来了。成千上万的普通燕鸥在横穿小岛的栈道两侧的草地里筑巢。其中还有几百只北极燕鸥，与普通燕鸥不同的是，它们的喙完全是血红色的，翅膀完全是银色的，红色的腿部更短，胸部的灰色更深，白色尾羽更长。在短短6周后，这些北极燕鸥就会开始它们史诗般的迁徙（是所有生物中最长的），穿越南大西洋，在南极海过冬，直到来年夏天才会再回到这里繁殖。当我们沿着栈道走过它们的筑巢地时，掀起了不小的风波。成对的燕鸥轮流尖叫着，从空中俯冲下来，用像针一样尖锐的喙攻击我们的头部。当时我只有12岁，是这个团队中个子最矮的人之一。所以，燕鸥只会就近扑向我们中个子比较高的成员，我因此躲过了最猛烈的袭击。

从几处隐蔽的地方朝着基岩海岸望去，我看到了几十只大西洋角嘴海雀，它们身披像礼服一样的黑白两色羽毛，还有一个巨大而滑稽的呈现出鲜艳的红色、橙色和黑色的喙（图0–21）。角嘴海雀在飞回海上觅食之前，会站在花岗岩砾石上一边晒太阳，一边相互交流。偶尔会有角嘴海雀从海上飞回来，嘴里塞了十几条或者更多的小鱼，这些鱼从角嘴海雀的喙的两侧垂下来，就像那时深受摇滚明星和年轻人欢迎的银色海象式胡子一样。觅完食的角嘴海雀在落到岩石上之后，会马上进入岩石中间的洞穴，喂养正在那里等待的饥肠辘辘的幼鸟。在这些岩石上还有几对崖海鸦（Common Murre，拉丁名为 *Uria aalge*）和刀嘴海雀（Razorbill，拉丁名为 *Alca torda*），它们都是已经灭绝的、不会飞的大海雀（Great Auk，拉丁名为 *Alca impennis*）的近亲，早在

---

① 1英亩≈4 046.86平方米。——编者注

几个世纪之前，大海雀就生活在这片水域了。

　　一天时间很快就过去了，几个小时后，我又回到船上，尽管我的皮肤被太阳晒得黝黑，而且浑身都是臭气熏天的燕鸥屎，但我却非常开心。在返回西琼斯波特港的途中，我一直都格外留心，希望再次看到一只海鸥或者一只正在觅食的北极燕鸥。那天发生的许多事情，比如，黎明时分我在帐篷中醒来时，辨认出了我发现的"新鸟种"斯温氏夜鸫（Swainson's Thrush，拉丁名为 *Catharus ustulatus*）的叫声，直到40年后我对它们仍然记忆犹新。

　　在亲眼看到海雀和其他海鸟之前，我在位于佛蒙特州南部的一个内陆小镇的家里花了几个月的时间想象和筹划，还阅读和研究了有关鸟类的知识，这次经历完全超出我的想象。书本学习和亲身体验的结合，带给我最深刻的喜悦，这是我早期形成的一种对鸟类的顿悟。在接下来的岁月里，我把生命中的大部分时光都贡献给了回味、拓展和深化博物学观察、科学研究和发现带来的启示性经验。

　　在这个过程中我意识到，观鸟和科学是这个世界上探索自我的两种方式，是通过感知我们周围自然界的多样性和复杂性找到自我表达方式和意义的平行路径。但是，我仍然震惊于这种令人意外的新方式竟然是正确的，震惊于知识如何循环往复，并为更丰富和更深刻的体验及更激动人心的发现创造了机会，震惊于这个过程如何充实了我们的生活。

　　我仍然为下一次机会、下一个发现和下一种美丽的新鸟类而兴奋，就像在缅因州那个令人期待的雾蒙蒙的早晨一样。

致　谢

在这本书的写作和出版过程中，我要感谢许多人提供的见解、建议、帮助和支持。就我个人而言，我很感激我的妻子安·约翰逊·普鲁姆（Ann Johnson Prum），感谢她充满热情的鼓励、有益的见解、编辑上的建议、耐心以及一路的理解。我也要感谢我的孩子们，格斯（Gus）、欧文（Owen）和利亚姆（Liam），感谢他们的好奇心和兴趣。我感谢我的孪生妹妹凯瑟琳（Katherine），感谢她的启发和理解。我们在童年时共同生活的经历对我产生了不可估量的影响，使我对女权主义以及对他人的主观体验的深层神秘感，充满了兴趣。我要感谢我的父母布鲁斯·普鲁姆（Bruce Prum）和琼·加恩·普鲁姆（Joan Gahan Prum），是他们激发了我对于鸟类、科学和旅行的兴趣。

这本书的写作得到了几家研究基金的支持。这本书是在2011—2012年，开始于Ikerbasque科学研究项目，该项目来自西班牙圣塞巴斯蒂安多诺斯提亚（Donostia-C San Sebastian）的Ikerbasque科学基金会和多诺斯提亚国际物理中心（DIPC）。我很感激DIPC的佩德罗·米格尔·埃切尼克（Pedro Miguel Echenique）和哈维尔·艾兹普阿（Javier Aizpurua），感谢他们的参与和支持。这本书（差不多）是在柏林高等研究院（Wissenschaftskolleg zu Berlin）2015年的一个研究项目中完成的。这个研究院成功营造出了富有成效的、充满学术气息的学院式环境，我很感谢我在那里遇到的许多新朋友。该项目还得到了耶鲁大学威廉·罗伯逊·科基金（William Robertson Coe Fund）和麦克阿瑟基金会（MacArthur Foundation）的基金资助。

我要感谢迈克尔·迪乔治亚和丽贝卡·格伦特尔（Rebecca Gelernter），他们提供了漂亮的图画和插图，还有胡安·何塞·阿朗戈、布雷特·本茨、拉斐尔·贝萨、马克·克雷蒂安（Marc Chrétien）、迈克尔·杜利特尔、罗南·多诺万、罗德里戈·加瓦里亚·奥弗雷贡、蒂姆·拉曼、凯文·麦克拉肯、布莱恩·法伊弗、乔奥·肯塔尔、爱德温·斯科尔斯和吉姆·齐普，感谢他们允许我翻印他们精美的照片。

在对这本书的内容和方向进行构思和改进的过程中，我通过许多次的对话和交流，从同事和朋友那里得到了许多见解和评论，他们有：苏珊娜·阿隆佐（Suzanne Alonzo）、伊恩·艾尔丝（Ian Ayres）、多瑞特·巴旺（Dorit Bar-On）、戴维·布思（David Booth），格里·博尔吉亚（Gerry Borgia）、布莱恩·博洛夫斯基（Brian Borovsky）、帕特丽夏·布伦南、詹姆斯·邦迪、蒂姆·卡罗（Tim Caro）、芭芭拉·卡斯佩斯（Barbara Caspers）、英尼斯·卡西尔（Innes Cuthill）、安妮·戴利（Anne Dailey）、贾雷德·戴蒙德（Jared Diamond）、伊丽莎白·狄龙（Elizabeth Dillon）、迈克尔·多诺霍（Michael Donoghue）、贾斯汀·埃辛劳布（Justin Eichenlaub）、特里萨·费奥（Teresa Feo）、迈克尔·弗雷姆（Michael Frame）、里奇和芭芭拉·弗兰克（Rich and Barbara Franke）、詹妮弗·弗里德曼（Jennifer Friedmann）、乔纳森·吉尔摩（Jonathan Gilmore）、迈克尔·戈丁（Michael Gordin）、菲尔·戈斯基（Phil Gorski）、帕蒂·格瓦提（Patty Gowaty）、戴维·霍尔珀林（David Halperin）、布赖恩·黑尔（Brian Hare）、卡斯滕·哈里斯（Karsten Harries）、维里蒂·哈特（Verity Harte）、杰夫·希尔（Geoff Hill）、德罗尔·豪威纳（Dror Hawlena）、丽贝卡·赫尔姆（Rebecca

Helm）、杰克·希特（Jack Hitt）、丽贝卡·欧文（Rebecca Irwin）、苏珊·约翰逊·柯里尔（Susan Johnson Currier）、马克·柯克帕特里克、乔纳森·克拉莫尼克（Jonathan Kramnick）、苏珊·林德（Susan Lindee）、波林·利文（Pauline LeVen）、丹尼尔·利伯曼（Daniel Lieberman）、凯文·麦克拉肯（Kevin McCracken）、戴维·麦克唐纳（David McDonald）、埃里卡·米拉姆（Erika Milam）、安德鲁·米兰克（Andrew Miranker）、迈克尔·纳赫曼（Michael Nachman）、巴里·纳尔波夫（Barry Nalebuff）、汤姆·尼亚（Tom Near）、丹尼尔·奥索里奥（Daniel Osorio）、盖尔·帕特里切利（Gail Patricelli）、罗伯特·B·佩恩（Robert B. Payne）、布赖恩·费弗（Bryan Pfeiffer）、史蒂文·平卡斯（Steven Pincus）、史蒂文·平克（Steven Pinker）、杰夫·珀德斯（Jeff Podos）、特雷弗·普赖斯（Trevor Price）、戴维·普鲁姆（David Prum）、乔安娜·雷丁（Joanna Radin）、比尔·兰金（Bill Rankin）、马克·罗宾斯（Mark Robbins）、吉尔·罗森塔尔（Gil Rosenthal）、戴维·罗斯伯格（David Rothenberg）、琼·拉夫加登（Joan Roughgarden）、亚历山大·罗林（Alexandre Roulin）、杰德·鲁本菲尔德（Jed Rubenfeld）、达斯汀·鲁宾斯坦（Dustin Rubenstein）、弗雷德·拉什（Fred Rush）、布雷特·赖德（Bret Ryder）、丽莎·桑德斯（Lisa Sanders）、胡安·索西（Haun Saussy）、弗朗西斯·索耶（Francis Sawyer）、山姆·西伊（Sam See）、玛丽亚·瑟维迪欧（Maria Servedio）、罗司·谢弗·兰多（Russ Shafer-Landau）、罗伯特·希勒（Robert Shiller）、布莱恩·西蒙斯（Bryan Simmons）、戴维·舒克尔（David Shuker）、鲍勃·舒尔曼（Bob Shulman）、斯蒂夫·斯特恩斯（Stephen Stearns）、卡西·斯托达德（Cassie Stoddard）、科迪莉亚·斯万（Cordelia Swann）、盖理·汤姆林森（Gary Tomlinson）、克里斯·尤迪（Chris Udry）、艾尔·乌伊（Al Uy）、拉尔夫·维特尔（Ralph

Vetters）、迈克尔·韦德（Michael Wade）、甘特·瓦格纳（Gunter Wagner）、戴维·瓦茨（David Watts）、玛丽·简·韦斯特-埃伯哈德（Mary Jane West-Eberhard）、汤姆·威尔（Tom Will）、凯瑟琳·威尔逊（Catherine Wilson）、理查德·沃尔汉姆（Richard Wrangham）、马琳·祖克和克里斯托夫·舍斯艾夫斯基（Kristof Zyskowski）。我很肯定还有一些我已经忘了的人！

这本书中介绍的很多研究项目都是与我的学生和博士后合作完成的。我非常感谢他们创造性的付出、讨论和辛勤的工作，他们是：玛丽娜·安塞法斯（Marina Ancifies）、雅各·贝夫（Jacob Berv）、金伯利·博斯特威克（Kimberly Bostwick）、帕特丽夏·布伦南、克里斯·克拉克（Chris Clark）、特蕾莎·费奥（Teresa Feo）、托德·哈维（Todd Harvey）、雅各布·马瑟尔（Jacob Musser）、维诺德·萨拉纳坦（Vinod Saranathan）、埃德·斯科尔斯（Ed Scholes）、山姆·斯诺（Sam Snow）、卡西·斯托达德（Cassie Stoddard）和卡里奥佩·斯托纳拉斯（Kalliope Stournaras）。

我要感谢在道布尔迪出版社（Doubleday）的编辑，克里斯缇·波波洛（Kristine Puopolo）和她的助手丹尼尔·梅耶（Daniel Meyer），一路以来，他们给了我鼓励，深思熟虑的见解以及出色的意见。贝丝·瑞斯法姆（Beth Rashbaum）不知疲倦地编辑了整本书的几份草稿，使得这本书读起来更清晰、更易懂。我非常感谢贝丝的耐心、毅力和洞察力。当然，我独自一人对所有的错误、疏忽和遗漏负责。

我非常感谢我的经纪人约翰·布罗克曼（John Brockman）和卡金卡·马特森（Katinka Matson）在整个过程中提供的经验、建议和指导。

写作可能是一个孤独而不确定的过程。在刚开始写这本书的时候，我与诗人卡特·勒瓦德（Carter Revard）就鸟类、自然和艺术的美学进化问题互通了电子邮件。最后，卡特与我分享了罗伯特·弗罗斯特（Robert Frost）写的《一簇野花》，这首诗的结尾处写道：

我发自内心地对他说："人们总是心灵相通，"

"无论是一起劳作，还是各自奔忙。"

弗罗斯特诗歌中的意象，即我们尽管同时以不同的方式独立生活，相互隔绝，甚至可能互不相识，但都是朝着探索、美丽和正义的共同目标而努力成为贯穿整本书的灵感和动力。因此，我很感谢所有那些在不同领域同时为科学变革和在科学与文化间建立新的更富有成效的关系而努力的人们。

引 言

1. Birding is about recognizing: Because the names of bird species are proper nouns, ornithologists always capitalize the common names of bird species. This is also the only way to distinguish between a Common Loon (*Gavia immer*) and a common loon, and a Ferruginous Hawk (*Buteo regalis*) and any hawk that is merely ferruginous.

2. functional magnetic resonance imaging studies: Gauthier et al. (2000), but for further debate on the neuroscience of visual expertise, see Harel et al. (2013) and other references therein.

3. when a birder identifies: Although bird-watching might be a neurological reutilization of this social part of the brain, it is also possible this part of the brain first evolved to recognize bird species, other wildlife, and plants that are potential food sources or predatory threats and that it was only later co-opted evolutionarily for its function in social recognition. Bird-watching might be among the very first functions of mind.

4. As Thomas Nagel has written: In the classic paper "What Is It Like to Be a Bat?," Nagel (1974) makes the claim that an organism is conscious if its sensory experience has specific qualities, that is, if "there is something it is like to be" that organism. While I have no stake in whether this is a productive definition of consciousness, I do think there is ample evidence that many organisms—including birds—have a flow of sensory and cognitive experience that varies in its qualities. These sensory and cognitive qualities ultimately give rise to ecological, social, and sexual decisions that are fundamental to aesthetic evolution.

5. the beaks of the Galápagos Finches: Research on the evolution of beaks of Galápagos Finches by Peter and Rosemary Grant has been summarized in Grant (1999) and in the classic book *The Beak of the Finch* by J. Weiner (1994).

6. the evolution of an avian ornament: Of course, beak shape can also be influenced by aesthetic sexual and social selection. The enormous and brilliant beaks of *Ramphastos* toucans and many hornbills are examples of complex social signals that have not evolved merely through natural selection on their ecological functions.

7. it has been nearly forgotten: I am indebted to Mary Jane West-Eberhard for both her classic work on sexual and social selection (1979, 1983) and her recent critiques of adaptive mate choice and advocacy for "Darwin's forgotten theory" (2014).

第 1 章 达尔文的真正危险的观点

1. I propose that Darwin's *really* dangerous idea: Darwin (1871).

2. "The sight of a feather in a peacock's tail": Darwin to Asa Gray, April 3 [1860], Darwin Correspondence Project, Letter 2743.

3. Charles Darwin, a member: For an excellent biography of Darwin, see Janet Browne's two-volume *Charles Darwin: Voyaging*, vol. 1 (2010), and *Charles Darwin: The Power of Place*, vol. 2 (2002).

4. "Much rubbish was talked there": Darwin (1887, 15).

5. "light will be thrown": Darwin (1859, 488).

6. "We thus learn that man is descended": Darwin (1871, 784).

7. "Courage, pugnacity, perseverance": Darwin (1871, 794–95).

8. *Descent* has never had: In Browne's biography of Darwin (2002), *Descent* is discussed in just a few pages, whereas over one hundred pages are devoted to the impact of *Origin*.

9. "With the great majority of animals": Darwin (1871, 61); sentence marked with * was added in the second edition.

10. "On the whole, birds appear": Darwin (1871, 466).

11. numerous experiments across the animal kingdom: A good, if somewhat out-of-date, summary of sexual selection theory and data is provided by Andersson (1994). A more recent review of the perceptual and cognitive nature of mate choice is Ryan and Cummings (2013).

12. "Amongst many animals": Darwin (1859, 127).

13. This view still prevails today: Contemporary evolutionary biologists often attempt to cover up their intellectual differences with Darwin by citing these early passages on sexual selection from the few paragraphs in *Origin* and entirely ignoring Darwin's explicitly aesthetic view of mate choice in the two volumes of *Descent*.

14. "The case of the male Argus Pheasant": Darwin (1871, 516).

15. "The male Argus Pheasant acquired his beauty": Darwin (1871, 793).

16. "Under the head of sexual selection": Mivart (1871, 53).

17. "The second process consists": Mivart (1871, 53).

18. "Even in Mr. Darwin's": Mivart (1871, 75–76).
19. "such is the instability": Mivart (1871, 59).
20. the word "vicious": "vicious, adj.," *OED* online, March 2016, Oxford University Press.
21. today "caprice" refers: "caprice, n.," *OED* online, March 2016, Oxford University Press.
22. "The display of the male": Mivart (1871, 62).
23. "The assignment of the law": Mivart (1871, 48).
24. But Darwin and Wallace never agreed: *The Ant and the Peacock* by Helena Cronin (1991) provides an excellent historical account of the Darwin-Wallace debate.
25. "I may perhaps be here permitted": Darwin (1882, 25). Darwin did make a single concession to the critics of sexual selection: "It is, however, probable that I may have extended it too far, as, for instance, in the case of the strangely formed horns and mandibles of male Lamellicorn beetles." In other words, before his death, Darwin barely gave an inch to the critics of mate choice—or about the length of the horns of a Lamellicorn beetle.
26. "The only way in which": Wallace (1895, 378–79).
27. "remember that physical beauty": Ben S. Bernanke, "The Ten Suggestions," June 2, 2013, Princeton University's 2013 Baccalaureate remarks.
28. "If there is (as I maintain)": Wallace (1895, 378–79).
29. "In rejecting that phase of sexual selection": Wallace (1889, xii).
30. "Natural selection acts": Wallace (1895, 379).
31. Wallace's hatchet job: For an interesting account of the various studies of mate choice during the early twentieth century, see Milam (2010).
32. Ronald A. Fisher proposed: Fisher (1915, 1930).
33. Fisher actually proposed: The two stages of Fisher's model have contributed to confusion about what "Fisherian" sexual selection is (1915, 1930). Does "Fisherian" refer to the first, adaptive stage or to the second, arbitrary stage? Or to a combination of the two? Throughout this book, "Fisherian" refers to Fisher's innovative description of the second stage of the sexual selection process.
34. "a runaway process": Fisher (1930, 137).
35. Around the centennial: This new awareness was marked by the publication of a volume of contributions edited by Campbell (1972) that included a highly influential paper on differential reproductive investment by Robert Trivers.
36. Russell Lande and Mark Kirkpatrick: Lande (1981); Kirkpatrick (1982).
37. Zahavi published his "handicap principle": Zahavi (1975).
38. "I suggest that sexual selection": Zahavi (1975, 207).
39. "Sexual selection is effective": Zahavi (1975, 207).
40. good genes are *different:* Some researchers have proposed that good genes and the Lande-Kirkpatrick mechanisms are merely points on a

continuum of indirect genetic benefits (Kokko et al. 2002). However, these mechanisms make diametrically opposite predictions about the evolved "meaning" of sexual ornaments and are still best understood as distinct evolutionary mechanisms (Prum 2010, 2012).

41. Alan Grafen at Oxford: Grafen (1990).

42. If a handicap is like a test: Another way to imagine the nonlinear costs of display traits is to think of these costs like money. The idea is that some individuals are quality impoverished and don't have enough, while others are quality rich and have plenty extra to spare. Just as a dollar is worth more to a poor man than to a rich man, the quality-impoverished individual will have to pay a larger relative cost for his ornaments than will a quality-rich individual. However, is variation in quality in natural populations distributed unequally like wealth? We don't know, because this vital assumption of the handicap principle has, as far as I know, never been explicitly tested in any animal species. After Grafen's (1990) proposal saved the handicap principle from its imminent intellectual demise, no one has apparently looked back to examine whether it is actually true.

43. "According to the handicap principle": Grafen (1990, 487).

44. "To believe in the Fisher-Lande process": Grafen (1990, 487).

45. "Fisher's idea is too clever": Grafen (1990, 487).

46. "The split between Fisher and Good-genes": Ridley (1993, 143).

47. the effect of redefining fitness: Ernst Mayr (1972) raised this exact issue in his chapter for the volume celebrating the centennial of Descent.

48. an authentically Darwinian view: Evolutionary biologists generally recognize four mechanisms of biological evolution: mutation, recombination, drift, and natural selection. This neo-Wallacean classification defines sexual selection as a form of adaptive natural selection. To restore a legitimately Darwinian framework to evolutionary biology, sexual selection should be added to this list as an independent, fifth evolutionary mechanism.

第 2 章　配偶选择科学之争

1. "good evidence": Darwin (1871, 516).

2. the ornithologist G. W. H. Davison spent: Davison (1982).

3. most observations of Argus behavior: You can observe the display of the Great Argus by watching amateur videos on YouTube of captive individuals.

4. the shape of an inverted umbrella: Bierens de Haan (1926) cited in Davison (1982).

5. "There is no question": Beebe (1926, 2:185).

6. "ball and socket" designs: Campbell (1867, 202–3).

7. "it is undoubtedly": Darwin (1871, 516).

8. "Darwin's ideas": Beebe (1926, 2:185–86).

9. "It seems impossible to conceive": Beebe (1926, 2:187).

10. The paper discussed: Prum (1997).

11. "We may speak of this hypothesis": "null, adj.," *OED* online, March 2016, Oxford University Press.

12. "to guess better than the crowd": Keynes (1936, chap. 12).

13. in the 1950s, Ronald A. Fisher: Fisher (1957). For a detailed discussion of Fisher's advocacy of the safety of smoking, see Stolley (1991).

14. the Lande-Kirkpatrick sexual selection mechanism: For further details, see Prum (2010, 2012).

15. That is why it is the null model: Another famous null model in evolutionary biology is the Hardy-Weinberg law, which gives the frequency of genotypes in a population given the frequency of alleles, or gene variations. The Hardy-Weinberg law tells us what genotype frequencies we should expect in a population if nothing else is going on—including nonrandom mating, immigration, emigration, or selection. Biologists use observed deviations from Hardy-Weinberg to demonstrate that there is *something* special happening within a population. Interestingly, Fisher first proposed his mate choice theory in 1915, only seven years after the publication of Hardy-Weinberg. Like Hardy-Weinberg, Fisher's theory can best be understood as an attempt to describe the evolutionary consequences of the existence of genetic variation alone. In the case of mate choice, however, this variation is genetic variation in preference that selects on other genetic variation in the display trait. The Lande-Kirkpatrick models are mathematical realizations of that process.

16. Grafen's demand for "abundant proof": Grafen (1990, 487).

17. a recent "meta-analysis": Prokop et al. (2012).

18. Given free rein, mate choice: Pomiankowski and Iwasa (1993); Iwasa and Pomiankowski (1994).

19. the American Academy of Family Physicians: Mehrotra and Prochazka (2015).

20. it is very difficult to accurately assess: One could argue that annual physical exams are not cost-effective because the American population is so healthy, or that the human phenotype has specifically evolved to *conceal* genetic quality, health, and condition information from others, rather than to reveal it. But I doubt that either of these explanations is true.

21. the Food and Drug Administration: Alberto Gutierrez (director of FDA Office of In vitro Diagnostics and Radiological Health) to Anne Wojcicki (23andMe CEO), Nov. 22, 2013, FDA doc. GEN1300666. The FDA has subsequently given approval to 23andMe to market tests for specific genetic disorders.

22. "Unfortunately, I couldn't find the effect": Lehrer (2010).

23. meta-analyses of multiple data sets: Palmer (1999); Jennions and Møller (2002).

24. the "honesty of symmetry": One reason why the "honest symmetry" idea lives on in evolutionary psychology and neuroscience is that the

evolutionary biologists are so embarrassed by it that they no longer discuss it. This intellectual vacuum allows other disciplines to continue to cite this failed idea as if it were firmly established.

25. elaborate courtship displays: For example, Byers et al. (2010); Barske et al. (2011).

26. When Beauty Happens, costs will happen too: The vast majority of the papers on costly honest signaling assume that the existence of costly traits provides evidence for Zahavi's handicap principle. However, the Lande-Kirkpatrick null model also predicts the evolution of costly traits; the offset between the Lande-Kirkpatrick equilibrium and the natural selection optimum is an exact measure of the costs of being sexually attractive (see fig., page 42). To reject the Beauty Happens null, researchers need to demonstrate that the costly traits are specifically correlated with variation in direct benefits or good genes. This is much more rarely accomplished.

27. atonal twentieth-century concert music: This analogy to ballet and music may seem overwrought, but this same adaptive logic has been applied to explain the aesthetics of human art and performances. Denis Dutton (2009), for example, has proposed that human capacity for artistic creation and performance has evolved by mate choice for honest indicators of good genes and mental and physical capacity.

28. The value of a dollar was *extrinsic:* The further irony of the gold standard is that gold is itself assumed to have some intrinsic value. Although gold is a relatively inert metal and has plenty of useful physical properties, the establishment of gold as a "universal" standard of value is an arbitrary cultural phenomenon. This observation demonstrates how hard it is to establish any system of value that is not subject to arbitrary, aesthetic influences.

29. "social contrivance": This very apt phrase comes from Samuelson (1958).

30. Imagine that the next time you see a beautiful rainbow: I have momentarily violated my commitment to use beauty to mean *coevolved attraction*. Although we are obviously attracted to the rainbow, it has not, and cannot, coevolve with our evaluation of it (Prum 2013).

31. The burden of proof lies: The analogy between the value of beauty and money also provides an insight into the emotional energy used in defense of adaptive mate choice. Just as modern economics put gold-bugs out of business, the Beauty Happens hypothesis poses an existential threat to the adaptationist worldview. Why? Because, to use St. George Mivart's phrase, adaptationism is based on its commitment to "the all-sufficiency of 'natural selection'" as an explanation of functional design in nature (1871, 48). Acknowledging any *intrinsic* evolutionary value to beauty would permit mate choice and aesthetic evolution to become unhinged from adaptation. The all sufficiency of adaptation would come tumbling down.

A further parallel between theories of the value of money and beauty comes from the observation that most currencies historically started with backing by an extrinsic commodity like gold. The social contrivance of value arises later once this currency creates a medium of economic exchange. This historical transformation from extrinsic to intrinsic value precisely parallels Fisher's two-phase model of the evolution of traits and preferences. The first phase begins with an adaptive indicator of some correlated extrinsic, adaptive benefit, but the origin of mating preference genes create a new opportunity for value—the indirect genetic benefit of having attractive offspring.

32. "The belief in the efficient market": Krugman (2009).
33. Shiller presented the case: Shiller (2015).
34. "To many economists, the mere existence": Conversation with Shiller, Sept. 16, 2013.
35. For the title of their 2009 book: Akerlof and Shiller (2009).
36. a team of economists published: Muchnik et al. (2013).
37. "Emperor wears no clothes": Prum (2010).

第 3 章　侏儒鸟的求偶舞蹈

1. research interest in phylogeny: The abandonment of the investigation of organismal phylogeny occurred during the first two-thirds of the twentieth century and was fostered by the notion that genetics and population genetics were the most appropriate and productive ways to investigate evolutionary questions. The result was that the mid-twentieth-century "New Synthesis" in evolutionary biology was a largely ahistorical science, based on population genetic machinery that aspired to emulate the ideal gas law—that is, $PV = nRT;$ the pressure times the volume equals the temperature times the number of moles and the ideal gas constant. During the last decades of the twentieth century, it required a major intellectual battle to restore phylogeny and phylogenetics to their appropriate place in evolutionary biology, which provides a good ground plan for the future restoration of Darwinian aesthetic evolution. For a history of the early intellectual battle to restore phylogenetics to evolutionary biology, see Hull (1988).

2. Aesthetic radiation is the process: Aesthetic evolution can also proceed by various mechanisms of social selection. For example, when birds make choices about which baby bird mouth to feed, the plumages and mouth patterns may evolve to attract the attentions of parents. This process may result in the evolution of "cuteness"—attractive baby offspring.

3. Biogeography and Systematics Discussion Group: The group was run by the faculty adviser Bill Fink, an ichthyologist. The graduate students at the time included Michael Donoghue, a plant systematist, now a member of the U.S. National Academy of Sciences and one of my Yale colleagues; Wayne Maddison, a spider systematist and co-author with his identical twin brother, David Maddison, of MacClade, Mes-

quite, and other computer programs that made phylogenetic analysis of character evolution possible; Brent Mishler, a botanist and now curator at the herbarium at the University of California, Berkeley; and Jonathan Coddington, spider systematist, now at the Smithsonian.

4. observations of toucan plumage and skeletal characters: I published this research in Prum (1988) and Cracraft and Prum (1988).

5. Only, I don't smell like mothballs: Like all modern workplaces, natural history museums have had to respond to occupational health and safety regulations that limit workplace exposure to hazardous chemicals. In recent decades, museums stopped using paradichlorobenzene (mothballs) to control insect pests.

6. Jonathan Coddington's research: Coddington (1986).

7. a male Golden-headed Manakin: The basics of the behavior and reproduction of the Golden-headed Manakin have been described by Snow (1962b) and Lill (1976).

8. the tiny rapid steps: Kimberly Bostwick, my former doctoral student, was the first to describe the backward slide of *Ceratopipra* manakins as a moonwalk in an interview for the PBS *Nature* documentary *Deep Jungle* in 2005.

9. Lek breeding is a form of polygyny: For a review of the biology of leks, see Höglund and Alatalo (1995). Lek evolution is discussed in detail in chapter 7.

10. I also found the White-bearded Manakin: The display behavior and reproduction of the White-bearded Manakin have been described by Snow (1962a) and Lill (1974). The mechanism for the production of their mechanical wing *snap* sounds were established by Bostwick and Prum (2003).

11. all manakins evolved: The early, evolutionary origin of lekking in the common ancestor of the manakins was established in Prum (1994). The only non-lekking species in the family, the Helmeted Manakin (*Antilophia galeata*), is the sister group to the cooperatively lekking genus *Chiroxiphia* and is embedded deep in the phylogeny of the family. Thus, we can infer that the absence of lekking in *Antilophia* is an evolutionary loss, or reversal, in that species.

 The ages of the origins of living groups of birds are somewhat contested, but the most recent and well-supported estimates an age about fifteen million years for the manakins comes from Prum et al. (2015).

12. a land of milk and honey: Interestingly, like fruit, these icons of an easy life of pleasure—milk and honey—are both natural products that have specifically coevolved to be desirable and eaten.

13. Females used their capacity for mate choice: Snow's fruit-eating hypothesis for the evolution of polygyny is supported by the observation that many lekking birds are found tropical frugivores, including the manakins, the cotingas, the birds of paradise, and the bowerbirds. A similar ecological situation occurs in some obligate nectar feeders like hummingbirds. Like fruit, nectar *wants* to be eaten; it is a bribe

created by the plant to attract animal pollinators. Likewise, hummingbirds have entirely female parental care. Female-only parental care also occurs in birds with precocial young that can feed themselves immediately after hatching, including the pheasants, chickens, grouse, and their relatives. Because precocial young merely need to be watched and protected from predators, one parent can do the job as well as two. In the extreme case of complete brood parasitism, females lay their eggs in the nests of other species, and neither biological parent provides any parental care. In all these cases, uniparental care has resulted in the evolution of intense sexual selection through female mate choice and the evolution of male territorial display in arenas or leks.

14. Lekking birds feature so prominently: As the pioneering Yale ecologist George Evelyn Hutchinson (1965) wrote in the book *The Ecological Theater and the Evolutionary Play,* environmental conditions and ecological interactions create the setting in which evolutionary change takes place. Thus, a fruit-eating diet creates conditions that foster the evolution of polygynous breeding systems and extreme mate preferences. Other ecological conditions can give rise to other, *very* different breeding systems that have a big impact on patterns of aesthetic evolution. The vast majority of bird species have a pair bond in which males and females raise the young together. In many such species, like puffins and penguins, males and females have evolved identical sexual ornaments. Such ornaments evolve by *mutual mate choice* in which both sexes have the same traits and preferences, and both sexes are choosing. Some shorebirds exhibit polyandrous breeding systems with multiple male mates per female. For example, in the Plains Wanderer (*Pedionomus torquata*), the Painted Snipe (*Rostratula benghalensis*), and the long-toed, lily-trotting jacanas (*Jacana* species), females are larger, more brightly colored, sing the songs, and defend the territories against other females. If a female has a territory of high enough quality, she will be able to attract *multiple* males to nest with her. These smaller males each build a nest, incubate a clutch of eggs that she lays, and raise their young in her high-quality habitat. In these *polyandrous* species, mate choice is by *males.* However, the variation in reproductive success between the most successful and the least successful females is not nearly as great as the variation in sexual success among lekking male birds, so polyandrous birds do not evolve such aesthetic extremity as polygynous lekking birds.

15. David Snow and Alan Lill had already published: Snow (1962a, b); Lill (1974, 1976).

16. The species was so poorly known: Haverschmidt (1968); Mees (1974).

17. Marc Théry made later observations: Théry (1990).

18. had already been described: Snow (1961).

19. The courtship of the White-throated Manakin: Davis (1949).

20. Marc Théry in French Guiana: Théry (1990).

21. a spectacular *above-the-canopy* flight display: Davis (1982).

22. I came away with unique scientific observations: Prum (1985, 1986).
23. the other *Corapipo* manakins: There are three other *species* of *Cora-pipo* manakins from the Andes of Colombia and Venezuela (*C. leucor-rhoa*) and from the highlands of southern Central America (*C. altera* and *C. heteroleuca*).
24. Barbara and David Snow published: Snow and Snow (1985).
25. I developed a comprehensive hypothesis: Prum and Johnson (1987).
26. phylogeny of the entire manakin family: Prum (1990, 1992).

第 4 章　审美的创新与物种的衰落

1. the mechanical sounds of manakins: By examining manakin mechani-cal sounds across their phylogeny, we know that there have been mul-tiple origins in manakins (Prum 1998).
2. adaptation provides at best an incomplete account: For an analysis of the limits of adaptation to explain morphological innovation, see Wagner (2015).
3. manakin display movements produced: Prum (1998); Clark and Prum (2015).
4. I first heard the wing songs: The wing songs of the Club-winged Manakin were briefly described by Edwin Willis (1966) from western Colombia. Willis hypothesized that the sound was produced by the "clapping of the thickened secondaries" but concluded that he could not eliminate the possibility that it was a vocalization. This was the only description of the song when my observations were made in 1985, and no recordings were available of the sounds.
5. The wing songs are a major component: Kimberly Bostwick (2000) followed up on the anecdotal observations of Willis (1966) with a full behavioral study of the display repertoire of the Club-winged Mana-kin in Ecuador.
6. Sclater's illustrations were reproduced: Sclater (1862); Darwin (1871, 491; fig. 35).
7. the first generation of field-worthy, high-speed video cameras: See Dal-ton (2002).
8. their Bronx cheer "roll snaps": Bostwick and Prum (2003). Interest-ingly, after the origin of mechanical sound in the genus, female *Man-acus* were not satisfied merely with the firecracker-like *snap*. They continued to innovate through the addition of the mechanical sound repertoire with the roll-*snap* and the flight riffle (Bostwick and Prum 2003).
9. The tiny pumping movements: The fastest-contracting vertebrate muscles are all associated with sound production. For example, fast muscles produce rattlesnake rattles (around 90 Hz) and toadfish swim-bladder whistles (around 200 Hz) (Rome et al. 1996). However, each of these organisms makes a sound at the frequency of the muscle contractions. Club-winged Manakins link fast-cycling muscles to a

frequency-multiplying stridulatory organ to produce a much higher frequency communication sound.

10. Bostwick and other collaborators: Bostwick et al. (2009).

11. If vocal songs are already robust indicators: The quality of adaptive information of any sexual signal needs to evolve. This information is refined by the action of mate choice to become more and more closely correlated with quality. The problem is, if one mating display is already a robust indicator of quality, why should one ever change and abandon the adaptive advantages for new, untested ornament with initially worse-quality information? Honest signaling will constrain the evolution of display repertoires and aesthetic innovations.

12. Kim Bostwick has provided a definitive scientific answer: Bostwick et al. (2012).

13. Birds have only tinkered: See Chiappe (2007), Field et al. (2013), and Feo et al. (2015).

14. how the bizarre ulna morphology: Club-winged Manakins are uncommon birds that have rarely, if ever, been kept in captivity. It would be both logistically and legally challenging to bring them into a laboratory to make the necessary observations to measure their flight capabilities and physiology.

15. the morphological consistency in wing bone design: The argument that morphological stasis among species is evidence of maintenance by natural selection is an adaptationist view. Thus, in this example, adaptationists are trapped into either questioning this basic tenet or rejecting the hypothesis of adaptive mate choice in Club-winged Manakins.

16. the observation that *female* Club-wings: This "chooser decadence" evolves through the same genetic correlations that drive arbitrary aesthetic coevolution. Mate choice on display traits will result in genetic covariation between traits and preferences. This is why mate choice itself can drive the evolution of mating preferences. Similarly, as females select upon the male bodies through mate choices, they can also alter their *own* bodies in genetically correlated ways.

17. females will not be harming: Although it has been very difficult to generate direct evidence of preference coevolution between females and the display traits they prefer, the evolution of correlated female expression of male ornamental traits provides prima facie evidence that females do indeed coevolve through their mate choice on males.

18. the wing bones begin to develop: The cartilaginous precursors of the radius and ulna begin to develop on day 6 in chickens, and ossification begins on day 7 of incubation in ducks (Romanoff 1960, 1002). Sexual differentiation of the gonads begins on day 7 of incubation in chickens (Romanoff 1960, 822). However, sex hormones that are involved in sexual differentiation of non-gonadal body tissues begin to circulate around the body by day 10 of incubation when other sexually dimorphic organs begin to differentiate, like the syrinx (Romanoff 1960, 541, 842).

19. the costs of decadent display traits: Lande (1980).
20. female mate choice has resulted: This phenomenon is distinct from the evolution of genuine, female ornaments, such as in species with mutual mate choice, or in polyandrous species with male mate choice only. Rather, like Club-winged Manakins, females in these species exhibit features with purely ornamental functions that they will never use and, therefore, cannot benefit from having.
21. the distribution of feather follicles: Romanoff (1960, 1019); Lucas and Stettenheim (1972).
22. the crown feathers grow inward: The role of feather follicle orientation in the development of unusual bird crests has been demonstrated in domestic crested pigeons. Shapiro et al. (2013).
23. the critical *orientation* of the feather follicles: Shapiro et al. (2013).
24. the plumage colors of a black American Crow: For a review of avian feather melanins, see McGraw (2006).
25. we confirmed that the black stripes: Vinther et al. (2008).
26. Feathers first evolved: Prum (1999); Prum and Brush (2002, 2003).
27. the raptor-like dinosaur *Anchiornis huxleyi:* Li et al. (2010).
28. I proposed a model: Prum (1999).
29. the evo-devo theory: Prum and Brush (2002, 2003); Harris et al. (2002).
30. The advantage of this evo-devo approach: For further discussion, see Prum (2005).
31. *three* dinosaur lineages survived: Prum et al. (2015).

第 5 章　让路给鸭子

1. *"Make Way for Ducklings"*: McCloskey (1941).
2. Many ducks perform *sham preening* displays: Konrad Lorenz (1941, 1971) presented a detailed comparative analysis of the evolution of the courtship displays of ducks. The research was highly innovative and anticipated the future development of phylogenetic ethology. In this and other works, Lorenz proposed that one of the sources of novel communication signals is "displacement" behavior—random motor patterns that were originally performed at times of social or motivational tension. Accordingly, he proposed that sham preening displays evolved from such movements, just as some people might nervously play with their hair when they are on a first date. Over time, such behaviors could evolve to become communication displays through the process of ritualization, which involves exaggeration and reduced variation so that the display stands out from the rest of the bird's behavior.
3. Susan Brownmiller built a powerful: Brownmiller (1975).
4. "Because of the important differences": Gowaty (2010, 760). As Brownmiller (1975) has proposed in humans, Patty Gowaty has noted that sexual coercion in birds can foster the evolution of "convenience polyandry," in which a female accepts a male mate, or multiple male

mates, in order to protect herself from sexual violence by other males (Gowaty and Buschhaus 1998).

5. a desensitization to the social and evolutionary impact: For example, based on the idea that all female behaviors that bias male fertilization success are identical forms of adaptive sexual selection, Eberhard (1996, 2002), Eberhard and Cordero (2003), and others (for example, Adler 2009) have proposed that resistance to sexual attack is merely a form of mate choice. This "resistance as choice" mechanism leads to the proposal that rape is essentially adaptive for *females*. Accordingly, if a female resists all sexual attacks, then the male that is ultimately successful at fertilizing her offspring will inevitably be the best at sexual attack. Her male offspring will then inherit the capacity to excel at sexual attack, which produces an indirect, genetic benefit to her. The problem with this idea is that it ignores the direct costs to the female and the indirect costs to the female's *female* offspring. In other words, the benefits of having sons who are better rapists will have to balance against the disadvantages in the form of lower survival and fecundity of daughters who experienced sexual violence. I think the full, onerous intellectual implications of the "resistance as choice" hypothesis have been greatly obscured by the fact it has not been referred to, just as accurately, as the "rape as choice" hypothesis.

6. Females are often injured: For a recent review, see Brennan and Prum (2012).

7. Geoffrey Parker defined sexual conflict: Parker (1979).

8. Duck sex provides a premier example: For the evolution of sexual autonomy by this mechanism, it doesn't matter whether the indirect genetic benefits of mate choice are due to good genes or the arbitrary Beauty Happens mechanism; either will work.

9. the penis of the diminutive Argentine Lake Duck: McCracken et al. (2001).

10. Modern agriculture's answer: Artificial insemination is ubiquitous in modern agriculture. On the farm, mammals are never left to do it for themselves. Few people realize that nearly every bite of mammal flesh they eat—whether beef, pork, or lamb—begins with a prizewinning male animal, a farm employee, an artificial vagina, a liquid nitrogen tank, and a big syringe. However, for the most part, poultry are left to themselves, so this duck farm was a rare opportunity.

11. "Eversion of the 20 cm": Brennan et al. (2010).

12. Brennan showed that the longer and twistier the penis: Brennan et al. (2007).

13. A comparative analysis of penis and vaginal morphology: Brennan et al. (2007).

14. We hypothesized: The mechanism of sexually antagonistic coevolution in waterfowl is presented in full in Brennan and Prum (2012).

15. There have been both escalations *and* reductions: Brennan et al. (2007).

16. Conversely, we hypothesized: In her first attempt at these mechanical challenge experiments, Brennan made "artificial vaginas" out of silicone. As we predicted, when the straight or counterclockwise tubes were held up to the male cloaca at the moment of erection, the penis shot out completely unimpeded. However, when the hairpin turn or clockwise spiral was used, the penis became temporarily bottled up within the tube, after which it *burst* out the side of the tube by blowing a hole through the soft silicone. These tests provided a successful but anecdotal proof of concept. We were sure the penis had busted through the wall of the female-mimicking silicone tubes because its forward progress had been impeded, but we couldn't prove that it had been trapped. To get the data we needed, design improvements were necessary. That's when we moved to glass.

17. These observations confirmed: Brennan et al. (2010). High-speed video images of these experiments are available at the *Proceedings of the Royal Society B* and on YouTube.

18. expelling the unwanted sperm: Domestic chickens can eject sperm of males from unsolicited copulations (Pizzari and Birkhead 2000).

19. forced copulations are a stunning 40 percent: Evarts (1990). Discussed in Brennan and Prum (2012).

20. female ducks have indeed succeeded: Brennan and Prum (2012).

21. when female Muscovys were actively: Brennan et al. (2010).

22. Females do not, indeed cannot, evolve to assert power: The mechanism for the evolution of sexual autonomy functions through the shared, coevolved, normative agreement on what male traits are attractive and the cooperative advantages to *all* females of freedom of choice. Thus, unlike males, there is no available selection for females to take advantage of one another and assert their own individual desires over others. Thus, there is no selection for female power to directly confront male sexual aggression with a countervailing force for female sexual control.

23. Duckpenisgate: Asawin Suebsaeng, "The Latest Conservative Outrage Is About Duck Penis," *Mother Jones,* March 26, 2013. Suebsaeng reported, "The $16 muffin ain't got nothing on duck penis."

24. After Patricia Brennan wrote an awesome defense: Patricia Brennan, "Why I Study Duck Genitalia," Slate.com, April 3, 2013.

25. The *New York Post* headline read: S. A. Miller, "Government's Wasteful Spending Includes $385G Duck Penis Study," *New York Post,* Dec. 17, 2013. When I first read the headline, I asked myself, "What is G?" Someone had to point out to me that this stood for "grand." I assume that the (more logical to me) alternative $385K was considered an endorsement of the metric system, and perhaps of a one-world government under the United Nations.

26. If the pharmaceutical industry: The NSF-funded research program that was attacked in these news reports was specifically on the season-

ality of duck penis development and the effects of social environment and competition on duck penis size.

27. sexual violence is against the will: These insights into the evolution of sexual conflict contradict another, major, reductionist trend in contemporary evolutionary biology—the concept of the selfish gene. In *The Selfish Gene,* Richard Dawkins (2006) proposed that the gene is the essential level of selection and that individual organisms are merely "bags" that propagate their selfish genes. While gene selection can occur, duck sex teaches us that sexual conflict over fertilization *cannot* be reduced entirely to gene-level selection. Except for the tiny fraction of their genomes that controls sexual differentiation, male and female ducks have all the *same genes*. Female ducks have genes for long, spiky, harmful penises, and male ducks have genes for convoluted, clockwise vaginal morphologies. Genes for vaginal and penis morphologies are *not* competing with each other to propagate copies of themselves into future generations. These genes don't have a sex. Rather, it is only the *individuals* that have a sex, and it is only at the level of the individual organisms that the sexual conflict over fertilization can occur.

This observation is easily proven by looking at the evolution of sexual conflict in turtles, in which sexual determination is temperature dependent; warmer eggs become female, and colder eggs become male. There are *no genetic differences* between male and female turtles. Yet sexual conflict in turtles is rampant. Male tortoises sexually harass female tortoises by aggressively attempting to mount and copulate with them, and the costs of this harassment to females is significant. Selfish genes simply cannot explain the evolution of sexual conflict in a species that lacks genetic differences between the sexes. A similar analysis could be applied to hermaphroditic animals that simultaneously produce ova and sperm. In this case, selection is taking place at the emergent level of the organ, or gonad, and not at the level of the gene.

28. Birds originally inherited the penis: For a review, see Brennan et al. (2008). The penis first evolved in the exclusive common ancestor of mammals and reptiles. In living birds, the penis is present in all ratites and tinamous (that is, the ostrich and its kin) and in all waterfowl. The penis is also present in a few groups of game birds (Galliformes) that are most closely related to the waterfowl. These groups are descendants of the most ancient, independent lineages of the living birds, and they have inherited the reptilian penis from their dinosaur ancestors. The penis has been lost several times independently in tinamous, in various groups of game birds, and in the ancestor of all Neoaves—the group that includes 95 percent of species of birds of the world.

29. barnyard hens can eject sperm: Pizzari and Birkhead (2000).

30. female neoavian birds have: Interestingly, many Neoavian birds have evolved a cloacal protuberance: a short, button-shaped bump around

the cloaca that develops during the breeding season. This structure may have evolved as a male counter measure to the loss of the penis to allow a male to force open the female cloaca during forced copulations.

31. "On the whole, birds appear": Darwin (1871, 466).

第 6 章　圆丁鸟为爱搭建求偶亭

1. the aesthetic structures created by male bowerbirds: The biology and natural history of bowerbirds is beautifully surveyed by Frith and Frith (2004).

2. the word "bower" referred: "bower, n.1," *OED* online, March 2016, Oxford University Press.

3. much more elaborate avenue "bower-plans": No clarification is less called for than an explanation of a bad pun. But this one actually raises an interesting issue. In the field of developmental evolutionary biology, the concept of the body plan refers to the fundamental anatomical layout shared by members of the same higher groups, or phyla. Dating back to the Romantic poet, writer, and natural historian Johann von Goethe, the body plan concept was originally coined in German as *Bauplan*. Here, the question now becomes what term do we use to refer to the "body plan" of the extended phenotype? The *ExBauplan*? For the singular, aesthetic, extended phenotype of the male bowerbirds, the avenue and maypole architectures, and their variations, are perfect examples of the concept of the "bower-plan."

4. brilliant, iridescent fragments: We had the pleasure of describing the photonic crystal nanostructures in these extraordinary blue scales of *Entimus* weevils (Saranathan et al. 2015).

5. the male and the female stand on opposite sides: Frith and Frith (2004).

6. The bowerbird family (Ptilonorhynchidae): Frith and Frith (2004).

7. Coined by Richard Dawkins: Dawkins (1982).

8. As a confirmed neo-Wallacean: The only voice I know that has enthusiastically embraced the "neo-Wallacean" label is Richard Dawkins. In his book *The Ancestor's Tale,* Dawkins (2004) eagerly described the discoveries of Zahavi, Hamilton, and Grafen as "sophisticated neo-Wallacean" triumphs over Darwinian vagueness. Dawkins paints the following portrait of the Darwin-Wallace debate (2004, 265–66):

> For Darwin, the preferences that drove sexual selection were taken for granted—given. Men just prefer smooth women, and that's that. Alfred Russel Wallace, the co-discoverer of natural selection, hated the arbitrariness of Darwinian sexual selection. He wanted females to choose males not by whim but on merit . . . For Darwin, peahens choose peacocks simply because, in their eyes, they are pretty. Fisher's later mathematics put that Darwinian theory on a sounder mathematical footing. For Wallaceans, peahens choose

peacocks not because they are pretty but because their bright feathers are a token of their underlying health and fitness . . . Darwin did not try to explain female preference, but was content to postulate it to explain male appearance. Wallaceans seek evolutionary explanations of the preferences themselves.

Instead of taking Darwin's aesthetic language as a hypothesis about the evolutionary elaboration of traits and preferences, Dawkins confounds the arbitrariness of Darwinian sexual traits with a perceived ambiguity about his evolutionary mechanism for the origin of preferences. The anti-aesthetic Wallaceans are portrayed as scientifically progressive, while aesthetic Darwinism is portrayed as fuzzy, lazy, and incomplete. Although Dawkins admits Fisher's more solid theoretical grounding for the arbitrary, he does not entertain any modern Darwinian alternative to the Wallacean solution. Because the Fisherian answers don't provide the comforting "rhyme and reason" of the neo-Wallacean solutions, they aren't even entertained as scientific answers.

9. The earliest branch in the phylogeny: Though somewhat out of date in terms of data quality and quantity, the most current phylogeny of the bowerbirds is Kusmierski et al. (1997). The Australopapuan catbirds (*Ailuroedus*) are not related to the common North American Gray Catbird (*Dumetella carolinensis*), which is a member of the mockingbird family (Mimidae).

10. nest construction in catbirds: Frith and Frith (2001).

11. It's a stage set with props: Prior to the late twentieth-century revival of sexual selection theory, bowers were explained with an updated version of Mivart's idea of sensory stimulus as a form of adaptive physiological coordination between the sexes (see chapter 1). Jock Marshall (1954) proposed that in the absence of a pair bond, the ancestral female bowerbird needed extra sexual stimulus to be induced to copulate and reproduce. Marshall hypothesized that the bower evolved as a male method of reminding females of the sexually stimulating shared, ancestral nest of their evolutionary past. This would induce them to copulate and to build their own nest and continue with reproduction. This idea fails on so many levels that it is probably best left to the historical past, but it does document the intellectual contortions that evolutionary explanation achieved during the twentieth century in the absence of a theory of evolution by mate choice.

12. the females visited between 1 and 8 males: Uy et al. (2001).

13. the Tooth-Billed Bowerbird is a polygynous species: For the natural history of the Tooth-Billed Bowerbird, see Frith and Frith (2004).

14. pioneering work done by Jared Diamond: Diamond (1986).

15. Diamond did experiments: Diamond (1986).

16. Albert Uy repeated these ornament color choice experiments: Uy and Borgia (2000).

17. Jared Diamond established: Diamond (1986).
18. Joah Madden and Andrew Balmford conducted: Madden and Balmford (2004).
19. John Endler and colleagues: Endler et al. (2010); Kelly and Endler (2012).
20. an optical illusion known as forced perspective: This forced perspective illusion is the same phenomenon I propose to be at work in the array of three hundred golden spheres in the secondary feathers of the male Great Argus (see chapter 2).
21. Laura Kelley and John Endler: Kelley and Endler (2012).
22. this illusion could provide honest information: Unless the proposed "good brain genes" that make it possible for male bowerbirds to create these optical illusions are heritable by females, and useful to female survival or fecundity, then the optical illusions are *not* evolving as indicators of "good genes" per se. It is possible that female aesthetic selection on male display behavior could result in neural evolution and innovation, but if these neural advances are only used in aesthetic display and evaluation, then they are merely aesthetic innovations. Thus it is possible that when Beauty Happens, the artistic mind coevolves.
23. In a *New York Times* interview: Bhanoo (2012). I will return to the subject of animal art in chapter 12.
24. Gerry Borgia and Stephen and Melinda Pruett-Jones: Borgia et al. (1985).
25. Borgia proposed a compelling: Borgia (1995).
26. Borgia described the extremely abrupt courtship: Borgia (1995).
27. Borgia and Daven Presgraves investigated: Borgia and Presgraves (1998).
28. Borgia's threat reduction hypothesis: For a more detailed discussion, see Prum (2015).
29. females are frightened by the aggressive male displays: Although Gerry Borgia agrees that the source of the selection on female preference is an indirect, genetic benefit of control over paternity, he sees the outcome as an evolutionary negotiation between male and female interests. However, I think there is ample evidence that females have evolved to gain complete freedom of choice over fertilization and paternity identity. Males build bowers, gather and arrange decorations, sing, and display to visiting females because females have selected on them to do so. There is no other game in town. By controlling the standards of beauty and by evolving standards of beauty that empower female autonomy, females have gained near-complete control over the outcome of sexual selection.
30. the threat reduction response evolves: Prum (2015).
31. aesthetic remodeling proceeds through a correlation: To be easier on readers, I have described the association between the display trait and the phenotypic feature that contributes to female sexual autonomy as a correlation, but this is imprecise. The association is really a cova-

riance, in which specific genetic variations for the trait co-occur in the same individuals as specific genetic variations for the autonomy-enhancing phenotypic feature.

32. Gail Patricelli developed: Patricelli et al. (2002, 2003, 2004).
33. Patricelli was able to confirm: Patricelli et al. (2004) also found that the females' tolerance of intense display behavior was not related to the order of visitation or their familiarity with particular males from previous breeding seasons. Rather, the biggest predictor of female tolerance of intense display was the actual attractiveness of the male, the quality of his decorations, and the quality of his bower.

第 7 章 雌鸟的择偶偏好与雄鸟的社会关系

1. leks have evolved in a wide variety: For a review of lek diversity and evolution, see Höglund and Alatalo (1995).
2. In "The Law of Battle" section: Darwin (1871, 468–77).
3. in the "Vocal Music" and "Love-Antics and Dances" sections: Darwin (1871, 477–95).
4. *The Life of Birds:* Welty (1982, 304).
5. "a forum for male-male competition": Emlen and Oring (1977).
6. males cannot actually gain: Bradbury (1981). Bradbury showed that the increases in the number of males would provide a linear increase in the volume of a group advertisement. But the power of the signal is inversely proportional to the square of the distance away from the source. So these linear increases in volume are not enough to increase the active area of the lek per male and provide each male with a proportional increase in female visits.
7. the "hotspot" model: Bradbury et al. (1986).
8. the "hotshot" model: Beehler and Foster (1988).
9. some Blue-crowned Manakin: Durães et al. (2007).
10. Durães captured and analyzed: Durães et al. (2009).
11. Bradbury proposed the revolutionary hypothesis: Bradbury (1981). Bradbury's female choice model is an adaptive model involving natural selection on female preferences to minimize the costs of searching for a mate.
12. David Queller went even further: Queller's model (1987) was a simple adaptation of Kirkpatrick's haploid model (1982) of the Fisher process in which lek size was treated as a male display trait. Of course, an individual male cannot display his genes for lek size all by himself, but in a large enough population of mobile individuals groups of males with genes for greater sociality might establish themselves in clusters and receive reproductive benefits if females preferred to mate in aggregations.
13. coordinated and cooperative behavior: Coordinated and cooperative male display has evolved multiple times independently within the family (Prum 1994).

14. males perform a coordinated version: Prum and Johnson (1987).

15. descriptions of coordinated displays: These behaviors have been described by Snow (1963b), Schwartz and Snow (1978), Robbins (1983), and Ryder et al. (2008, 2009).

16. *Chiroxiphia* males engage: General descriptions of *Chiroxiphia* manakin display behavior and breeding system can be found in Snow (1963a, 1976), Foster (1977, 1981, 1987), McDonald (1989), and DuVal (2007a).

17. perform coordinated displays: In some *Chiroxiphia* species, some copulations take place without the group displays. For example, Emily DuVal (2007b) has documented that nearly 50 percent of copulations in Lance-tailed Manakins (*Chiroxiphia lanceolata*) occur after a bout of solitary display by a single male without an immediate coordinated display preceding. However, it is unknown whether these females had previously observed a bout of group display by the same males. Furthermore, this copulating male was always an alpha male territory owner with a beta partner; his beta partner was merely missing when this female visited. Apparently, there is no route to sexual success by males that never display in partnerships or groups. So, coordinated display is obligate, at least at the level of the breeding system if not individual female visits.

18. the timing of the vocal coordination: Trainer and McDonald (1993).

19. each year they molt: For descriptions of molt in *Chiroxiphia,* see Foster (1987) and DuVal (2005).

10. males typically spend several more years: As DuVal has documented, some male Lance-tailed Manakins become alphas as soon as they acquire mature plumage, without serving as a beta to any other male. Apparently, these particular guys really have whatever it takes to succeed in this social competition.

11. a very few males may obtain: McDonald (1989).

12. By using the DNA fingerprints of chicks: DuVal and Kempenaers (2008).

13. even by me in the 1980s: Prum (1985, 1986).

14. males within displaying partnerships: McDonald and Potts (1994).

15. another example of the evolutionary cascade: Recall from chapter 3 that an ancestor of the Pin-tailed Manakin first evolved the tail-pointing posture, which created the opportunity for the evolution of elongate tail feathers featured in this display in the Pin-tailed Manakin. However, we can see that such patterns are not deterministic, because while the Golden-winged Manakin shares the same tail-pointing display, it never evolved a pointy tail. Similarly, although the origin of coordinated display ultimately transformed in the obligate coordinated male courtship display in the *Chiroxiphia* manakin, no such evolutionary change has occurred in other manakin species.

16. McDonald has pioneered: McDonald (2007).

17. the best predictor of a young male's future sexual success: McDonald (2007).

18. social connectedness among young: Ryder et al. (2008, 2009).

第 8 章　人类之美的发生与演化

1. a field called evolutionary psychology: Contemporary evolutionary psychology is an intellectual descendant of the science of sociobiology, which was championed by E. O. Wilson and others in the 1970s and 1980s. Sociobiology was based on the hypothesis that the social and sexual behaviors we see in both humans and other animals could be explained through adaptive evolution by natural selection. In recent decades, human sociobiology has been succeeded by evolutionary psychology, which shares the same adaptationist goals. But it has gone much further, incorporating neo-Wallacean ideas, which preclude the possibility of an authentically Darwinian mechanism of aesthetic mate choice.

   Of course, the study of the evolutionary history of the human species and how it has shaped our sexuality, psychology, cognition, linguistics, personality, and so forth is a profoundly fascinating and fertile discipline. In fact, all of the work in these chapters about human evolution could be considered speculative new theory in the field of evolutionary psychology in this broad sense. The problem is that the field of evolutionary psychology as it is currently construed is *not* that discipline.

2. Evolutionary psychologists view: Two brief examples provide a flavor of evolutionary psychology research on mate choice. Aki Sinkkonen (2009) proposed that the "umbilicus" (yes, that's the belly button) evolved as an honest signal of mate quality in bipedal, furless humans, even though the belly button has existed for 200 million years in all placental mammals, long before bipedality (or furlessness) appeared. Hobbs and Gallup (2011) also "discovered" that 92 percent of the lyrics from popular hit songs from the *Billboard* charts include "embedded reproductive messages." Who knew? Of course, the existence of these messages about fidelity, commitment, rejection, arousal, and body parts supports their hypothesis that popular music has "adaptive value."

3. There is never any doubt: For broader critiques of the intellectual and empirical problems of evolutionary psychology, see Bolhuis et al. (2011), Buller (2005), Richardson (2010), and Zuk (2013).

4. evolutionary psychology is bad science: A prominent example of a failing zombie idea in evolutionary psychology is the continued interest in the hypothesis that deviations from body symmetry communicate individual genetic or developmental flaws and that humans have evolved adaptive mating preferences for symmetrical faces and bodies as a result. This "fluctuating asymmetry" hypothesis originated in the

study of birds in the early 1990s, but was soon soundly rejected and became a famous example of a failed theory (see chapter 2, "Beauty Happens"). Yet, twenty years later, the idea still thrives in evolutionary psychology.

Even evolutionary psychologists admit that there is no evidence that human facial symmetry is associated with superior genes or development (Gangestad and Scheyd 2005). There is also no consistent evidence that people actually prefer symmetrical faces. In fact, human facial diversity (including asymmetry) is not an accident. Rather, diversity in human facial appearance has likely evolved under strong social selection for indicators of individuality (Sheehan and Nachman 2014). Complex social interactions are based on recognizing others as individuals, and then treating them accordingly. Faces are diverse because there are evolutionary advantages to being recognizable as *you*. One of the primary features that makes faces recognizable is facial *a*symmetry. Given our neural mechanisms of facial cognition, symmetrical faces are simply harder to register, to recognize, and to remember. Humans are highly evolved to recognize and remember the features of individual faces, and therefore to find some asymmetry more appealing than symmetry. This phenomenon is not limited to people. For example, some highly social paper wasps have evolved distinctive, asymmetrical face patterns and the ability to learn and recognize them (Sheehan and Tibbets 2011).

Symmetrical faces are not especially beautiful, because symmetry is bland. Bland is not beautiful, and facial symmetry can be the ultimate in bland. By contrast, asymmetry is actually *attractive*, in part because it is recognizable. This is why three of the twentieth century's most glamorous and sexually idolized American women—Marilyn Monroe, Madonna, and Cindy Crawford—came to fame with prominent, symmetry-defying facial moles. It's also why the majority of hairstyles—like side parts—create and enhance facial asymmetries. Of course, monstrous asymmetries are unattractive, but so are monstrous symmetries. Think Cyrano de Bergerac.

The adaptationist hypothesis that we have evolved a preference for symmetry because it is an indicator of genetic quality is a zombie idea that refuses to die despite all the evidence to the contrary, because people are ideologically committed to believing it. Researchers will go to practically any length to keep the zombie alive, no matter how dubious the kinds of evidence they have to turn to for support. For example, a team of evolutionary psychologists from Rutgers University, including the famous sociobiologist Robert Trivers, published a study of symmetry in 185 Jamaican men and women in *Nature* (Brown et al. 2005). Their paper claimed that human dancing ability is an indicator of underlying body symmetry, and therefore an honest signal of genetic quality, which is why we have evolved to admire good dancing and to consider it sexy. The paper was featured on the cover of *Nature* and was covered in newspaper stories and media reports around the world. Unfortunately, the data were too good to be true. Several years after publication, Trivers himself uncovered irregularities in the data set and began to discredit the paper as a fraud perpetrated by one of his co-authors. Ultimately, a full investigation by Rutgers University concluded that there was "clear and convincing evidence" of data fabrication by the postdoc and lead author on the study. The paper was finally retracted by *Nature* in December 2013. See Reich (2013).

5. humans have evolved bones: An excellent discussion of evolutionary context 1 is presented by Neil Shubin (2008) *Your Inner Fish*.

6. better body-cooling efficiency: See Bramble and Lieberman (2004) and Lieberman (2013).

7. Elizabeth Grice and colleagues have written: Grice et al. (2009, 1190).

8. average lifetime numbers of sex partners: Accurate data on lifetime numbers of human sexual partners are difficult to obtain. There is an entire literature studying how men and women distort their self-reported numbers of sexual partners—men up and women down—to meet cultural expectations. Terri Fisher (2013) has shown that young American women reported higher numbers of lifetime sexual partners when they were attached to a bogus lie detector than not, but young men gave *lower* numbers of sexual partners with the bogus lie detector. No such pattern was found for reporting nonsexual behavior. Interestingly, among the nonrepresentative sample of men and women enrolled in a psychology course at a major American university, women reported more lifetime sexual partners. Unsurprisingly, distortions in reporting number of sexual partners are biased in the direction that conforms with culturally accepted norms for men's and women's sexual behavior and for the predictions of evolutionary psychology.

Some comprehensive data on lifetime sexual partners come from a study of sexual behavior in Sweden. Lewin et al. (2000) reported that the differences between lifetime numbers of sexual partners increased considerably between 1967 and 1996 for both sexes, but the median number of partners were not that different (1967: 1.4 for women, 4.7 for men; 1996: 4.6 for women; 7.1 for men). The differences between men and women were mostly the result of the activities of a small subset of the most sexually active males. The differences between men and women are smaller than the differences between 1967 and 1996.

9. males should be expected to evolve: Male sexual choosiness is not unique to humans and is quite common among insects that have no male intromittent organ. Like Neoavian birds, in those insects that have evolutionarily lost any male "penis" or intromittent organ, there is an associated advance by females in sexual conflict over fertilization and reproductive investment. To induce a female to accept his sperm, these male insects present a "nuptial gift" to the female before mating that consists of either a nutritious bug or an especially calorie-rich,

edible spermatophore. Nuptial gifts greatly increase a female's fecundity because she can turn those nutrients directly into more eggs. Consequently, females evolve to demand greater male investment (direct benefits) as part of reproduction. Predictably, many female insects have evolved to mate multiply in order to acquire multiple gifts. But these nuptial gifts are expensive for males to produce, and males of many insects have evolved to be quite choosy about mating. For example, in some species of dance flies, females have entirely lost their feeding mouth parts and must rely entirely on male nuptial gifts. As a result of male mating preferences, females have coevolved inflatable abdominal display sacs. Funk and Tallamy (2000) interpreted the exaggerated, swollen female body ornaments of long-tailed dance flies as "deceptive" manipulations of male preferences for indicators of high female quality—large bodies swollen with eggs. But their data are entirely consistent with Fisher's original model of an initially informative display trait leading to the coevolution of preferences for an entirely arbitrary and meaningless trait—a big beautiful abdomen.

10. there *must be* something of greater value: Mating value is a great example of how a cultural imperative—the need to see the sexually and socially successful as objectively better—has become reified into a scientific concept that excludes any other possibility. Once the concept of mating value exists, all questions of mate choice and sexual success are then framed to produce only adaptive answers.

11. one well-known study looked at a sample: Jasienska et al. (2004).

12. attractive, arbitrary traits: Once males evolve preferences for younger, more fertile females with more "feminine" facial features, it is possible that any subsequent exaggerations in facial femininity that arise in a population would become especially attractive. But these variations would only add noise to the original correlation between the "feminine" features and age, or "reproductive value." The result would be the arbitrary elaboration of these new distracting and dishonest femininity traits away from the adaptive origins of the preference for honest information about actual age. This is exactly the scenario that Ronald A. Fisher proposed in his "runaway" model of popular, arbitrary traits evolving from initially honest, adaptive traits (see chapter 1). This is also a great example of why it is so hard to maintain an honest sexual signal.

13. "Scant research has addressed": Gangestad and Scheyd (2005, 537).

14. Numerous studies have shown: Gangestad and Scheyd (2005) cite two studies that support female preferences for somewhat masculine features, two supporting preferences for somewhat feminine features, and three that find no particular pattern.

15. females prefer a light stubble: Neave and Shields (2008).

16. the "male gaze": The phrase "the male gaze" was coined by Laura Mulvey (1975) in her essay "Visual Pleasure and Narrative Cinema." Since that time, the term has expanded to refer not just to cinematic

or artistic depictions of women but to the power of chauvinistic and patriarchal attitudes to women and women's bodies, and to the self-concepts of female attractiveness internalized by women themselves to accommodate these expectations as a consequence.

17. how social interactions alter perceptions: Eastwick and Finkel (2008); Eastwick and Hunt (2014).

18. "This idiosyncrasy will prove fortuitous": Eastwick and Hunt (2014, 745).

19. Darwin himself struggled: Darwin (1871, 248–49).

20. *The Third Chimpanzee:* Diamond (1992).

21. Gallup and colleagues tested this hypothesis: Gallup et al. (2003).

22. "the most variable of all bones": Romer (1955, 192).

23. PRICC: Two mammalogists that I queried about *baculum* evolution told me about the PRICC mnemonic, but they both cautioned me to remember that insectivores are no longer considered monophyletic. But PRICC lives on in mammalogy class notes because some intellectual conveniences are worth tolerating a little polyphyly.

24. "Genesis 2:21 contains": Gilbert and Zevit (2001, 284). The mammalian and reptilian penises are homologous. The original vertebrate penis had an external groove, or sulcus, for the transport of semen, which is still retained in the penises of birds, crocodiles, lizards, and snakes. The mammalian penis evolved an enclosed urethra by fusing the two edges of the sulcus to create a new tube from this groove.

25. "A female who behaves": Dawkins (2006, 305–8).

26. his penile handicap hypothesis: Cellerino and Janini (2005).

27. The convergence of these various features: Is it a coincidence that the only other primates that have lost the *baculum*—the spider (*Ateles*) and woolly (*Lagothrix*) monkeys—also have prominently dangling genitalia? Interestingly, however, the genital dangle is displayed by the pendulous clitoris of *female* spider and woolly monkeys. The function and evolution of this female genital display is not well understood. However, some mammals have a homologous clitoris bone called the *os clitoridis*. Perhaps social selection for the loss of the *os clitoridis* and clitoral dangle led to the loss of the homologous bone in the penises of spider and woolly monkeys.

28. the evolution of bipedality: Maxine Sheets-Johnstone (1989) has also proposed that human penis size, shape, and display have evolved for an aesthetic display that includes visual and tactile components. She goes further to suggest that bipedality itself might have evolved partly through sexual selection to enhance the genital display.

Jared Diamond (1997) rejected the aesthetic dangle hypothesis because of anecdotal evidence that many women do not find men's penises particularly attractive. However, I think these responses from contemporary women are likely to be highly influenced by the fact that penises are mostly covered up in the modern world by clothing. Because they are rarely seen, women have little opportunity to evaluate them comparatively. By comparison, I think that noses would look pretty weird and unattractive as well if they were rarely visible and only revealed immediately before kissing began.

29. An aesthetic function: Smith (1984).

30. mate choice does not have to end: William Eberhard (1985, 1996) established that mate choice can act on features evaluated during copulation in those species that mate multiply.

31. girls of normal body weight: See Haworth (2011).

32. an anonymous man wrote a piece: The way in which this anonymous sexual liaison story was used during the campaign against the political candidate was so unfair and irresponsible that I hesitated to mention it. But the man's story provides an extraordinarily vivid example of the power of cultural fashion to shape human sexual behavior, so I have left out the details of the politician's name and so on.

33. "the waxing trend": The increasing prevalence and recent rapid increase in extreme forms of pubic hair grooming by American women have recently been documented by Rowen et al. (2016).

34. men are quite sexually picky: As this anonymous report documents, many cultures police sexual practices by deploying the powerful emotion of disgust. Although disgust is a deeply biologically structured emotion, the specific things that *elicit* disgust—foods, odors, or sexual practices—can be extremely variable and highly culturally determined. Sexual practices can be particularly effectively regulated through cultural stories that recruit the emotion of disgust. The disgust with pubic hair reported by this anonymous blogger is an example of how fast these cultural mechanisms can change.

35. the evolution of lactose tolerance in adults: Studies of the coevolution of genes, culture, and human diversity were pioneered by William Durham (1991), who introduced lactase expression evolution as an example of a cultural top-down effect. Genetic and genomic research on the evolution of lactase expression in adult humans has been reviewed by Curry (2013).

   In the absence of lactase, lactose ingested into the digestive system is broken down by bacteria in the large intestine, causing bloating, pain, and gas.

   Because this evolutionary process has been far too recent to have resulted in the fixation of genes for adult lactase production, many people on the planet are lactose intolerant. Recent genomic studies of this phenomenon have discovered strong evidence of natural selection for mutations at several sites upstream of the lactase gene in a region that is known to be involved in the regulation of lactase enzyme expression. This source of natural selection has not been strong enough, or universal enough, to result in the complete fixation of this genetic novelty in all human populations. There are still many populations on the planet—especially east Asian and many African populations that have not had a history of dairy culture—who have not evolved to produce lactase as adults.

36. cultural ideas about beauty: Similar ideas have previously been discussed by Charles Darwin (1872), Jared Diamond (1992), and Jerry Coyne (2009, 235).

37. strong natural selection for darker skin: Jablonski (2006); Jablonski and Chapin (2010). Diamond (1992) questions whether skin color has any adaptive basis and hypothesizes that all variations in human skin color are the result of arbitrary social and sexual selection.

38. cultural preference for this kind of female body shape: Cultural top-down effects may also influence the evolutionary future of human beings. The distribution of underarm and pubic hair strongly indicates that body odors produced by an interaction of secreted pheromones, sweat, and the microbiota of the skin have coevolved as sexual communications. Many of us can identify the body odors of specific individuals and have experienced the particular attraction to the body odors of our partners. Yet the culture of hygiene—that is, frequent washing of the body with soap and application of deodorants to eliminate body odors and the removal of body hair—likely influences what body odors people think are culturally acceptable and sexually attractive. Furthermore, hygienic cultural concern about the risk posed by the bacteria lurking in human bodies, body parts, body cavities, and bodily fluids can also influence people's sexual behavior. Ultimately, the culture of hygiene could disrupt millions of years of human intersexual chemical communication and aesthetic coevolution. Mate choices by generations of people practicing modern hygiene could contribute to the loss of human pheromone specificity and sensitivity. The culture of hygiene could eliminate an entire sensory dimension of human sexual beauty. Of course, people would still smell; body odors would just cease to be beautiful.

39. cultural mating preferences: Bailey and Moore (2012).

第 9 章　快感为什么会发生？

1. woman's sexual pleasure is a nonlinear, exponential increase: A mathematician colleague, Michael Frame, expressed mystification with my logic. It is true that two numbers—1 and 9—cannot by themselves imply any correlation other than a straight line, a linear relationship. But I am asking us to think poetically about numbers in a way that I imagine was instinctive for the Greeks. The strongest association for the number 9 is, I think, as 3^2, which implies a pleasure difference that is squared, more expansive rather than merely larger.

2. Perhaps no topic in human sexual evolution: Elisabeth Lloyd's *Case of the Female Orgasm* (2005) provides an excellent review of the literature on this fascinating question. Pavliček and Wagner (2016) pro-

vide a new hypothesis for the original, ancient evolutionary origin of orgasm in placental mammals. They propose that female orgasm originally evolved as the sensory signal for ovulation when ovulation itself was induced by copulation.

3. sexual pleasure as merely: Freud's theory of orgasm in women was also an "adaptive" theory of sexual function, but from a psychological rather than an evolutionary perspective. For Freud, the move from clitoral to vaginal orgasm was necessary for the development of a woman's full sexual and emotional maturity. The "right" kind of orgasm provided the *direct benefit* of helping women overcome the psychological challenges of moving from their infantile mother attachment to mature fitness-enhancing, heterosexual relations. In this sense, both evolutionary and psychological "adaptation" involve an appropriate, functional fit between the phenotype and the environment.

4. "vicious feminine caprice": Mivart (1871, 59).

5. Freud's failed theory: Freud's theory had a devastating toll on educated and privileged women throughout Europe and the United States. As Alfred Kinsey (1953) wrote in *Sexual Behavior in the Human Female,* "This question is one of considerable importance because much of the literature and many of the clinicians, including psychoanalysts and some of the clinical psychologists and marriage counselors, have expended considerable effort trying to teach their patients to transfer 'clitoral responses' into 'vaginal responses.' Some hundreds of women in our own study and many thousands of the patients of certain clinicians have consequently been much disturbed by their failure to accomplish this biological impossibility."

6. Symons's by-product hypothesis: Gould (1987); Lloyd (2005).

7. "Male and female both have the same": Sutherland (2005).

8. female orgasm is broadly distributed: The criteria for female orgasm defined by Masters and Johnson (1966) include increased heart rate and rapid vaginal and uterine contractions. These variables have been measured in captive female stump-tailed macaques (*Macaca arctoides*) (Goldfoot et al. 1980). Although captive female stump-tailed macaques can apparently experience orgasm during male-female copulation, it is much more frequent during female-female mountings (Chevalier-Sklonikoff 1974).

9. Lloyd goes on to document: Lloyd (2005) pays particular attention to a monumentally flawed but highly cited paper by Baker and Bellis (1998). Furthermore, she points out that several influential studies correlating female orgasm during intercourse to the attractiveness or symmetry of the women's male partners are flawed because they fail to test the sperm competition hypothesis. No published studies have actually tested the upsuck hypothesis that women orgasm more frequently during intercourse with genetically superior men when they have multiple sexual partners during the same estrous cycle.

10. "propitiousness of [their] mating circumstances": Puts (2007, 338).

11. A fundamental problem with the upsuck hypothesis: For example, Baker and Bellis (1998) propose that variation in orgasmability indicates the strategic variation in orgasm among women and their mating circumstances. However, this gambit is a surefire method for preventing falsification because every variation in the data can be reinterpreted ad hoc as yet another example of a specific variation in adaptive strategy.
12. frequency of orgasm during copulation: Wallen and Lloyd (2011).
13. female orgasm apparently rarely occurs: Allen and Lemon (1981).
14. Anthropological data from a range of cultures: Davenport (1977).
15. A 2000 survey found: Qidwai (2000).
16. the by-product hypothesis marginalizes: Lloyd (2005, 139–43) summarizes feminists' objections to Symons's original proposal of the by-product account. She correctly points out that the cultural status of women's sexual pleasure is not determined by whether or not orgasm is an adaptation; that is, "adaptive value" does not determine cultural or personal value. But she fails to counter the critique by Fausto-Sterling et al. (1997) that in the upsuck theory "women have much more agency than they do" in the by-product account.
17. extending copulation duration: The lack of correlation of copulation duration and sperm competition in primates is documented by the very short copulation duration in chimpanzees despite strong sperm competition. Dogs and some other mammals have evolved to extend copulation duration—the well-known copulatory lock—which may enhance male success in sperm competition by preventing the female from mating with another individual for an extended period of time. However, this mechanism extends post-ejaculatory copulation duration and is quite unlike human sexual behavior, which extends pre-ejaculatory copulation duration.
18. male orgasm is more pleasurable: This conclusion is further supported by the fact that male fishes and birds pursue copulations fervently, even though there is no intromission in most species and therefore no opportunity for tactile genital sensory experience or pleasure during mating.
19. a role for a Fisherian "runaway process": Miller (2004, 240).

第 10 章 吕西斯忒拉忒效应

1. In colonial White-fronted Bee-Eaters: Emlen and Wrege (1992).
2. there is no evolutionary advantage: The strong limit on the number of eggs and offspring per female means that there is less variance between the most reproductively successful female and the average, whereas variance in male reproductive success can be very high. As a result, males may be able to gain substantially from trying to monopolize many reproductive opportunities, but females have little or nothing to gain by exercising social control in this way.

3. The "average" female old-world monkey: Given the many variations in social structure and reproductive biology within and among primate species. there really is no "average" old-world monkey. Thus, my shorthand description of these breeding systems falls short. However, I think this summary remains an essentially accurate summary of the ancestral condition of sexual conflict in the old-world primate clade.

4. females make all the reproductive investment: Reproductive investment encompasses the total energy, time, and resources that an individual commits to the production, health, and survival of its offspring. The combination of exclusively female parental care and complete lack of sexual autonomy found in many old-world primates is completely unknown in birds. By contrast, manakin and bowerbird females do all the parental care, but they have evolved complete sexual autonomy as a result.

5. infanticide by males accounts: Palombit (2009, 380). Sometimes, infanticidal attacks are part of a broader disruptive male strategy to obtain social dominance in the first place.

6. gorilla females who are newcomers: Robbins (2009).

7. male infanticide frequently occurs: I use the term "male infanticide" to mean "infanticide by males," and not infanticide of males. Group fission provides female gorillas with a rare opportunity for mate choice, because the female may be able to decide which group she joins. Of course, she is also choosing to join the other females that go with that group, so it may not be purely dictated by mate choice.

8. one-third of all infant mortality: David Watts, personal communication.

9. alpha males achieve about 50 percent: A general summary of chimpanzee breeding behavior comes from Muller and Mitani (2005). Paternity estimate is from Boesch et al. (2006).

10. During the consortship: Muller et al. (2009).

11. males that have been most aggressive: Muller et al. (2009).

12. sexual coercion over fertilization: Poali (2009). Paternity in bonobos is nonrandom and biased toward males of high social rank, which is determined in part by the rank of a male's mother within the group (Gerloff et al. 1999).

13. Although sexual conflict and coercion: The nature of human sexual violence has also been qualitatively transformed during our evolution from our ape ancestors. Shannon Novak and Mallorie Hatch (2009) conducted a fascinating forensic study of cranial injuries inflicted by violent encounters between individual chimpanzees and humans. They discovered that female chimpanzees exhibit significantly more injuries to the top and back of the skull, whereas male chimpanzees have more injuries directly to the face. This is because male chimpanzees face their attackers and females are more likely to flee or huddle down during an attack. In contrast, women sustain more facial than cranial

injuries in male partner violence, matching the pattern of male chimpanzees. Despite the devastating impact of sexual violence on women, these data indicate that women have evolved a new, confrontational, frontal orientation toward male violence since common ancestry with chimpanzees.

14. human males simply *do not* murder young children: In the United States, the three most frequent causes of infant mortality—congenital malformations, prematurity and low birth weight, and sudden infant death syndrome—account together for a total of 44 percent of all infant deaths (CDC 2007, 1115). Although children are one hundred times more likely to be murdered or fatally abused by an unrelated stepparent than they are by their genetic parents (Daly and Wilson 1988), infanticide accounts for less than 1 in 100,000 infant deaths.

15. infanticide by mothers: For example, see Scrimshaw (2008).

16. "self-domestication": Hare et al. (2012).

17. the social temperament of humans: Hare and Tomasello (2005). By "historically independent," I mean that the evolution of a more tolerant social temperament occurred separately, at different places and times, in each of the ancestors of modern humans and bonobos.

18. our evolutionary history: Gordon (2006).

19. sexual differences in body size: Rensch's rule (Rensch 1950) is basically a null model of sexual size dimorphism evolution with body size evolution based on many independent observations from nature. If bodies evolve to be larger, and nothing else special occurs to influence that process, then the size differences between males and females will become proportionally even *greater*. The fact that the opposite has occurred in humans—that as we have gotten larger, the sexual size difference has decreased instead—indicates that we can reject the null model and that something special *has* happened during human evolution (evolutionary context 2). That special something is likely selection for reduced sexual size dimorphism. Now, what kind of selection—natural or sexual—is the question. I propose that it's a sexual selection in the form of female mate choice for reduced sexual size dimorphism—that is, females' preference for males who are more similar in body size to themselves.

20. a decades-long, Soviet-era experiment: Trut (2001); the implications of this study are discussed extensively by Hare and Tomasello (2005).

21. reduction in aggression in bonobos: Hare et al. (2012).

22. elongate canines are kept razor sharp: Walker (1984). The enamel on the inner surface of the upper canines is thinner than the enamel on the outer surface of the third premolars so that the canine teeth are constantly sharpened by chewing motions.

23. The canines of *Sahelanthropus tchadensis:* Lieberman (2011).

24. the reduction of male canines: See Jolly (1970), Hylander (2013), and Lieberman (2011).

25. A hamadryas baboon uses his extremely large canines: Swedell and Schreier (2009).

26. Male mountain gorillas use canine teeth: Robbins (2009).

27. In chimps, the repertoire: Muller et al. (2009).

28. *aesthetic* expansion of female social and sexual autonomy: The aesthetic deweaponization hypothesis implies that smiling might have evolved through female mating preferences for a positive, nonaggressive social signal that directly facilitates the aesthetic evaluation of canine size. Previous theories of the origins of smiling, dating back to Darwin, have proposed that the human smile evolved from any of various teeth-baring displays of our primate ancestors, which can signal either dominance/aggression or fear/submissiveness. However, none of these narratives actually address the "content" of smiling explicitly, nor why these other tooth-baring signals would evolve new meanings. In fact, a smile is not merely baring one's teeth (like a grimace). A smile is an efficient and explicit display of one's canines and positive, nonviolent intent. The novel evolutionary association of canine display with nonaggressive, positive social and seductive messages seems more likely to have evolved from selection for aesthetic display of canine size.

29. a mathematical, genetic model: Snow et al. (forthcoming).

30. those traits that are associated: Gangestad and Scheyd (2005); Neave and Shields (2008).

31. Male investment in parenting: Among other primates, paternal care is found in some gibbons, tamarins, and owl monkeys (Fernandez-Duque et al. 2009).

32. this second major evolutionary transformation: In an analysis of the biology of *Ardipithecus ramidus,* the human paleontologist C. Owen Lovejoy (2009) proposed that female choice for less aggressive males, reduced male-to-male violence, canine reduction, and loss of the canine-premolar honing complex all occurred in hominin evolution by the late Pliocene. Lovejoy envisioned an evolutionary process that was driven by natural selection for a new "adaptive suite" of morphological, behavioral, and life history characteristics related to cooperative behavior, male reproductive investment, and mate choice. For example, Lovejoy proposed that the evolution of bipedalism was facilitated by the food-carrying behavior of males providing food in exchange for sex. However, Lovejoy did not outline any specific ecological, life history, or selective explanation for the concurrent reduction of male social dominance, origin of male investment, and male and female mate choice. Lovejoy's evolutionary scenarios show that the challenges raised in this chapter to the evolution of human reproduction are broadly recognized in evolutionary anthropology as critical to the explanation of human origins but that the field has yet to establish a clear evolutionary mechanism to achieve these changes in the absence

of theories of sexual conflict, aesthetic mate choice, and sexual autonomy.

第 11 章　同性性行为的进化假说

1. we tend to think that sexual identity categories: Like racial identities, the cultural categories of sexual identity have been imposed upon a biological phenomenon that is much richer, more variable, continuous, and complex than the cultural categories that we use to tidy up this reality. Categories of sexual identity have been vital, progressive political tools in the struggle for political and social recognition of the rights of lesbian, gay, bisexual, and transgender individuals. But these categories can also become a burden, because they obscure the fact that the variation and diversity in human sexual preferences and behavior exist on a continuum.

2. ample scientific literature: An excellent exception to this trend is Bailey and Zuk (2009).

3. same-sex behavior is still *sex*: Same-sex behavior is well-known in a wide variety of animals (Bagemihl 1999; Roughgarden 2009). Throughout most of the twentieth century, biologists largely ignored same-sex behavior as an aberration or struggled to reinterpret it as a form of nonsexual, social behavior. For example, George Murray Levick was a Victorian explorer and natural historian who published a book on the natural history and behavior of the Adelie Penguin (*Pygoscelis adeliae*) and other Antarctic penguins (Levick 1914). He made numerous observations of same-sex behavior, but he did not publish them. They remained unpublished in his original notebooks, where he recorded them in ancient Greek to keep these salacious details secret from any but the most educated readers. The notes were recently rediscovered, translated, and published (Russell et al. 2012). It is important to emphasize, however, that same-sex behavior—whether in nonhuman animals or in humans—is an extremely diverse class of phenomena, which does not have a single, unified causal explanation. I do not think that it will be possible to make *any* broad scientific generalizations about this diverse phenomenon beyond its definition.

4. the combined effects of these many small genetic influences: Ironically, substantial continuous variation in sexual preference implies that some cultural opinions and judgments about whether same-sex behavior is a personal "choice" are correct for many individuals. Same-sex behavior is not a "choice" for those minority of individuals that are toward the ends of the continuous variation in sexual preference. However, for the majority of people within the distribution, same-sex behavior *may be* one possible choice among a variety of sexual attractions.

5. The problem with the "Helpful Uncle" hypothesis: The notion that individuals with exclusively same-sex preferences will have the spare

time and energy to raise the younger generations of their family (or the interest in doing so) because they have no offspring of their own is just another cultural construction. Actually, this idea seems more like a homophobic cultural solution about how to make practical use of such people, who have been prevented from pursuing their own sexual autonomy, than an evolutionary mechanism to explain their existence.

6. there is no evidence that same-sex behavior: In some cultures, men with culturally variant gender presentations may identify with and adopt female gender roles, often including child care. But it is not clear that this is a biological phenomenon or a top-down cultural effect in which individuals conform to the limited available cultural roles for gender presentation variance.

7. Kin selection arguments fail: Another recent hypothesis proposes that specific genes that advance the reproductive success of one sex may result in maladaptive behavior in the other sex (Camperio Ciani et al. 2008). If natural selection for some reproductive trait in one sex, such as mothers, is strong enough, then the evolutionary advantages of that trait may outweigh the losses of reproductive success in some offspring that inherit these same genetic variations—that is, sons with preferences. This mechanism could work because, on average, gene copies spend half of the time in females and half of the time in males. A big enough advantage in one context could overcome a smaller disadvantage in the other, leading such genes to evolve.

Although evolutionarily plausible, this mechanism remains entirely speculative in that there is no specific hypothesis about what kinds of genes and traits could contribute to advancement of reproductive success in mothers but to altered sexual preference in sons. This mechanism treats variation in sexual preference as an accidental and unintended by-product of adaptation in the opposite sex. Same-sex behavior is hypothesized to result merely from a breakdown in the efficiency of natural selection to produce adapted individuals of both sexes from the same gene pool. Like the kin selection hypotheses, this idea fails to specifically address the evolution of subjective experience of sexual desire itself that is the core of the issue.

More recently, Rice et al. (2012) proposed that homosexuality is a consequence of the accidental intergenerational inheritance of epigenetic modifications to the genome that occur during individual sexual development. These modifications are hypothesized to regulate the sensitivity of developing embryos to maternal androgens in utero, and they are proposed to be "turned off" or reset during later development. When this reset does not occur, these epigenetic modifications could be passed on to the next generation and could cause androgen hypersensitivity or desensitivity in offspring of the opposite sex.

Although this evolutionary mechanism is also theoretically plausible, it erroneously equates same-sex preference and behavior with developmental "feminization" or "masculinization" of men and women, respectively. The authors define "homosexuality" as any non-opposite-sex sexual attraction or experience—that is, any Kinsey score greater than 0. I think these authors seek to find a solution to theoretical fitness costs that have never been demonstrated. Did individuals with a Kinsey score greater than 0 have lower fitness before the invention of cultural sexual identity categories that the authors embrace as biologically real? This is unknown. Further, the idea that same-sex attraction involves sexual "inversion" explicitly pathologizes it, and has long been rejected as a relevant explanation of the variety of same-sex preferences.

8. human same-sex behavior: Qazi Rahman and Glen Wilson (2003; Wilson and Rahman 2008) have articulated a similar proposal but without the explicit recognition of the role of aesthetic mate choice and sexual conflict. Without these elements, they cannot elaborate the numerous testable predictions that establish that mechanism as being a more consistent explanation.

9. have evolved the opposite pattern: Greenwood (1980); Sterk et al. (1997); Kappeler and van Schaik (2002).

10. male friends help protect the females' offspring: Smuts (1985).

11. female-female friendships contribute to protection: Silk et al. (2009).

12. In baboon society, male-female friendships function: Palombit (2009).

13. social alliances between males: There are several reasons why I think that this proposed evolved social function for variation in sexual preference is more plausible than the kin selection, or "Helpful Uncle," hypothesis. First, this selective advantage is just one advantage of the proposed mechanism of selection, not the only one. Second, there is good evidence that very similar nonsexual friendships between males and females advance female fitness in nonhuman primates, which is entirely outside the human cultural context. Third, I think that there is more contemporary evidence of gay male–straight female relationships in human societies than evidence that variation in sexual desire contributes to raising nieces and nephews.

14. there is good evidence: From various identical and fraternal twin comparisons, Pillard and Bailey (1998) have reported heritability estimates of self-identified homosexuality as high as 0.74.

15. Bonobos are notable for the nearly complete absence: Paoli (2009).

16. exclusive homosexual identity: Pillard and Bailey (1998) review this literature.

17. women generally prefer men: Reviewed in Gangestead and Scheyd (2005).

18. Alfred Kinsey found: Kinsey et al. (1948, 650); Kinsey et al. (1953, 475).

19. The biological capacity: The near ubiquity of a capacity for same-sex attraction likely fuels the anxiety over same-sex desire in societies where it is condemned, thus exacerbating homophobia and violence against sexual minorities.

20. fascinating work: Wekker (1999).
21. all categories of sexual partner violence: The reported lifetime incidence of each class of same-sex partner violence for heterosexual women and gay men, respectively, were as follows: rape, 9.1 percent versus about 0 percent; physical violence, 33.2 percent versus 28.7 percent; stalking, 10.2 percent versus about 0 percent; overall, 35 percent versus 29 percent (Walters et al. 2010). Unfortunately, the CDC data were reported only in terms of the sexual orientation of the victims, not of their intimate partners. So we do not yet know whether bisexual men are less likely to engage in sexual coercion, partner violence, or rape of their female sexual partners than are exclusively heterosexual men.
22. 82 percent of the simplest DNA sequence variations: Keinan and Clark (2012). The primary reason why humans have so many rare genomic variations is the explosively rapid expansion of human population sizes over the last fifteen thousand years. Keinan and Clark describe this condition as an "excess" of rare genetic variants, but they are only in excess in relation to the assumption of stable or equilibrium evolutionary conditions that are irrelevant to the history of contemporary humans.
23. a cultural mechanism to co-opt same-sex behavior: Patriarchal co-option of same-sex desire may be one of the reasons that very hierarchical, traditionally male-dominated institutions—like the military, some traditional religious institutions, or boarding schools—have a particularly hard time controlling or eliminating sexual coercion, sexual violence, and abuse both within and between sexes. The inherently hierarchical structure of these organizations facilitates and institutionalizes the sexual misuse of hierarchical power.
24. This opinion, well represented: Warner (1999); Halperin (2012).

第12章 审美生命观与生物艺术世界

1. the most succinct and memorable articulation: The closing lines of Keats's ode are remarkable both for the stringent synonymy of beauty and truth and for their vigorous insistence that this view is an *all-sufficient* explanation of the world. In both ways, Keats anticipates the Wallacean worldview on sexual ornament.
2. *Hamlet, Prince of Denmark:* In the spring of 2013, the Yale Repertory Theatre put on a production of Shakespeare's *Hamlet* starring Paul Giamatti as the troubled Danish prince. The show was a blockbuster hit, and tickets were sold out completely. For a month, the entire city of New Haven was abuzz with *Hamlet*. Even our weekly lab meetings, which involve presentations of current research by students and postdocs, or discussions of recent scientific papers on evolution and ornithology, became conversations about *Hamlet*. During this time, Jennifer Friedmann, a Yale class of '13 cognitive science major who

was doing a senior research project in my lab on avian aesthetic evolution, brought to my attention this astounding passage from *Hamlet*'s act 3. She was struck by the similarities to our discussions of Fisherian and Wallacean views of sexual selection, and I am grateful for her insightful suggestion to analyze this passage.

3. "Ha, ha! Are you honest?": When I first read this passage (for the first time since high school), my head reeled! Here, Shakespeare was obviously grappling with beauty and honesty in a surprisingly resonant way, but he packs so much into these dense lines that I needed help to figure out how to unravel it.

   I sought expert assistance from my friend and Yale colleague James Bundy, dean of the Yale School of Drama and the director of the 2013 Yale Rep production of *Hamlet*. Over lunch, James gave me a quick course in dramatic analysis for ornithologists. With James's encouragement, I have embarked on my own evo-ornithological analysis of this passage from *Hamlet*. Of course, I remain *solely* responsible for any errors, omissions, overextensions, or oversights.

4. Beauty, he says, can transform truth: Following Hamlet's suggestion of "discourse," Ophelia characterizes the relationship between beauty and honesty as "commerce." But then Hamlet subverts Ophelia's usage by implying a more degraded transaction—the purely carnal business of a brothel.

5. *power of beauty* that actually subverts honesty: Like Fisher, Hamlet understands that the combination of beauty and truth lies unstably on a knife's edge because the very existence of beauty creates a seductive power that can degrade its own honesty.

   Hamlet's personal realization that Ophelia's beauty is not an indicator of her honesty follows the same course as Fisher's two-stage model of evolution by mate choice. Hamlet begins his relationship with Ophelia in a rosy state of Wallacean contentment, in which her beauty *is* an honest indicator of the inner quality of her soul and her commitment to him. Yet this inherently unstable relationship cannot endure, just as Fisher proposed that correlation between display traits and quality would be eroded by the emerging advantages of attraction—the power of beauty.

   In defense of Ophelia, however, she is not acting with sexual autonomy. She has shunned and lied to Hamlet under the coercive instructions of her father. (I haven't focused a lot on the sexual coercion of offspring by parents, but this is a great example from literature.) In the final act when Ophelia goes mad, she finally expresses some of her true, autonomous sexual desires. She sings a *bawdy*(!) tale of her own Valentine's Day deflowering by a deceptive rogue (perhaps Hamlet?). She then imagines herself as Hamlet's queen, addresses her wise counselors and fine courtiers, and orders the servants to bring around her carriage. In her madness, Ophelia can finally reveal her real desires and fantasy. Constrained in life from realizing her sexual self because of her father's coercion, Ophelia is only liberated and self-realized through madness and death. This is, perhaps, Shakespeare's cautionary tale about the social risks of the pursuit of female sexual autonomy in Elizabethan society. Indeed, Ophelia's demise is the second tragedy of *Hamlet*.

6.　"The fox knows many things": Berlin (1953).

7.　dominated, indeed hijacked, by adaptationist Hedgehogs: See David Hull's *Science as a Process* (1988) and Ron Amundson's *The Changing Role of the Embryo in Evolutionary Thought* (2005).

8.　the painful history of political and ethical abuse: For an authoritative social history of eugenics, see Kevles (1985).

9.　Sexual autonomy is not a mythical: In "The Riddle of Rape-by-Deception and the Myth of Sexual Autonomy," Yale law professor Jed Rubenfeld (2013) argues that the concept of sexual autonomy underlying U.S. rape laws is an unsupportable myth. Rubenfeld conceives of sexual autonomy broadly as including the right to *assert* one's individual desires over the desires of others. Obviously, this concept of sexual autonomy is designed to fail, because the desires of different individuals will inevitably diverge and conflict. In his view, sexual autonomy is unrealizable and therefore mythical. Rubenfeld briefly entertains a "thinner" concept of a sexual autonomy that is basically congruent with my definition—freedom to pursue one's sexual desires without coercion. But he dismisses this idea as conceptually muddled with a single odd example. He asks how we could describe a lonely, disabled, homeless beggar as sexually autonomous? The answer, of course, is that this unfortunate person's multiple miseries have nothing to do with violations of his sexual autonomy. So, yes, this person is sexually autonomous; the fact that his autonomy gains him no pleasures is entirely irrelevant to the issue. Autonomy is freedom from coercion, not power to assert your desires. This conclusion is illustrated precisely in the observation that sexual autonomy in animals does not involve the imposition of sexual desire on others. Female ducks can still be turned down by prospective mates, even though they have evolved anatomical structures to protect their sexual autonomy in the face of forced copulation.

　　Evolutionary biology demonstrates that sexual autonomy is not a myth. Although the evolution of sexual autonomy in animals is not a justification for a legal theory of rape based on this definition, it is proof that the concept is not specious but a natural consequence of individuality, preference, choice, and complex social interaction. I leave it to legal scholars to pursue whether this scientific result is an appropriate basis for the establishment of law, but it is clear that these biological phenomena involve exactly the kind of complex social conflicts that law was invented to resolve.

10.　the cultural evolution of patriarchy: The near ubiquity of patriarchy in contemporary human cultures also has obscured the role of female mate choice in the evolution of humans. By adopting an aesthetic view, we are able to see that human evolution required a transformation of male physical and social phenotype and that female sexual autonomy provides a mechanism to achieve that change.

11. control over reproduction: The traditional patriarchal insistence that women be stay-at-home mothers is yet another manifestation of sexual conflict over parental investment. These cultural ideas function to prevent women from gaining sexual, economic, and social independence through the pursuit of their own independent, nonreproductive social and economic activities.

12. criticized the legal doctrine of "sexual autonomy": Rubenfeld (2013).

13. opportunity for intellectual exchange: I have published the basic framework for a coevolutionary aesthetic philosophy in the journal *Biology and Philosophy* (Prum 2013).

14. an exclusively *human gaze:* The "human gaze" refers to a power relation between the human and the natural that places human sensory and material gratification as the objective purpose of nature. Analogous to the "male gaze," this anthropocentric perspective prevents the recognition of organismal agency and the autonomous aesthetic ends of other species.

15. *art is a form of communication:* Prum (2013).

16. In a now classic paper: Danto (1964).

17. nearly half of all species: Song-learning birds include oscine passerines, parrots, hummingbirds, and *Procnias* bellbirds (Cotingidae). For an introduction to bird song learning and its cultural consequences, see Kroodsma (2005).

18. Similar aesthetic cultural processes: A dramatic case of aesthetic cultural revolution in Australian populations of humpback whales has been documented by Noad et al. (2000).

19. it is difficult to define the arts: In Prum (2013), I provide a detailed analysis of the impact of various definitions of art on whether there are nonhuman arts.

20. the harbor of West Jonesport, Maine: For this lovely trip to the Bay of Fundy all those years ago, I am deeply indebted to Mary and Richard Burton-Beinecke, with whom I have sadly lost contact. Mary was a Unitarian minister in nearby Arlington, Vermont, and we met the previous spring in a bird-watching course organized by the Vermont Institute of Natural Science and taught by my (now lifelong) friend Tom Will. Mary and Richard were kind enough to take me along on their trip to Machais Seal Island and thereby contributed substantially to my growing obsession with birds.

参考文献

Adler, M. 2009. "Sexual Conflict in Waterfowl: Why Do Females Resist Extra-pair Copulations?" *Behavioral Ecology* 21:182–92.

Akerlof, G. A., and R. J. Shiller. 2009. *Animal Spirits: How Human Psychology Drives the Economy, and Why It Matters for Global Capitalism*. Princeton, N.J.: Princeton University Press.

Allen, M. L., and W. B. Lemmon. 1981. "Orgasm in Female Primates." *American Journal of Primatology* 1:15–34.

Amundson, R. 2005. *The Changing Role of the Embryo in Evolutionary Thought: Roots of Evo-Devo*. Cambridge, U.K.: Cambridge University Press.

Andersson, M. 1994. *Sexual Selection*. Princeton, N.J.: Princeton University Press.

Bagemihl, B. 1999. *Biological Exuberance: Animal Homosexuality and Natural Diversity*. New York: St. Martin's Press.

Bailey, N. W., and A. J. Moore. 2012. "Runaway Sexual Selection Without Genetic Correlations: Social Environments and Flexible Mate Choice Initiate and Enhance the Fisher Process." *Evolution* 66:2674–84.

Bailey, N. W., and M. Zuk. 2009. "Same-Sex Sexual Behavior and Evolution." *Trends in Ecology & Evolution* 24:439–46.

Baker, R. R., and M. A. Bellis. 1993. "Human Sperm Competition: Ejaculate Manipulation by Females and a Function for the Female Orgasm." *Animal Behaviour* 46:887–909.

Barkse, J., B. A. Schlinger, M. Wikelski, and L. Fusani. 2011. "Female

Choice for Male Motor Skills." *Proceedings of the Royal Society of London B* 278:3523–28.

Beebe, W. 1926. *Pheasants: Their Lives and Homes.* 2 vols. New York: New York Zoological Garden and Doubleday.

Beehler, B. M., and M. S. Foster. 1988. "Hotshots, Hotspots, and Female Preference in the Organization of Lek Mating Systems." *American Naturalist* 131:203–19.

Berlin, I. 1953. *The Hedgehog and the Fox: An Essay on Tolstoy's View of History.* London: Weidenfeld & Nicolson.

Bhanoo, S. N. 2012. "Observatory: Design and Illusion, to Impress the Ladies." *New York Times,* Jan. 24, D3.

Bierens de Haan, J. A. 1926. "Die Balz des Argusfasans." *Biologische Zentralblatt* 46:428–35.

Boesch, C., G. Kohou, H. Néné, and L. Vigilant. 2006. "Male Competition and Paternity in Wild Chimpanzees of the Taï Forest." *American Journal of Physical Anthropology* 130:103–15.

Bolhuis, J. J., G. R. Brown, R. C. Richardson, and K. N. Laland. 2011. "Darwin in Mind: New Opportunities for Evolutionary Psychology." *PLoS Biology* 9:e1001109.

Borgia, G. 1995. "Why Do Bowerbirds Build Bowers?" *American Scientist* 83:542–47.

Borgia, G., and D. C. Presgraves. 1998. "Coevolution of Elaborated Male Display Traits in the Spotted Bowerbird: An Experimental Test of the Threat Reduction Hypothesis." *Animal Behaviour* 56:1121–28.

Borgia, G., S. G. Pruett-Jones, and M. A. Pruett-Jones. 1985. "The Evolution of Bower-Building and the Assessment of Male Quality." *Zeitschrift für Tierpsychology* 67:225–36.

Bostwick, Kimberly S. 2000. "Display behaviors, mechanical sounds, and their implications for evolutionary relationships of the Club-winged Manakin (*Machaeropterus deliciosus*)." *Auk* 117 (2):465–78.

Bostwick, K. S., D. O. Elias, A. Mason, and F. Montealegre-Z. 2009. "Resonating Feathers Produce Courtship Song." *Proceedings of the Royal Society of London B.*

Bostwick, K. S., and R. O. Prum. 2003. "High-Speed Video Analysis of Wing-Snapping in Two Manakin Clades (Pipridae: Aves)." *Journal of Experimental Biology* 206 (20): 3693–706.

Bostwick, K. S., M. L. Riccio, and J. M. Humphries. 2012. "Massive, Solidified Bone in the Wing of a Volant Courting Bird." *Biology Letters* 8:760–63.

Bradbury, J. W. 1981. "The Evolution of Leks." In *Natural Selection and Social Behavior: Recent Research and Theory,* edited by R. D. Alexander and D. W. Tinkle, 138–69. New York: Chiron Press.

Bradbury, J. W., R. M. Gibson, and I. M. Tsai. 1986. "Hotspots and the Dispersion of Leks." *Animal Behaviour* 34:1694–709.

Bramble, D. M., and D. E. Lieberman. 2004. "Endurance Running and the Evolution of *Homo*." *Nature* 432:345–52.

Brennan, P. L. R., T. R. Birkhead, K. Zyskowski, J. Van Der Waag, and R. O. Prum. 2008. "Independent Evolutionary Reductions of the Phallus in Basal Birds." *Journal of Avian Biology* 39:487–92.

Brennan, P. L. R., C. J. Clark, and R. O. Prum. 2010. "Explosive Eversion and Functional Morphology of the Duck Penis Supports Sexual Conflict in Waterfowl Genitalia." *Proceedings of the Royal Society of London B* 277:1309–14.

Brennan, P. L. R., and R. O. Prum. 2012. "The Limits of Sexual Conflict in the Narrow Sense: New Insights from Waterfowl Biology." *Philosophical Transactions of the Royal Society of London B* 367:2324–38.

Brennan, P. L. R., R. O. Prum, K. G. McCracken, M. D. Sorenson, R. E. Wilson, and T. R Birkhead. 2007. "Coevolution of Male and Female Genital Morphology in Waterfowl." *PLoS One* 2:e418.

Brown, W. M., L. Cronk, K. Grochow, A. Jacobson, C. K. Liu, Z. Popovic, and R. Trivers. 2005. "Dance Reveals Symmetry Especially in Young Men." *Nature* 438:1148–50.

Browne, J. 2002. *Charles Darwin: The Power of Place*. Vol. 2. Princeton, N.J.: Princeton University Press.

———. 2010. *Charles Darwin: Voyaging*. Vol. 1. New York: Random House.

Brownmiller, S. 1975. *Against Our Will: Men, Women, and Rape*. New York: Simon & Schuster.

Buller, D. J. 2005. *Adapting Minds: Evolutionary Psychology and the Persistent Quest for Human Nature*. Cambridge, Mass.: MIT Press.

Byers, J., E. Hebets, and J. Podos. 2010. "Female Mate Choice Based upon Male Motor Performance." *Animal Behaviour* 79:771–78.

Campbell, B. 1972. *Sexual Selection and the Descent of Man, 1871–1971*. Chicago: Aldine.

Campbell, G. D., Duke of Argyll. 1867. *The Reign of Law*. London: Strahan.

Camperio Ciani, A., P. Cermelli, and G. Zanzotto. 2008. "Sexually Antagonistic Selection in Human Male Homosexuality." *PLoS One* 3:e2282.

CDC, Morbidity and Mortality Weekly Report. 2007. "QuickStats: Infant Mortality Rates for 10 Leading Causes of Infant Death—United States, 2005," edited by Centers for Disease Control and Prevention. Atlanta.

Cellerino, A., and E. A. Jannini. 2005. "Male Reproductive Physiology as a Sexually Selected Handicap? Erectile Dysfunction Is Correlated with General Health and Health Prognosis and May Have Evolved as a Marker of Poor Phenotypic Quality." *Medical Hypotheses* 65:179–84.

Chevalier-Skolnikoff, S. 1974. "Male-Female, Female-Female, and Male-Male Sexual Behavior in the Stump-tailed Monkey, with Special Attention to Female Orgasm." *Archives of Sexual Behavior* 3:95–116.

Chiappe, L. M. 2007. *Glorified Dinosaurs: The Origin and Early Evolution of Birds.* Hoboken, N.J.: Wiley & Sons.

Clark, C. J., and R. O. Prum. 2015. "Aeroelastic Flutter of Feathers, Flight, and the Evolution of Non-vocal Communication in Birds." *Journal of Experimental Biology* 218:3520–27.

Coddington, J. A. 1986. "The Monophyletic Origin of the Orb Web." In *Spiders: Webs, Behavior, and Evolution,* edited by W. A. Shear, 319–63. Palo Alto, Calif.: Stanford University Press.

Coyne, J. A. 2009. *Why Evolution Is True.* Oxford: Oxford University Press.

Cracraft, J., and R. O. Prum. 1988. "Patterns and Processes of Diversification: Speciation and Historical Congruence in Some Neotropical Birds." *Evolution* 42:603–20.

Cronin, H. 1991. *The Ant and the Peacock.* Cambridge, U.K.: Cambridge University Press.

Curry, A. 2013. "The Milk Revolution." *Nature* 500:20–22.

Dalton, R. "High Speed Biomechanics Caught on Camera." *Nature* 418:721–22.

Daly, M., and M. Wilson. 1988. "Evolutionary Social Psychology and Family Homicide." *Science* 242:519–24.

Danto, A. 1964. "The Artworld." *Journal of Philosophy* 61:571–84.

Darwin, C. 1859. *On the Origin of Species.* London: John Murray.

———. 1871. *The Descent of Man, and Selection in Relation to Sex.* London: John Murray.

———. 1882. "A Preliminary Notice to 'On the Modification of the Race of Syrian Street Dog by Means of Sexual Selection' by Dr. Van Dyck." *Proceedings of the Zoological Society of London* 25:367–69.

———. 1887. *The Autobiography of Charles Darwin.* New York: Barnes & Noble Reprint.

Davenport, W. H. 1977. "Sex in Cross-cultural Perspective." In *Human Sexuality in Four Perspectives,* edited by F. Beach, 115–63. Baltimore: Johns Hopkins University Press.

Davis, T. A. W. 1949. "Display of White-throated Manakins *Corapipo gutturalis.*" *Ibis* 91:146–47.

Davis, T. H. 1982. "A Flight-Song Display of the White-throated Manakin." *Wilson Bulletin* 94:594–95.

Davison, G. W. H. 1982. "Sexual Displays of the Great Argus Pheasant *Argusianus argus.*" *Zeitschrift für Tierpsychologie* 58:185–202.

Dawkins, R. 1982. *The Extended Phenotype: The Long Reach of the Gene.* Oxford: Oxford University Press.

———. 2004. *The Ancestor's Tale.* New York: Houghton Mifflin.

———. 2006. *The Selfish Gene.* 30th anniversary ed. New York: Oxford University Press.

Diamond, J. M. 1986. "Animal Art: Variation in Bower Decorating Style among Male Bowerbirds *Amblyornis inornatus.*" *Proceedings of the National Academy of Sciences* 83:3402–06.

———. 1992. *The Third Chimpanzee.* New York: HarperCollins.

———. 1997. *Why Is Sex Fun?* New York: Basic Books.

Durães, R., B. A. Loiselle, and J. G. Blake. 2007. "Intersexual Spatial Relationships in a Lekking Species: Blue-crowned Manakins and Female Hotspots." *Behavioral Ecology* 18:1029–39.

Durães, R., B. A. Loiselle, P. G. Parker, and J. G. Blake. 2009. "Female Mate Choice Across Spatial Scales: Influence of Lek and Male Attributes on Mating Success of Blue-crowned Manakins." *Proceedings of the Royal Society of London B* 276:1875–81.

Durham, W. H. 1991. *Coevolution: Genes, Culture, and Human Diversity.* Palo Alto, Calif.: Stanford University Press.

Dutton, D. 2009. *The Art Instinct.* New York: Bloomsbury Press.

DuVal, E. H. 2005. "Age-Based Plumage Changes in the Lance-tailed Manakin: A Two-Year Delay in Plumage Maturation." *Condor* 107:915–20.

———. 2007a. "Cooperative Display and Lekking Behavior of the Lance-tailed Manakin (*Chiroxiphia lanceolata*)." *Auk* 124:1168–85.

———. 2007b. "Social Organization and Variation in Cooperative Alliances Among Male Lance-tailed Manakins." *Animal Behaviour* 73:391–401.

DuVal, E. H., and B. Kempenaers. 2008. "Sexual Selection in a Lekking Bird: The Relative Opportunity for Selection by Female Choice and Male Competition." *Proceedings of the Royal Society of London B* 275:1995–2003.

Eastwick, P. W., and E. J. Finkel. 2008. "Sex Differences in Mate Preferences Revisited: Do People Know What They Initially Desire in a Romantic Partner?" *Journal of Personality and Social Psychology* 94:245–64.

Eastwick, P. W., and L. L. Hunt. 2014. "Relational Mate Value: Consensus and Uniqueness in Romantic Evaluations." *Journal of Personality and Social Psychology* 106:728–51.

Eberhard, W. G. 1985. *Sexual Selection and Animal Genitalia.* Cambridge, Mass.: Harvard University Press.

———. 1996. *Female Control: Sexual Selection by Cryptic Female Choice.* Princeton, N.J.: Princeton University Press.

———. 2002. "The Function of Female Resistance Behavior: Intromission by Coercion vs. Female Cooperation in Sepsid Flies (Diptera)." *Revista de Biologia Tropical* 50:485–505.

Eberhard, W. G., and C. Cordero. 2003. "Sexual Conflict and Female Choice." *Trends in Ecology and Evolution* 18:439–40.

Emlen, S. T., and L. W. Oring. 1977. "Ecology, Sexual Selection, and the Evolution of Mating Systems." *Science* 197:215–23.

Emlen, S. T., and P. H. Wrege. 1992. "Parent-Offspring Conflict and the Recruitment of Helpers Among Bee-Eaters." *Nature* 356:331–33.

Endler, J. A., L. C. Endler, and N. R. Doerr. 2010. "Great Bowerbirds Create Theaters with Forced Perspective When Seen by the Audience." *Current Biology* 20:1679–84.

Evarts, S. 1990. "Male Reproductive Strategies in a Wild Population of Mallards (*Anas plathyrhynchos*)." Ph.D. diss., University of Minnesota.

Fausto-Sterling, A., P. A. Gowaty, and M. Zuk. 1997. "Evolutionary Psychology and Darwinian Feminism." *Feminist Studies* 23:402–17.

Feo, Teresa J., D. J. Field, and R. O. Prum. 2015. "Barb Geometry of Asymmetrical Feathers Reveals a Transitional Morphology in the Evolution of Avian Flight." *Proceedings of the Royal Society of London B: Biological Sciences* 282 (1803: 20142864).

Fernandez-Duque, E., C. R. Valeggia, and S. P. Mendoza. 2009. "The Biology of Paternal Care in Human and Nonhuman Primates." *Annual Review of Anthropology* 38:115–30.

Field, D. J., C. Lynner, C. Brown, and S. A. F. Darroch. 2013. "Skeletal Correlates for Body Mass Estimation in Modern and Fossil Flying Birds." *PLoS One* 8:e82000.

Fisher, R. A. 1915. "The Evolution of Sexual Preference." *Eugenics Review* 7:184–91.

———. 1930. "The Genetical Theory of Natural Selection." Oxford: Clarendon Press.

Fisher, R. A. 1957. "The Alleged Dangers of Cigarette Smoking." *British Medical Journal* 2:1518.

Fisher, T. D. 2013. "Gender Roles and Pressure to Be Truthful: The Bogus Pipeline Modifies Gender Differences in Sexual but Not Non-sexual Behavior." *Sex Roles* 68:401–14.

Foster, M. S. 1977. "Odd Couples in Manakins: A Study of Social Organization and Cooperative Breeding in *Chiroxiphia linearis*." *American Naturalist* 11:845–53.

———. 1981. "Cooperative Behavior and Social Organization of the Swallow-tailed Manakin (*Chiroxiphia caudata*)." *Behavioral Ecology and Sociobiology* 9:167–77.

———. 1987. "Delayed Plumage Maturation, Neoteny, and Social System Differences in Two Manakins of the Genus *Chiroxiphia*." *Evolution* 41:547–58.

Frith, C. B., and D. W. Frith. 2001. "Nesting Biology of the Spotted Catbird, *Ailuruedus melanotis*, a Monogamous Bowerbird (Ptilonorhynchidae), in Australian Wet Tropical Upland Rainforests." *Australian Journal of Zoology* 49:279–310.

————. 2004. *The Bowerbirds*. Oxford: Oxford University Press.

Funk, D. H., and D. W. Tallamy. 2000. "Courtship Role Reversal and Deceptive Signals in the Long-tailed Dance Fly, *Rhamphomyia longicauda*." *Animal Behaviour* 59:411–21.

Gallup, G. G., R. L. Burch, M. L. Zappieri, R. A. Parvez, M. L. Stockwell, and J. A. Davis. 2003. "The Human Penis as a Semen Displacement Device." *Evolution and Human Behavior* 24:277–89.

Gangestad, S. W., and G. J. Scheyd. 2005. "The Evolution of Human Physical Attractiveness." *Annual Review of Anthropology* 34:523–48.

Gauthier, I., P. Skudlarski, J. C. Gore, and A. W. Anderson. 2000. "Expertise for Cars and Birds Recruits Brain Areas Involved in Face Recognition." *Nature Neuroscience* 3:191–97.

Gerloff, U., B. Hartung, B. Fruth, G. Hohmann, and D. Tautz. 1999. "Intracommunity Relationships, Dispersal Pattern, and Paternity Success in a Wild Living Community of Bonobos (*Pan paniscus*) Determined from DNA Analysis of Faecal Samples." *Proceedings of the Royal Society of London B* 266:1189–95.

Gilbert, S. F., and Z. Zevit. 2001. "Congenital Baculum Deficiency in the Human Male." *American Journal of Medical Genetics* 101:284–85.

Goldfoot, D. A., H. Westerborg-van Loon, W. Groeneveld, and A. Koos Slob. 1980. "Behavioral and Physiological Evidence of Sexual Climax in the Female Stump-tailed Macaque (*Macaca arctoides*)." *Science* 208:1477–79.

Gordon, A. D. 2006. "Scaling of Size and Dimorphism in Primates II: Macroevolution." *International Journal of Primatology* 27:63–105.

Gould, S. J. 1987. "Freudian Slip." *Natural History* 87 (2): 14–21.

Gowaty, P. A. 2010. "Forced or Aggressively Coerced Copulation." In *Encyclopedia of Animal Behavior*, edited by M. D. Breed and J. Moore, 759–63. Burlington, Mass.: Elsevier.

Gowaty, P. A., and N. Buschhaus. 1998. "Ultimate Causation of Aggressive and Forced Copulation in Birds: Female Resistance, the CODE Hypothesis, and Social Monogamy." *American Zoologist* 38:207–25.

Grafen, A. 1990. "Sexual Selection Unhandicapped by the Fisher Process." *Journal of Theoretical Biology* 144:473–516.

Grant, P. R. 1999. *Ecology and Evolution of Darwin's Finches*. Princeton, N.J.: Princeton University Press.

Greenwood, P. J. 1980. "Mating Systems, Philopatry, and Dispersal in Birds and Mammals." *Animal Behaviour* 28:1140–62.

Grice, E. A., H. H. Kong, S. Conlan, C. B. Deming, J. Davis, A. C. Young,

NISC Comparative Sequencing Program, G. G. Bouffard, R. W. Blakesley, P. R. Murray, E. D. Green, M. L. Turner, and J. A. Segre. 2009. "Topographical and Temporal Diversity of the Human Skin Microbiome." *Science* 324:1190–92.

Halperin, D. M. 2012. *How to Be Gay*. Cambridge, Mass.: Belknap Press.

Hare, B., and M. Tomasello. 2005. "Human-Like Social Skills in Dogs?" *Trends in Cognitive Sciences* 9:439–44.

Hare, B., V. Wobber, and R. W. Wrangham. 2012. "The Self-Domestication Hypothesis: Evolution of Bonobo Psychology Is Due to Selection Against Aggression." *Animal Behaviour* 83:573–85.

Harel, A., D. Kravitz, and C. I. Baker. 2013. "Beyond Perceptual Expertise: Revisiting the Neural Substrates of Expert Object Recognition." *Frontiers in Human Neuroscience* 7 (885): 1–11.

Harris, M. K., J. F. Fallon, and R. O. Prum. 2002. "Shh-Bmp2 Signaling Module and the Evolutionary Origin and Diversification of Feathers." *Journal of Experimental Zoology (Molecular and Developmental Evolution)* 294:160–76.

Haverschmidt, F. 1968. *Birds of Surinam*. Edinburgh: Oliver & Boyd.

Haworth, A. 2011. "Forced to Be Fat." *Marie Claire,* July 20.

Hobbs, D. R., and G. G. Gallup. 2011. "Songs as a Medium for Embedded Reproductive Messages." *Evolutionary Psychology* 9:390–416.

Höglund, J., and R. V. Alatalo. 1995. *Leks*. Princeton, N.J.: Princeton University Press.

Hrdy, S. B. 1981. *The Woman That Never Evolved*. Cambridge, Mass.: Harvard University Press.

Hull, D. L. 1988. *Science as a Process*. Chicago: University of Chicago Press.

Hutchinson, G. E. 1965. *The Ecological Theater and the Evolutionary Play*. New Haven, Conn.: Yale University Press.

Hylander, W. L. 2013. "Functional Links Between Canine Height and Jaw Gape in Catarrhines with Special Reference to Early Hominins." *American Journal of Physical Anthropology* 150:247–59.

Iwasa, Y., and A. Pomiankowski. 1994. "The Evolution of Mate Preferences for Multiple Sexual Ornaments." *Evolution* 48:853–67.

Jablonski, N. G. 2006. *Skin: A Natural History*. Berkeley: University of California Press.

Jablonski, N. G., and G. Chaplin. 2010. "Human Skin Pigmentation as an Adaptation to UV Radiation." *Proceedings of the National Academy of Science* 107:8962–68.

Jasienska, G., A. Ziomkiewicz, P. T. Ellison, S. F. Lipson, and I. Thune. 2004. "Large Breasts and Narrow Waists Indicate High Reproductive Potential in Women." *Proceedings of the Royal Society of London B* 271:1213–17.

Jennions, M. D., and A. P. Møller. 2002. "Relationships Fade with Time: A Meta-analysis of Temporal Trends in Publication in Ecology and Evolution." *Proceedings of the Royal Society of London B* 269:43–48.

Jolly, C. T. 1970. "The Seed-Eaters: A New Model of Hominid Differentiation Based on a Baboon Analogy." *Man* 5:5–26.

Kappeler, P. M., and C. P. van Schaik. 2002. "Evolution of Primate Social Systems." *International Journal of Primatology* 23:707–40.

Keinen, A., and A. G. Clark. 2012. "Recent Explosive Human Population Growth Has Resulted in an Excess of Rare Genetic Variants." *Science* 336:740–43.

Kelley, L. A., and J. A. Endler. 2012. "Illusions Promote Mating Success in Great Bowerbirds." *Science* 335:335–38.

Kevles, D. J. 1985. *In the Name of Eugenics*. New York: Alfred A. Knopf.

Keynes, J. M. 1936. *The General Theory of Employment, Interest, and Money*. New York: Harcourt Brace.

Kinsey, A. C. 1953. *Sexual Behavior in the Human Female*. Bloomington: Indiana University Press.

Kinsey, A. C., W. B. Pomeroy, and C. E. Martin. 1948. *Sexual Behavior in the Human Male*. Bloomington: Indiana University Press.

Kirkpatrick, M. 1982. "Sexual Selection and the Evolution of Female Choice." *Evolution* 82:1–12.

———. 1986. "The Handicap Mechanism of Sexual Selection Does Not Work." *American Naturalist* 127:222–40.

Kokko, H., R. Brooks, J. M. McNamara, and A. I. Houston. 2002. "The Sexual Selection Continuum." *Proceedings of the Royal Society of London B* 269:1331–40.

Kroodsma, D. 2005. *The Singing Life of Birds: The Art and Science of Listening to Birdsong*. New York: Houghton Mifflin.

Krugman, P. 2009. "How Did Economists Get It So Wrong?" *New York Times Sunday Magazine*, Sept. 6, 36–43.

Kusmierski, R., G. Borgia, J. A. Uy, and R. H. Corzier. 1997. "Labile Evolution of Display Traits in Bowerbirds Inidicate Reduced Effects of Phylogenetic Constraint." *Proceedings of the Royal Society of London B* 264:307–13.

Lande, R. 1980. "Sexual Dimorphism, Sexual Selection, and Adaptation in Polygenic Characters." *Evolution* 34 (2): 292–305.

———. 1981. "Models of Speciation by Sexual Selection on Polygenic Traits." *Proceedings of the National Academy of Sciences of the United States of America* 78 (6): 3721–25.

Lehrer, J. 2010. "The Truth Wears Off." *The New Yorker*, Dec. 6.

Levick, G. M. 1914. "Antarctic Penguins—a Study of Their Social Habits." London: William Heinemann.

Lewin, B. F., K. Helmius, G. Lalos, and S. A. Månsson. 2000. *Sex in Sweden: On the Swedish Sexual Life*. Stockholm: Swedish National Institute of Public Health.

Li, Q., K.-Q. Gao, J. Vinther, M. D. Shawkey, J. Clarke, L. D'Alba, Q. Meng, D. E. G. Briggs, and R. O. Prum. 2010. "Plumage Color Patterns of an Extinct Dinosaur." *Science* 327:1369–72.

Lieberman, D. E. 2011. *The Evolution of the Human Head*. Cambridge, Mass.: Belknap Press.

———. 2013. *The Story of the Human Body*. New York: Vintage.

Lill, A. 1974. "Social Organization and Space Utilization in the Lek-Forming White-bearded Manakin, *M. manacus trinitatus* Hartert." *Zeitschrift für Tierpsychology* 36:513–30.

———. 1976. "Lek Behavior in the Golden-headed Manakin, *Pipra erythrocephala,* in Trinidad (West Indies)." *Advances in Ethology* 18:1–83.

Lloyd, E. A. 2005. *The Case of the Female Orgasm: Bias in the Science of Evolution*. Cambridge, Mass.: Harvard University Press.

Lorenz, K. 1941. "Vergleichende Bewegungsstudien an Anatiden." *Journal für Ornithologie* 89:194–293.

———. 1971. "Comparative Studies of the Motor Patterns of Anatinae (1941)." In *Studies in Animal and Human Behaviour,* edited by K. Lorenz, 14–114. Cambridge, Mass.: Harvard University Press.

Lovejoy, C. O. 2009. "Reexamining Human Origins in Light of *Ardipithecus ramidus*." *Science* 326:74e1–8.

Lucas, A. M., and P. R. Stettenheim. 1972. *Avian Anatomy: Integument*. Washington, D.C.: U.S. Department of Agriculture.

Madden, J. R., and A. Balmford. 2004. "Spotted Bowerbirds *Chlamydera maculata* Do Not Prefer Rare or Costly Bower Decorations." *Behavioral Ecology and Sociobiology* 55:589–95.

Marshall, A. J. 1954. *Bower-Birds: Their Displays and Breeding Cycles*. Oxford: Clarendon Press.

Mayr, E. 1972. "Sexual Selection and Natural Selection." In *Sexual Selection and the Descent of Man, 1871–1971*, edited by B. Campbell, 87–104. Chicago: Aldine.

Masters, W. H., and V. E. Johnson. 1966. *Human Sexual Response*. New York: Little, Brown.

McCloskey, R. 1941. *Make Way for Ducklings*. New York: Viking.

McCracken, K. G., R. E. Wilson, P. J. McCracken, and K. P. Johnson. 2001. "Are Ducks Impressed by Drakes' Display?" *Nature* 413:128.

McDonald, D. B. 1989. "Cooperation Under Sexual Selection: Age Graded Changes in a Lekking Bird." *American Naturalist* 134:709–30.

———. 2007. "Predicting Fate from Early Connectivity in a Social Network." *Proceedings of the National Academy of Sciences of the United States of America* 104:10910–14.

McDonald, D. B., and W. K. Potts. 1994. "Cooperative Display and Relatedness Among Males in a Lek-Breeding Bird." *Science* 266:1030–32.

McGraw, K. J. 2006. "Mechanics of Melanin-Based Coloration in Birds." In *Bird Coloration,* vol. 1, *Mechanisms and Measurements,* edited by G. E. Hill and K. J. McGraw, 243–94. Cambridge, Mass.: Harvard University Press.

Mees, G. F. 1974. "Additions to the Avifauna of Suriname." *Zoologische Mededelingen* 38:55–68.

Mehrotra, A., and A. Prochazka. 2015. "Improving Value in Health Care—Against the Annual Physical." *New England Journal of Medicine* 373: 1485–87.

Milam, E. K. 2010. *Looking for a Few Good Males: Female Choice in Evolutionary Biology.* Baltimore: Johns Hopkins University Press.

Miller, G. 2000. *The Mating Mind: How Sexual Choice Shaped the Evolution of Human Nature.* New York: Doubleday.

Mivart, St. G. 1871. Review of *The Descent of Man,* by Charles Darwin. *Quarterly Review* 131:47–90.

Møller, A. P. 1990. "Fluctuating Asymmetry in Male Sexual Ornaments May Reliably Reveal Male Quality." *Animal Behaviour* 40:1185–87.

———. 1992. "Female Swallow Preference for Symmetrical Male Sexual Ornaments." *Nature* 357:238–40.

Muchnik, L., S. Aral, and S. J. Taylor. 2013. "Social Influence Bias: A Randomized Experiment." *Science* 341:647–51.

Muller, M. N., S. M. Kahlenberg, and R. W. Wrangham. 2009. "Male Aggression Against Females and Sexual Coercion in Chimpanzees." In *Sexual Coercion in Primates and Humans: An Evolutionary Perspective on Male Aggression Against Females,* edited by M. N. Muller and R. W. Wrangham, 184–217. Cambridge, Mass.: Harvard University Press.

Muller, M. N., and J. C. Mitani. 2005. "Conflict and Cooperation in Wild Chimpanzees." *Advances in the Study of Behavior* 35:275–331.

Mulvey, L. 1975. "Visual Pleasure and Narrative Cinema." *Screen* 16:6–18.

Nagel, T. 1974. "What Is It Like to Be a Bat?" *Philosophical Review* 83: 435–50.

Neave, N., and K. Shields. 2008. "The Effects of Facial Hair Manipulation on Female Perceptions of Attractiveness, Masculinity, and Dominance in Male Faces." *Personality and Individual Differences* 45:373–77.

Noad, M. J., D. H. Cato, M. M. Bryden, M.-N. Jenner, and K. C. S. Jenner. 2000. "Cultural Revolution in Whale Songs." *Nature* 408:537.

Novak, S. A., and M. A. Hatch. 2009. "Intimate Wounds: Craniofacial Trauma in Women and Female Chimpanzees." In *Sexual Coercion in Pri-*

mates and Humans: An Evolutionary Perspective on Male Aggression Against Females, edited by M. N. Muller and R. W. Wrangham, 322–45. Cambridge, Mass.: Harvard University Press.

Palmer, A. R. 1999. "Detecting Publication Bias in Meta-analyses: A Case Study of Fluctuating Asymmetry and Sexual Selection." *American Naturalist* 154:220–33.

Palombit, R. 2009. "'Friendship' with Males: A Female Counterstrategy to Infanticide in Chacma Baboons of the Okavango Delta." In *Sexual Coercion in Primates and Humans: An Evolutionary Perspective on Male Aggression Against Females,* edited by M. N. Muller and R. W. Wrangham, 377–409. Cambridge, Mass.: Harvard University Press.

Paoli, T. 2009. "The Absence of Sexual Conflict in Bonobos." In *Sexual Coercion in Primates and Humans: An Evolutionary Perspective on Male Aggression Against Females,* edited by M. N. Muller and R. W. Wrangham, 410–23. Cambridge, Mass.: Harvard University Press.

Parker, G. A. 1979. "Sexual Selection and Sexual Conflict." In *Sexual Selection and Reproductive Competition in Insects,* edited by M. S. Blum and N. B. Blum, 123–66. New York: Academic Press.

Patricelli, G. L., J. A. Uy, and G. Borgia. 2003. "Multiple Male Traits Interact: Attractive Bower Decorations Facilitate Attractive Behavioural Displays in Satin Bowerbirds." *Proceedings of the Royal Society of London B* 270:2389–95.

———. 2004. "Female Signals Enhance the Efficiency of Mate Assessment in Satin Bowerbirds (*Ptilonorhynchus violaceus*)." *Behavioral Ecology* 15:297–304.

Patricelli, G. L., J. A. Uy, G. Walsh, and G. Borgia. 2002. "Male Displays Adjusted to Female's Response." *Nature* 415:279–80.

Pavlicev, M., and G. Wagner. 2016. "The Evolutionary Origin of Female Orgasm." *Journal of Experimental Zoology B: Molecular and Developmental Evolution* 326:326–37.

Pillard, R. C., and J. M. Bailey. 1998. "Human Sexual Orientation Has a Heritable Component." *Human Biology* 70:347–65.

Pizzari, T., and T. R. Birkhead. 2000. "Female Feral Fowl Eject Sperm of Subdominant Males." *Nature* 405:787–89.

Pomiankowski, A., and Y. Iwasa. 1993. "The Evolution of Multiple Sexual Ornaments by Fisher's Process of Sexual Selection." *Proceedings of the Royal Society of London B* 253:173–81.

Prokop, Z. M., L. Michalczyk, S. Drobniak, and M. Herdegen. 2012. "Meta-analysis Suggests Choosy Females Get Sexy Sons More Than 'Good Genes.'" *Evolution* 66:2665–73.

Prum, R. O. 1985. "Observations of the White-fronted Manakin (*Pipra serena*) in Suriname." *Auk* 102:384–87.

————. 1986. "The Displays of the White-throated Manakin *Corapipo gutturalis* in Suriname." *Ibis* 128:91–102.

————. 1988. "Phylogenetic Interrelationships of the Barbets (Capitonidae) and Toucans (Ramphastidae) Based on Morphology with Comparisons to DNA-DNA Hybridization." *Zoological Journal of the Linnean Society* 92:313–43.

————. 1990. "Phylogenetic Analysis of the Evolution of Display Behavior in the Neotropical Manakins (Aves: Pipridae)." *Ethology* 84:202–31.

————. 1992. "Syringeal Morphology, Phylogeny, and Evolution of the Neotropical Manakins (Aves: Pipridae)." *American Museum Novitates* 3043: 1–65.

————. 1994. "Phylogenetic Analysis of the Evolution of Alternative Social Behavior in the Manakins (Aves: Pipridae)." *Evolution* (48): 1657–75.

————. 1997. "Phylogenetic Tests of Alternative Intersexual Selection Mechanisms: Macroevolution of Male Traits in a Polygynous Clade (Aves: Pipridae)." *American Naturalist* 149:668–92.

————. 1998. "Sexual Selection and the Evolution of Mechanical Sound Production in Manakins (Aves: Pipridae)." *Animal Behaviour* 55:977–94.

————. 1999. "Development and Evolutionary Origin of Feathers." *Journal of Experimental Zoology (Molecular and Developmental Evolution)* 285:291–306.

————. 2005. "Evolution of the Morphological Innovations of Feathers." *Journal of Experimental Zoology: Part B, Molecular and Developmental Evolution* 304B (6): 570–79.

————. 2010. "The Lande-Kirkpatrick Mechanism Is the Null Model of Evolution by Intersexual Selection: Implications for Meaning, Honesty, and Design in Intersexual Signals." *Evolution* 64:3085–100.

————. 2012. "Aesthetic Evolution by Mate Choice: Darwin's *Really* Dangerous Idea." *Philosophical Transactions of the Royal Society of London B* 367:2253–65.

————. 2013. "Coevolutionary Aesthetics in Human and Biotic Artworlds." *Biology and Philosophy* 28:811–32.

————. 2015. "The Role of Sexual Autonomy in Evolution by Mate Choice." In *Current Perspectives in Sexual Selection,* edited by T. Hoquet, 237–62. New York: Springer.

Prum, R. O., J. S. Berv, A. Dornburg, D. J. Field, J. P. Townsend, E. M. Lemmon, and A. R. Lemmon. 2015. "A Comprehensive Phylogeny of Birds (Aves) Using Targeted Next-Generation DNA Sequencing." *Nature* 526:569–73.

Prum, R. O., and A. H. Brush. 2002. "The Evolutionary Origin and Diversification of Feathers." *Quarterly Review of Biology* 77:261–95.

————. 2003. "Which Came First, the Feather or the Bird?" *Scientific American,* March, 60–69.

Prum, R. O., and A. E. Johnson. 1987. "Display Behavior, Foraging Ecology, and Systematics of the Golden-winged Manakin (*Masius chrysopterus*)." *Wilson Bulletin* 87:521–39.

Puts, D. A. 2007. "Of Bugs and Boojums: Female Orgasm as a Facultative Adaptation." *Archives of Sexual Behavior* 36:337–39.

Qidwai, W. 2000. "Perceptions About Female Sexuality Among Young Pakistani Men Presenting to Family Physicians at a Teaching Hospital in Karachi." *Journal of the Pakistan Medical Association* 50 (2): 74–77.

Queller, D. C. 1987. "The Evolution of Leks Through Female Choice." *Animal Behaviour* 35:1424–32.

Rahman, Q., and G. D. Wilson. 2003. "Born Gay? The Psychobiology of Human Sexual Orientation." *Personality and Individual Differences* 34:1337–82.

Reich, E. S. 2013. "Symmetry Study Deemed a Fraud." *Nature* 497:170–71.

Rensch, B. 1950. "Die Abhängigkeit der relativen Sexualdifferenz von der Körpergrösse." *Bonner Zoologische Beitrage* 1:58–69.

Rice, W. R., U. Friberg, and S. Gavrilets. 2012. "Homosexuality as a Consequence of Epigenetically Canalized Sexual Development." *Quarterly Review of Biology* 87:343–68.

Richardson, R. C. 2010. *Evolutionary Psychology as Maladapted Psychology.* Cambridge, Mass.: MIT Press.

Ridley, M. 1993. *The Red Queen: Sex and the Evolution of Human Nature.* London: Viking.

Robbins, M. B. 1983. "The Display Repertoire of the Band-tailed Manakin (*Pipra fasciicauda*)." *Wilson Bulletin* 95:321–42.

Robbins, M. M. 2009. "Male Aggression Against Females in Mountain Gorillas: Courtship or Coercion?" In *Sexual Coercion in Primates and Humans: An Evolutionary Perspective on Male Aggression Against Females,* edited by M. N. Muller and R. W. Wrangham, 112–27. Cambridge, Mass.: Harvard University Press.

Romanoff, A. L. 1960. *The Avian Embryo: Structural and Functional Development.* New York: Macmillan.

Rome, L. C., D. A. Syme, S. Hollingworth, and S. L. Lindstedt. 1996. "The Whistle and the Rattle: The Design of Sound Producing Muscles." *Proceedings of the National Academy of Science* 93:8095–100.

Romer, A. S. 1955. *The Vertebrate Body.* New York: Saunders.

Roughgarden, J. 2009. *Evolution's Rainbow: Diversity, Gender, and Sexuality in Nature and People.* Berkeley: University of California Press.

Rowen, T. S., T. W. Gaither, M. A. Awad, E. C. Osterberg, A. W. Shindel, and B. N. Breyer. 2016. "Pubic Hair Grooming Prevalence and Motivation Among Women in the United States." *JAMA Dermatology* 2016:2154.

Rubenfeld, J. 2013. "The Riddle of Rape-by-Deception and the Myth of Sexual Autonomy." *Yale Law Journal* 122:1372–443.

Russell, D. G. D., W. J. L. Sladen, and D. G. Ainley. 2012. "Dr. George Murray Levick (1876–1956): Unpublished Notes on the Sexual Habits of the Adélie Penguin." *Polar Record* 48:387–93.

Ryan, M. J., and M. E. Cummings. 2013. "Perceptual Biases and Mate Choice." *Annual Review of Ecology, Evolution, and Systematics* 44:437–59.

Ryder, T. B., D. B. MacDonald, J. G. Blake, P. G. Parker, and B. A. Loiselle. 2008. "Social Networks in Lek-Mating Wire-tailed Manakin (*Pipra filicauda*)." *Proceedings of the Royal Society of London B* 275:1367–74.

Ryder, T. B., P. G. Parker, J. G. Blake, and B. A. Loiselle. 2009. "It Takes Two to Tango: Reproductive Skew and Social Correlates of Male Mating Success in a Lek-Breeding Bird." *Proceedings of the Royal Society of London B* 276:2377–84.

Samuelson, P. A. 1958. "An Exact Consumption-Loan Model of Interest With or Without the Social Contrivance of Money." *Journal of Political Economy* 66:467–82.

Saranathan, V., A. E. Seago, A. Sandy, S. Narayanan, S. G. J. Mochrie, E. R. Dufresne, H. Cao, C. Osuji, and R. O. Prum. 2015. "Structural Diversity of Arthropod Biophotonic Nanostructures Spans Amphiphilic Phase-Space." *Nanoletters* 15:3735–42.

Scheinfeld, A. 1939. *You and Heredity.* New York: Frederick A. Stokes.

Schwartz, P., and D. W. Snow. 1978. "Display and Related Behavior of the Wire-tailed Manakin." *Living Bird* 17:51–78.

Sclater, P. L. 1862. "Notes on *Pipra deliciosa*." *Ibis* 4:175–78.

Scrimshaw, S. C. M. 1984. "Infanticide in Human Populations: Societal and Individual Concerns." In *Infanticide: Comparative and Evolutionary Perspectives,* edited by G. Hausfater and S. B. Hrdy, 439–62. London: Aldine Transaction.

Shapiro, M. D., Z. Kronenberg, C. Li, E. T. Domyan, H. Pan, M. Campbell, H. Tan, C. D. Huff, H. Hu, A. I. Vickery, S. C. A. Nielsen, S. A. Stringham, H. Hu, E. Willerslev, M. Thomas, P. Gilbert, M. Yandell, G. Zhang, and J. Wang. 2013. "Genomic Diversity and Evolution of the Head Crest in the Rock Pigeon." *Science* 339:1063–67.

Sheehan, M. J., and M. W. Nachman. 2014. "Morphological and Population Genomic Evidence That Human Faces Have Evolved to Signal Individual Identity." *Nature Communications* 5:4800.

Sheehan, M. J., and E. A. Tibbets. 2011. "Specialized Face Learning Is Associated with Individual Recognition in Paper Wasps." *Science* 334:1271–75.

Sheets-Johnstone, M. 1989. "Hominid Bipedality and Sexual Selection Theory." *Evolutionary Theory* 9:57–70.

Shiller, R. J. 2015. *Irrational Exuberance.* 3rd ed. Princeton, N.J.: Princeton University Press.

Shubin, N. 2008. *Your Inner Fish: A Journey into the 3.5 Billion-Year History of the Human Body.* New York: Pantheon.

Silk, J. B., J. C. Beehner, T. J. Bergman, C. Crockford, A. L. Engh, L. R. Moscovice, R. M. Wittig, R. M. Seyfarth, and D. L. Cheney. 2009. "The Benefits of Social Capital: Close Social Bonds Among Female Baboons Enhance Offspring Survival." *Proceedings of the Royal Society of London B* 276:3099–104.

Sinkkonen, A. 2009. "Umbilicus as a Fitness Signal in Humans." *FASEB Journal* 23:10–12.

Smith, R. L. 1984. "Human Sperm Competition." In *Sperm Competition and the Evolution of Animal Mating Systems,* edited by R. L. Smith, 601–59. New York: Academic Press.

Smuts, B. 1985. *Sex and Friendship in Baboons.* Cambridge, Mass.: Harvard University Press.

Snow, B. K., and D. W. Snow. 1985. "Display and Related Behavior of Male Pin-tailed Manakins." *Wilson Bulletin* 97:273–82.

Snow, D. W. 1961. "The Displays of Manakins *Pipra pipra* and *Tyranneutes virescens.*" *Ibis* 103:110–13.

———. 1962a. "A Field Study of the Black-and-white Manakin, *Manacus manacus,* in Trinidad, W.I." *Zoologica* 47:65–104.

———. 1962b. "A Field Study of the Golden-headed Manakin, *Pipra erythrocephala,* in Trinidad, W.I." *Zoologica* 47:183–98.

———. 1963a. "The Display of the Blue-backed Manakin, *Chiroxiphia pareola,* in Tobago, W.I." *Zoologica* 48:167–76.

———. 1963b. "The Display of the Orange-headed Manakin." *Condor* 65:44–48.

———. 1976. *The Web of Adaptation.* Ithaca, N.Y.: Cornell University Press.

Snow, S. S., S. H. Alonzo, M. R. Servedio, and R. O. Prum. Forthcoming. "Evolution of Resistance to Sexual Coercion Through the Indirect Benefits of Mate Choice."

Sterck, E. H. M., D. P. Watts, and C. O. van Schaik. 1997. "The Evolution of Female Social Relationships in Nonhuman Primates." *Behavioral Ecology and Sociobiology* 41:291–309.

Stolley, P. D. 1991. "When Genius Errs: R. A. Fisher and the Lung Cancer Controversy." *American Journal of Epidemiology* 133:416–25.

Sullivan, A. 1995. *Virtually Normal.* New York: Vintage Books.

Sutherland, J. 2005. "The Ideas Interview: Elisabeth Lloyd." *Guardian,* Sept. 26.

Swedell, L., and A. Schreier. 2009. "Male Aggression Toward Females in Hamadryas Baboons: Conditioning, Coercion, and Control." In *Sexual Coercion in Primates and Humans: An Evolutionary Perspective on Male Aggression Against Females,* edited by M. N. Muller and R. W. Wrangham, 244–68. Cambridge, Mass.: Harvard University Press.

Symons, D. 1979. *The Evolution of Human Sexuality.* Oxford: Oxford University Press.

Théry, M. 1990. "Display Repertoire and Social Organization of the White-fronted and White-throated Manakins." *Wilson Bulletin* 102:123–30.

Trainer, J. M., and D. B. McDonald. 1993. "Vocal Repertoire of the Long-tailed Manakin and Its Relation to Male-Male Cooperation." *Condor* 95:769–81.

Trut, L. N. 2001. "Experimental Studies of Early Canid Domestication." In *The Genetics of the Dog,* edited by A. Ruvinsky and J. Sampson, 15–41. Wallingford, U.K.: CABI.

Uy, J. A., and G. Borgia. 2000. "Sexual Selection Drives Rapid Divergence in Bowerbird Display Traits." *Evolution* 54:273–78.

Uy, J. A., G. L. Patricelli, and G. Borgia. 2001. "Complex Mate Searching in the Satin Bowerbird *Ptilonorhynchus violaceus.*" *American Naturalist* 158:530–42.

Vinther, J., D. E. G. Briggs, R. O. Prum, and V. Saranathan. 2008. "The Colour of Fossil Feathers." *Biology Letters* 4:522–25.

Wagner, G. P. 2015. *Homology, Genes, and Evolutionary Innovation.* Princeton, N.J.: Princeton University Press.

Walker, A. 1984. "Mechanisms of Honing in the Male Baboon Canine." *American Journal of Physical Anthropology* 65:47–60.

Wallace, A. R. 1889. *Darwinism.* London: Macmillan.

———. 1895. *Natural Selection and Tropical Nature.* 2nd ed. London: Macmillan.

Wallen, K., and E. A. Lloyd. 2011. "Female Sexual Arousal: Genital Anatomy and Orgasm in Intercourse." *Hormones and Behavior* 59:780–92.

Warner, M. 1999. *The Trouble with Normal: Sex, Politics, and the Ethics of Queer Life.* Cambridge, Mass.: Harvard University Press.

Weiner, J. 1994. *The Beak of the Finch.* New York: Alfred A. Knopf.

Wekker, G. 1999. "'What's Identity Got to Do with It?': Rethinking Identity in Light of the Mati Work in Suriname." In *Female Desires: Same-Sex and Transgender Practices Across Cultures,* edited by E. Blackwood and S. E. Wieringa, 119–38. New York: Columbia University Press.

Welty, J. C. 1982. *The Life of Birds.* 2nd ed. New York: Saunders.

West-Eberhard, M. J. 1979. "Sexual Selection, Social Competition, and Evolution." *Proceedings of the American Philosophical Society* 123:222–34.

————. 1983. "Sexual Selection, Social Competition, and Speciation." *Quarterly Review of Biology* 58:155–83.

————. 2014. "Darwin's Forgotten Idea: The Social Essence of Sexual Selection." *Neuroscience and Biobehavioral Reviews* 46:501–8.

Willis, E. O. 1966. "Notes on a Display and Nest of the Club-winged Manakin." *Auk* 83:475–76.

Wilson, G., and Q. Rahman. 2008. *Born Gay: The Psychobiology of Sex Orientation*. London: Peter Owen.

Zahavi, A. 1975. "Mate Selection—a Selection for a Handicap." *Journal of Theoretical Biology* 53:205–14.

Zuk, M. 2013. *Paleofantasy: What Evolution Really Tells Us About Sex, Diet, and How We Live*. New York: Norton.